水利工程设计与施工

屈凤臣 王 安 赵 树 著

吉林科学技术出版社

图书在版编目（C I P）数据

水利工程设计与施工 / 屈凤臣，王安，赵树著. -- 长春 ：吉林科学技术出版社，2022.8

ISBN 978-7-5578-9420-7

Ⅰ. ①水… Ⅱ. ①屈… ②王… ③赵… Ⅲ. ①水利工程－设计②水利工程－工程施工 Ⅳ. ①TV222②TV5

中国版本图书馆 CIP 数据核字(2022)第 113598 号

水利工程设计与施工

著　屈凤臣　王　安　赵　树
出 版 人　宛　霞
责任编辑　王　皓
封面设计　北京万瑞铭图文化传媒有限公司
制　　版　北京万瑞铭图文化传媒有限公司
幅面尺寸　185mm×260mm
开　　本　16
字　　数　308 千字
印　　张　14.375
印　　数　1–1500 册
版　　次　2022年8月第1版
印　　次　2022年8月第1次印刷

出　　版　吉林科学技术出版社
发　　行　吉林科学技术出版社
地　　址　长春市南关区福祉大路5788号出版大厦A座
邮　　编　130118
发行部电话/传真　0431-81629529　81629530　81629531
81629532　81629533　81629534
储运部电话　0431-86059116
编辑部电话　0431-81629510
印　　刷　廊坊市印艺阁数字科技有限公司

书　　号　ISBN 978-7-5578-9420-7
定　　价　58.00 元

《水利工程设计与施工》编审会

屈凤臣	王　安	赵　树	王　涌
禹　健	夏　宇	王　烁	马春玲
孔宪迎	赵海丰	侯智胜	张立静
苏林山	贾亚玲	冯家昕	汪庆波
黄　舟	顾　冬	王正新	王　雷

前　言

水利工程施工是按照设计提出的工程结构、数量、质量、进度及造价等要求修建水利工程的工作。水利工程的运用、操作、维修和保护工作，是水利工程管理的重要组成部分，水利工程建成后，必须通过有效的管理，方能实现预期的效果和验证原来规划、设计的正确性；工程管理的基本任务是保持工程建筑物和设备的完整、安全，使其处于良好的技术状况；正确运用水利工程设备，以控制、调节、分配、使用水资源，充分发挥其防洪、灌溉、供水、排水、发电、航运、环境保护等效益。做好水利工程的施工与管理是发挥工程功能的鸟之两翼、车之双轮。

在水利工程这样一个巨大项目的实施过程中，其水利工程施工组织设计将起到一个非常重要的作用，须按照其基本规律来进行工程的建设，要根据水利工程施工现场的一些实际情况做一个判断，并以此制定出一套科学又合理的施工方案。

在优化设计过程中要全面的掌握和了解相应的工程布置方案。在工程的施工控制网优化设计过程中，要确保在设计过程中充分的了解和掌握施工的整体布置，同时按照工程的设计要求以及现场的实际情况进行优化设计。在优化设计过程中一旦确定优化网点，我们就要针对网点进行设计优化，同时也要注意优化网点的周边设计网点，确保这个工程的轴线设计误差在可控的范围内。

本书有两大特点值得一提：

第一，本书结构严谨，逻辑性强，以水利工程施工设计优化研究作为主线，对水利工程施工设计优化工作所涉及的领域进行探索。

第二，本书理论与实践紧密结合，对水利工程施工设计优化工作提供了提升路径和方法，对相关事例进行了分析和总结，以便学习者加深对基本理论的理解。

第一章　水利基础知识

第一节　水文与地质知识

一、水文知识

（一）河流和流域

地表上较大的天然水流称为河流。河流作为陆地上最重要的水资源和水能资源，是自然界中水文循环的主要通道。我国的主要河流一般发源于山地，最终流入海洋、湖泊或洼地。沿着水流的方向，一条河流可以分为河源、上游、中游、下游和河口几段。我国最长的河流是长江，其河源发源于青海的唐古拉山，湖北宜昌以上河段为上游，长江的上游主要在深山峡谷中，水流湍急，水面坡降大。自湖北宜昌至安徽安庆的河段为中游，河道蜿蜒弯曲，水面坡降小，水面明显宽敞。安庆以下河段为下游，长江下游段河流受海潮顶托作用。河口位于上海市。

在水利水电枢纽工程中，为便于工作，习惯上以面向河流下游为准，左手侧河岸称为左岸，右手侧称为右岸。我国的主要河流中，多数流入太平洋，如长江、黄河、珠江等。少数流入印度洋（怒江、雅鲁藏布江等）和北冰洋。在沙漠中的少数河流只有在雨季存在，成为季节河。

直接流入海洋或内陆湖的河流称为干流，流入干流的河流为一级支流，流入一级支流的河流为二级支流，依此类推。河流的干流、支流、溪涧和流域内的湖泊彼此连接所形成的庞大脉络系统，称为河系，或水系。如长江水系、黄河水系、太湖水系。

一个水系的干流及其支流的全部集水区域称为流域。在同一个流域内的降水，最终通过同一个河口注入海洋。如长江流域、珠江流域。较大的支流或湖泊也能称为流域，如汉水流域、清江流域、洞庭湖流域、太湖流域。两个流域之间的分界线称为分水线，是分隔两个流域的界限。在山区，分水线通常为山岭或山脊，所以又称分水岭，如秦

岭为长江和黄河的分水岭。在平原地区，流域的分界线则不甚明显。特殊情况如黄河下游，其北岸为海河流域，南岸为淮河流域，黄河两岸大堤成为黄河流域与其他流域的分水线。流域的地表分水线与地下分水线有时并不完全重合，一般以地表分水线作为流域分水线。在平原地区，要划分明确的分水线往往是较为困难的。

描述流域形状特征的主要几何形态指标有以下几个：

第一，流域面积孔流域的封闭分水线内区域在平面上的投影面积。

第二，流域长度流域的轴线长度。以流域出口为中心画许多同心圆，由每个同心圆与分水线相交作割线，各割线中点顺序连线的长度即为流域长度。

影响河流水文特性的主要因素包括：流域内的气象条件（降水、蒸发等），地形和地质条件（山地、丘陵、平原、岩石、湖泊、湿地等），流域的形状特征（形状、面积、坡度、长度、宽度等），地理位置（纬度、海拔、临海等），植被条件和湖泊分布，人类活动等。

（二）河（渠）道的水文学和水力学指标

1. 河（渠）道横断面

垂直于河流方向的河道断面地形。天然河道的横断面形状多种多样，常见的有 V 形、U 形、复式等。人工渠道的横断面形状则比较规则，一般为矩形、梯形。河道水面以下部分的横断面为过不断面。而过水断面的面积 4 随河水水面涨落变化，与河道流量相关。

2. 河道纵断面

沿河道纵向最大水深线切取的断面。

（三）河川径流

径流是指河川中流动的水流量。在我国，河川径流多由降雨所形成。

河川径流形成的过程是指自降水开始，到河水从海口断面流出的整个过程。这个过程非常复杂，一般要经历降水、蓄渗（入渗）、产流和汇流几个阶段。

降雨初期，雨水降落到地面后，除了一部分被植被的枝叶或洼地截留外，大部分渗入土壤中。如果降雨强度小于土壤人渗率，雨水不断渗入到土壤中，不会产生地表径流。在土壤中的水分达到饱和以后，多余部分在地面形成坡面漫流。当降水强度大于土壤的入渗率时，土壤中的水分来不及被降水完全饱和。一部分雨水在继续不断地渗入土壤的同时，另一部分雨水即开始在坡面形成流动。初始流动沿坡面最大坡降方向漫流。坡面水流顺坡面逐渐汇集到沟槽、溪涧中，形成溪流。从涓涓细流汇流形成小溪、小河，最后归于大江大河。渗入土壤的水分中，一部分将通过土壤和植物蒸发到空中，另一部分通过渗流缓慢地从地下渗出，形成地下径流。相当一部分地下径流将补充注入高程较低的河道内，成为河川径流的一部分。

降雨形成的河川径流与流域的地形、地质、土壤、植被，降雨强度、时间、季节，以及降雨区域在流域中的位置等因素有关。由此，河川径流具有循环性、不重复性和地区性。

（四）河流的洪水

当流域在短时间内较大强度低集中降雨，或是地表冰雪迅速融化时，大量水经地表或地下迅速地汇集到河槽，造成河道内径流量急增，河流中发生洪水。

河流的洪水过程是在河道流量较小、较平缓的某一时刻开始，河流的径流量迅速增长，并到达一峰值，随后逐渐降落到趋于平缓的过程。与其同时，河道的水位也经历一个上涨、下落的过程。河道洪水流量大的变化过程曲线称为洪水流量过程线。洪水流量过程线上的最大值称为洪峰流，起涨点以下流量称为基流。基流由岩石和土壤中的水缓慢外渗或冰雪逐渐融化形成。大江大河的支流众多，各支流的基流汇合，使其基流量也比较大。山区性河流，特别是小型山溪，基流非常小，冬天枯水期甚至断流。

洪水过程线的形状与流域条件和暴雨情况有关。

影响洪水过程线的流域条件有河流纵坡降、流域形状系数。一般而言，山区性河流由于山坡和河床较陡，河水汇流时间短，洪水很快形成，又很快消退。洪水陡涨陡落，往往几小时或十几小时就经历一场洪水过程。平原河流或大江大河干流上，一场洪水过程往往需要经历三天、七天甚至半个月。如果第一场降雨形成的洪水过程尚未完成又遇降雨，洪水过程线就会形成双峰或多峰。在大流域中，因多条支流相继降水，也会造成双峰或其他组合形态。黄河发生第二个洪峰追上第一个洪峰而入海的现象，即在上游某处洪水过程线为双峰，到下游某处洪水过程线为单峰。流域形状系数大，表示河道相对较长，汇流时间较长，洪水过程线相对较平缓，反之则涨落时间较短。

影响洪水过程线的暴雨条件有暴雨强度、降雨时间、降雨量、降雨面积、雨区在流域中的位置等。洪水过程还与降雨季节、与上一场降雨的间隔时间等有关。如春季第一场降雨，因地表土壤干燥而使其洪峰流量较小。发生在夏季的同样的降雨可能因土壤饱和而使其洪峰流量明显变大。流域内的地形、河流、湖泊、洼地的分布也是影响洪水过程线的重要因素。

由于种种原因，实际发生的每一次洪水过程线都有所不同。但是，同一条河流的洪水过程还是有其基本的规律。研究河流洪水过程及洪峰流量大小，可为防洪、设计等提供理论依据。工程设计中，通过分析诸多洪水过程线，可以选择其中具有典型特征的一条，称为典型洪水过程线。典型洪水过程线能够代表该流域（或河道断面）的洪水特征，作为设计依据。

符合设计标准（指定频率）的洪水过程线称为设计洪水过程线。设计洪水过程线由典型洪水过程线按一定的比例放大而得。洪水放大常用方法有同倍比放大法和同频率放大法，其中同倍比放大法又有“以峰控制”和“以量控制”两种。下面以同倍比放大为例介绍放大方法。

收集河流的洪峰流量资料，通过数量统计方法，得到洪峰流量的经验频率曲线。根据水利水电枢纽的设计标准，在经验频率曲线上确定设计洪水的洪峰流量“以峰控制”的同倍比放大倍数 $K_Q = Q_{mp}/Q_m$其中。分别为设计标准洪水的洪峰流量和典型洪水过程线的洪峰流量。“以量控制”的同倍比放大倍数 $K_w = W_{tp}/W_t$。其中 W_{tp}、W_t 分别为设计标准洪水过程线在设计时段的洪水总量和典型洪水过程线对应时段的洪水总量。有了放大倍比后，也可将典型洪水过程线逐步放大为设计洪水过程线。

（五）河流的泥沙

河流中常挟带着泥沙，是水流冲蚀流域地表所形成。且这些泥沙随着水流在河槽中运动。河流中的泥沙一部分是随洪水从上游冲蚀带来，一部分是从沉积在原河床冲扬起来的。当随上游洪水带来的泥沙总量与被洪水带走的泥沙总量相等时，河床处于冲淤平衡状态。冲淤平衡时，河床维持稳定。我国流域的水量：大部分是由降雨汇集而成。暴雨是地表侵蚀的主要因素。地表植被情况是影响河流泥沙含量多少的另一主要因素。在我国南方，尽管暴雨强度远大于北方，由于植被情况良好，河流泥少含量远小于北方。位于北方植被条件差的黄河流经黄土地区，黄土结构疏松，抗雨水冲蚀能力差，使黄河成为高含沙量的河流。影响河流泥沙的另一重要因素是人类活动。近年来，随着部分地区的盲目开发，南方某些河流的泥沙含量也较前有所增多。

泥沙在河道或渠道中有两种运动方式。颗粒小的泥沙能够被流动的水流扬起，并被带动着随水流运动，称为悬移质。颗粒较大的泥沙只能被水流推动其在河床底部滚动，称为推移质。水流挟带泥沙的能力与河道流速大小相关。流速大，则挟带泥沙的能力大，泥沙在水流中的运动方式也随之变化。在坡度陡、流速高的地方，水流能够将较大粒径的泥沙扬起，成为悬移质。这部分泥沙被带到河势平缓、流速低的地方时，落于河床上转变为推移质，甚至沉积下来，成为河床的一部分。沉积在河床的泥沙称为床沙。悬移质、推移质和床沙在河流中随水流流速的变化相互转化。

在自然条件下，泥沙运动不断地改变着河床形态。随着人类活动的介入，河流的自然变迁条件受到限制。人类在河床两岸筑堤挡水，使泥沙淤积在受到约束的河床内，从而抬高河床底高程。随着泥沙不断地淤积和河床不断地抬高，人类被迫不断地加高河堤。例如，黄河开封段、长江荆江段均已成为河床底部高于两岸陆面十多米的悬河。

水利水电工程建成以后，破坏了天然河流的水沙条件与河床形态的相对平衡。拦河坝的上游，因为水库水深增加，水流流速大为减少，泥沙因此而沉积在水库内。泥沙淤积的一般规律是：从河流回水末端的库首地区开始，入库水流流速沿程逐渐减小。因此，粗颗粒首先沉积在库首地区，较细颗粒沿程陆续沉积，直至坝前。随着库内泥沙淤积高程的增加，较粗颗粒也会逐渐带至坝前。水库之中的泥沙淤积会使水库库容减少，降低工程效益。泥沙淤积在河流进入水库的口门处，抬高口门处的水位及其上游回水水位，增加上游淹没。进入水电站的泥沙会磨损水轮机。水库下游，因泥沙被水库拦截，下泄水流变清，河床因清水冲刷造成河床刷深下切。

在多沙河流上建造水利水电枢纽工程时，需要考虑泥沙淤积对水库和水电站的影响。需要在适当的位置设置专门地冲砂建筑物，用以减缓库区淤积速度，阻止泥沙进入发电输水管（渠）道，延长水库和水电站的使用寿命。

描述河流泥沙的特征值有以下几个。

第一，含沙量：单位水体中所含泥沙重量，单位 kg/m^3。

第二，输沙量：一定时间内通过某一过水断面的泥沙重量，一般以年输沙量衡量一条河流的含沙量。

第三，起动流速：使泥沙颗粒从静止变为运动的水流流速。

二、地质知识

地质构造是指由于地壳运动使岩层发生变形或变位后形成的各种构造形态。地质构造有五种基本类型：水平构造、倾斜构造、直立构造、褶皱构造和断裂构造。这些地质构造不仅改变了岩层的原始产状、破坏了岩层的连续性和完整性，甚至降低了岩体的稳定性和增大了岩体的渗透性。因此研究地质构造对水利工程建筑有着非常重要的意义。要研究上述五种构造必须了解地质年代和岩层产状相关知识。

（一）地质年代和地层单位

地球形成至今已有46亿年，对整个地质历史时期而言，地球的发展演化及地质事件的记录和描述需要有一套相应的时间概念，即地质年代。同人类社会发展历史分期一样，可将地质年代按时间的长短依次分为宙、代、纪、世不同时期，对应于上述时间段所形成的岩层（即地层）依次称为宇、界、系、统，这便是地层单位。如太古代形成的地层称为太古界，石炭纪形成的地层称为石炭系等。

（二）岩层产状

1. 岩层产状要素

岩层产状指岩层在空间的位置，用走向、倾向和倾角表示，称为岩层产状三要素。

2. 岩层产状要素的测量

岩层产状要素需用地质罗盘测量。地质罗盘的主要构件有磁针、刻度环、方向盘、倾角旋钮、水准泡、磁针锁制器等。刻度环和磁针是用来测岩层的走向和倾向的。刻度环按方位角分划，以北为0°，逆时针方向分划为360°。在方向盘上用四个符合代表地理方位，即N（0°）表示北，S（180°）表示南，E（90°）表示东，W（270°）表示西。方向盘和倾角旋钮是用来测倾角的。方向盘角度变化介于0°～90°。

（1）测量走向

罗盘水平放置，将罗盘与南北方向平行的边与层面贴触（或将罗盘的长边与岩层面贴触），调整圆水准泡居中，此时罗盘边与岩层面的接触线即为走向线，磁针（无论南针或北针）所指刻度环上的度数即为走向。

（2）测量倾向

罗盘水平放置，将方向盘上的N极指向岩层层面的倾斜方向，同时使罗盘平行于东西方向的边（或短边）与岩层面贴触，调整圆水准泡居中，此时北针所指刻度环上的度数即为倾向。

（3）测量倾角

罗盘侧立摆放，将罗盘平行于南北方向的边（或长边）与层面贴触，并垂直于走向线，然后转动罗盘背面的测有旋钮，使K水准泡居中，此时倾角旋钮所指方向盘上的度数即为倾角大小。若是长方形罗盘，而此时桃形指针在方向盘上所指的度数，即为所测的倾角大小。

3. 岩层产状的记录方法：

岩层产状的记录方法有以下两种：

（1）象限角表示法

一般以北或南的方向为准，记走向、倾向和倾角。如 N3O° E，NWZ35° ，即走向北偏东 30° 、向北西方向倾斜、倾角 35° 。

（2）方位角表示法

一般只记录倾向和倾角。如 SW230W35° ，前者为倾向的方位角，后者是倾角，即倾向 230° 、倾角 35° 。走向可通过倾向 ±90° 的方法换算求得。在上述记录表示岩层走向为北西 320° ，倾向南西 230° ，倾角 35° 。

（三）水平构造、倾斜构造和直立构造

1. 水平构造

岩层产状呈水平（倾角 a=0° ）或近似水平（a＜5° ）。岩层呈水平构造，表明该地区地壳相对稳定。

2. 倾斜构造（单斜构造）

岩层产状的倾角 0° ＜a＜90° 。

岩层呈倾斜构造说明该地区地壳不均匀抬升或受到岩浆作用影响。

3. 直立构造

岩层产状的倾角 a＜90° 岩层呈直立状。

岩层呈直立构造说明岩层受到强有力的挤压。

褶皱构造是指岩层受构造应力作用后产生的连续弯曲变形 c 绝大多数褶皱构造是岩层在水平挤压力作用下形成的。褶皱构造是岩层在地壳中广泛发育的地质构造形态之一，它在层状岩石中最为明显，在块状岩体中则很难见到。褶皱构造的每一个向上或向下弯曲称为褶曲。两个或两个以上的褶曲组合叫褶皱。

（四）褶皱构造

褶皱构造是指岩层受构造应力作用后产生的连续弯曲变形。绝大多数褶皱构造是岩层在水平挤压力作用下形成的。

1. 褶皱要素

褶皱构造的各个组成部分称为褶皱要素。

第一，核部。褶曲中心部位的岩层。

第二，翼部。核部两侧的岩层。一个褶曲有两个翼。

第三，翼角。翼部岩层的倾角。

第四，轴面。对称平分两翼的假象面。轴面可以是平面，也可以是曲面。轴面与水平面的交线称为轴线；轴面与岩层面的交线称为枢纽。

第五，转折端。从一翼转到另一翼的弯曲部分。

2. 褶皱的基本形态

褶皱的基本形态是背斜和向。

（1）背斜

岩层向上弯曲，两翼岩层常向外倾斜，核部岩层时代比较老，两翼岩层依次变新并呈对称分布。

（2）向斜

岩层向下弯曲，两翼岩层常向内倾斜，核部岩层时代较新，两翼岩层依次变老并呈对称分布。

3. 褶皱的类型

根据轴面产状和两翼岩层的特点，将褶皱分为直立褶皱、倾斜褶皱、倒转褶皱、平卧褶皱、翻卷褶皱。

4. 褶皱构造对工程的影响

（1）褶皱构造影响着水工建筑物地基岩体的稳定性及渗透性

选择坝址时，应尽量考虑避开褶曲轴部地段。因为轴部节理发育、岩石破碎，易受风化、岩体强度低、渗透性强，所以工程地质条件较差。当坝址选在褶皱翼部时，若坝轴线平行岩层走向，则坝基岩性较均一。再从岩层产状考虑，岩层倾向上游，倾角较陡时，对坝基岩体抗滑稳定有利，进而也不易产生顺层渗漏。

（2）褶皱构造与其蓄水的关系

褶皱构造中的向斜构造，是良好的蓄水构造，在这种构造盆地中打井，地下水常较丰富。

（五）断裂构造

岩层受力后产生变形，当作用力超过岩石的强度时，岩石就会发生破裂，形成断裂构造。断裂构造的产生，必将对岩体的稳定性、透水性及其工程性质产生较大影响。根据破裂之后的岩层有无明显位移，把断裂构造分为节理和断层两种形式。

1. 节理

没有明显位移的断裂称为节理。节理按照成因分为三种类型：第一种为原生节理；岩石在成岩过程中形成的节理，如玄武岩中的柱状节理；第二种为次生节理；风化、爆破等原因形成的裂隙，如风化裂隙等；第三种为构造节理；由构造应力所形成的节理。其中，构造节理分布最广。构造节理又分为张节理和剪节理。张节理由张应力作用产生，多发育在褶皱的轴部，其主要特征为：节理面粗糙不平，无擦痕，节理多开口，一般被其他物质充填，在砾岩或砂岩中的张节理常常绕过砾石或砂粒，节理一般较稀疏，而且延伸不远。剪节理由剪应力作用产生，其主要特征为：节理面平直光滑，有时可见擦痕，节理面一般是闭合的，没有充填物，在砾岩或砂岩中的剪节理常常切穿砾石或砂粒，产状较稳定，间距小、延伸较远，发育完整的剪节理呈 X 形。

2. 断层

有明显位移的断裂称之为断层。

（1）断层要素

断层的基本组成部分叫断层要素。断层要素包括断层面、断层线、断层带、断盘及断距。

第一，断层面。岩层发生断裂并沿其发生位移的破裂面。它的空间位置仍由走向、倾向和倾角表示。它可以是平面，也可以是曲面。

第二，断层线。断层面与地面的交线。其方向表示断层延伸方向。

第三，断层带。包括断层破碎带和影响带。破碎带指被断层错动搓碎的部分，常由岩块碎屑、粉末、角砾及黏土颗粒组成，其两侧被断层面所限制，影响带是指靠近破碎带两侧的岩层受断层影响裂隙发育或发生牵引弯曲的部分。

第四，断盘。断层面两侧相对位移的岩块称为断盘。其中，断层面之上的称为上盘，断层面之下的称为下盘。

第五，断距。断层两盘沿断层面相对移动的距离。

2. 断层的基本类型

按照断层两盘相对位移的方向，将断层分为以下三种类型：

第一，正断层。上盘相对下降，下盘相对上升的断层。

第二，逆断层。上盘相对上升，下盘相对下降的断层。

第三，平移断层。是指两盘沿断层面作相对水平位移的断层。

3. 断裂构造对工程的影响

节理和断层的存在，破坏了岩石的连续性和完整性，降低了岩石的强度，增强了岩石的透水性，给水利工程建设带来很大影响。如节理密集带或断层破碎带，会导致水工建筑物的集中渗漏、不均匀变形、甚至发生滑动破坏。因此在选择坝址、确定渠道及隧洞线路时，尽量避开大的断层和节理密集带，否则必须对其进行开挖、帷幕灌浆等方法处理，甚至调整坝或洞轴线的位置。然而，这些破碎地带，有利于地下水的运动和汇集。因此，断裂构造对于山区找水具有重要意义。

第二节　水资源与水利枢纽知识

一、水资源规划知识

（一）规划类型

水资源开发规划是跨系统、跨地区、多学科和综合性较强的前期工作，按区域、范围、规模、目的、专业等可以有多种分类或类型。

水资源开发规划，除在我国《水法》上有明确的类别划分外，当前尚未形成共识。不少文献针对规划的范围、目的、对象、水体类别等的不同包括多种分类。

1. 按水体划分

按不同水体可分为地表水开发规划、地下水开发规划、污水资源化规划、雨水资源利用规划和海咸水淡化利用规划等。

2. 按目的划分

按不同目的可分为供水水资源规划、水资源综合利用规划、水资源保护规划、水土保持规划、水资源养蓄规划、节水规划和水资源管理规划等。

3. 按用水对象划分

按不同用水对象可分为人畜生活饮用水供水规划、工业用水供水规划与农业用水供水规划等。

4. 按自然单元划分

按不同自然单元可分为独立平原的水资源开发规划、流域河系水资源梯级开发规划、小流域治理规划与局部河段水资源开发规划等。

5. 按行政区域划分

按不同行政区域可分为以宏观控制为主的全国性水资源规划和包含特定内容的省、地（市）、县域水资源开发现划。乡镇因常常不是一个独立的自然单元或独立小流域，而水资源开发不仅受到地域且受到水资源条件的限制，所以，按行政区划的水资源开发规划至少应是县以上行政区域。

6. 按目标单一与否划分

按目标的单一与否可分为单目标水资源开发规划（经济或社会效益的单目标）和多目标水资源开发现划（经济、社会、环境等综合多目标）。

7. 按内容和含义划分

按不同内容和含义可分为综合规划和专业规划。

各种水资源开发现划编制的基础是相同的，相互间是不可分割的，但是各自的侧重点或主要目标不同，且各具特点。

（二）规划的方法

进行水资源规划必须了解和搜集各种规划资料，且掌握处理和分析这些资料的方法，使之为规划任务的总目标服务。

1. 水资源系统分析的基本方法

水资源系统分析的常用方法包括：

第一，回归分析方法。它是处理水资源规划资料最常用的一种分析方法。在水资源规划中最常用的回归分析方法有一元线性回归分析、多元回归分析、非线性回归分析、拟合度量和显著性检验等。

第二，投入产出分析法。它在描述、预测、评价某项水资源工程对该地区经济作用时具有明显的效果。它不仅可以说明直接用水部门的经济效果，也能说明间接用水部门的经济效果。

第三，模拟分析方法。在水资源规划中多采用数值模拟分析。数值模拟分析又可分为两类：数学物理方法和统计技术。数值模拟技术中数学物理方法在水资源规划的确定性模型中应用较为广泛。

第四，最优化方法。由于水资源规划过程中插入的信息和约束条件不断增加，处理和分析这些信息，以制定和筛选出最有希望的规划方案，使用最优化技术是行之有效的方法。在水资源规划中最常用的最优化方法有线性规划、网络技术动态规划与排队论等。

上述四类方法是水资源规划中常用的基本方法。

2. 系统模型的分解与多级优化

在水资源规划中，系统模型的变量很多，模型结构较为复杂，可完全采用一种方

法求解是困难的。因此，在实际工作中，往往把一个规模较大的复杂系统分解成许多“独立”的子系统，分别建立子模型，然后根据子系统模型的性质以及子系统的目标和约束条件，采用不同的优化技术求解。这种分解和多级最优化的分析方法在求解大规模复杂的水资源规划问题时非常有用，它的突出优点是使系统的模型也更为逼真，在一个系统模型内可以使用多种模拟技术和最优化技术。

3. 规划的模型系统

在一个复杂的水资源规划中，可以有许多规划方案。因此，从加快方案筛选的观点出发，必须建立一套适宜的模型系统。对于一般的水资源规划问题可建立三种模型系统：筛选模型、模拟模型、序列模型。

系统分析的规划方法不同于“传统”的规划方法，它涉及社会、环境和经济方面的各种要求，并考虑多种目标。这种方法在实际使用中已显示出它们优越性，是一种适合于复杂系统综合分析需要的方法。

我国“十三五”水资源管理的规划总要求是：以落实最严格水资源管理制度、实行水资源消耗总量和强度双控行动、加强重点领域节水、完善节水激励机制为重点，加快推进节水型社会建设，强化水资源对经济社会发展的刚性约束，构建节水型生产方式和消费模式，基本形成节水型社会制度框架，进一步提高水资源利用效率和效益。

强化节水约束性指标管理。严格落实水资源开发利用总量、用水效率和水功能区限制纳污总量“三条红线”，实施水资源消耗总量和强度双控行动，健全取水计量、水质监测和供用耗排监控体系。加快制定重要江河流域水量分配方案，细化落实覆盖流域和省市县三级行政区域的取用水总量控制指标，严格控制流域和区域取用水总量。实施引调水工程要先评估节水潜力，落实各项节水措施。健全节水技术标准体系。将水资源开发、利用、节约和保护的主要指标纳入地方经济社会发展综合评价体系，县级以上地方人民政府对本行政区域水资源管理和保护工作负总责。加强最严格水资源管理制度考核工作，把节水作为约束性指标纳入政绩考核，在严重缺水的地区率先推行。

强化水资源承载能力刚性约束。加强相关规划和项目建设布局水资源论证工作，国民经济和社会发展规划以及城市总体规划的编制、重大建设项目的布局，应当与当地水资源条件和防洪要求相适应。严格执行建设项目水资源论证和取水许可制度，对取用水总量已达到或超过控制指标的地区，暂停审批新增取水。强化用水定额管理，完善重点行业、区域用水定额标准。严格水功能区监督管理，从严核定水域纳污容量，严格控制入河湖排污总量，对排污量超出水功能区限排总量的地区，限制审批新增取水和入河湖排污口。强化水资源统一调度。

强化水资源安全风险监测预警。健全水资源的安全风险评估机制，围绕经济安全、资源安全、生态安全，从水旱灾害、水供求态势、河湖生态需水、地下水开采、水功能区水质状况等方面，科学评估全国及区域水资源安全风险，加强水资源风险防控。以省、市、县三级行政区为单元，开展水资源承载能力评价，建立水资源安全风险识别和预警机制。抓紧建成国家水资源管理系统，健全水资源监控体系，完善水资源监测、用水计量与统计等管理制度和相关技术标准体系，加强省界等重要控制断面、水功能

区和地下水的水质水量监测能力建设。

二、水利枢纽知识

为了综合利用和开发水资源，常需在河流适当地段集中修建几种不同类型和功能的水工建筑物，以控制水流，并便于协调运行和管理。该种由几种水工建筑物组成的综合体，称为水利枢纽。

（一）水利枢纽的分类

水利枢纽的规划、设计、施工和运行管理应尽量遵循综合利用水资源的原则。水利枢纽的类型很多，为实现多种目标而兴建的水利枢纽，建成后能满足国民经济不同部门的需要，称为综合利用水利枢纽。以某一单项目标为主而兴建的水利枢纽，常以主要目标命名，如防洪枢纽、水力发电枢纽、航运枢纽、取水枢纽等。在很多情况下水利枢纽是多目标的综合利用枢纽，如防洪—发电枢纽，防洪—发电—灌溉枢纽，发电—灌溉—航运枢纽等。按拦河坝的型式还可分为重力坝枢纽、拱坝枢纽、土石坝枢纽及水闸枢纽等。根据修建地点的地理条件不同，有山区、丘陵区水利枢纽和平原、滨海区水利枢纽之分。根据枢纽上下游水位差的不同，有高、中、低水头之分，世界各国对此无统一规定。我国一般水头 70m 以上的是高水头枢纽，水头 30 ~ 70m 的是中水头枢纽，水头为 30m 以下的是低水头枢纽。

（二）水利枢纽工程基本建设程序及设计阶段划分

水利是国民经济的基础设施和基础产业。水利工程建设要严格按建设程序进行。根据《水利工程建设项目管理规定》以及有关规定，水利工程建设程序一般分为项目建议书、可行性研究报告、初步设计、施工准备（包括招标设计）、建设实施、生产准备、竣工验收、后评价等阶段。建设前期根据国家总体规划以及流域综合规划，开展前期工作，包括提出项目建议书、可行性研究报告和初步设计（或扩大初步设计）。水利工程建设项目的实施，必须通过基本建设程序立项。水利工程建设项目的立项过程包括项目建议书和可行性研究报告阶段。根据目前管理现状，项目建议书、可行性研究报告、初步设计由水行政主管部门或项目法人组织编制。

项目建议书应根据国民经济和社会发展长远规划、流域综合规划、区域综合规划、专业规划，按照国家产业政策和国家有关投资建设方针进行编制，是对拟进行工程项目的初步说明。项目建议书编制一般由政府委托有相应资质的设计单位承担，并按国家现行规定权限向主管部门申报审批。

可行性研究应对项目进行方案比较，对项目在技术上是否可行和经济上是否合理进行科学的分析和论证。经过批准的可行性研究报告，是项目决策和进行初步设计的依据。可行性研究报告，由项目法人（或筹备机构）组织编制。可行性研究报告经批准后，不得随意修改和变更，在主要内容上有重要变动，应经原批准机关复审同意。项目可行性报告批准后，应正式成立项目法人，并按项目法人责任制实行项目管理。

初步设计是根据批准的可行性研究报告和必要而准确的设计资料，并对设计对象

进行全面研究，阐明拟建工程在技术上的可行性和经济上的合理性，规定项目的各项基本技术参数，编制项目的总概算。初步设计任务应择优选择有相应资质的设计单位承担，依照有关初步设计编制规定进行编制。

建设项目初步设计文件已批准，项目投资来源基本落实，可以进行主体工程招标设计和组织招标工作以及现场施工准备。项目的主体工程开工之前，必须完成各项施工准备工作，其主要内容包括：①施工现场的征地、拆迁；②完成施工用水、电、通信、路和场地平整等工程；③必需的生产、生活临时建筑工程；④组织招标设计、工程咨询、设备和物资采购等服务；⑤组织建设监理和主体工程招标投标，择优选定建设监理单位和施工承包商。

建设实施阶段是指主体工程的建设实施，项目法人按照批准的建设文件，组织工程建设，保证项目建设目标的实现。项目法人或建设单位向主管部门提出主体工程开工申请报告，按审批权限，经批准后，方能正式开工。随着社会主义市场经济机制的建立，工程建设项目实行项目法人责任制后，主体工程开工，必须具备以下条件：①前期工程各阶段文件已按规定批准，施工详图设计可以满足初期主体工程施工需要；②建设项目已列入国家年度计划，年度建设资金已落实；③主体工程招标已经决标，工程承包合同已经签订，并得到主管部门同意；④现场施工准备和征地移民等建设外部条件能够满足主体工程开工需要。

生产准备应根据不同类型的工程要求确定，一般包括如下内容：①生产组织准备，建立生产经营的管理机构及相应管理制度；②招收和培训人员；③生产技术准备；④生产的物资准备；⑤正常的生活福利设施准备。

竣工验收是工程完成建设目标的标志，是全面考核基本建设成果、检验设计和工程质量的重要步骤。竣工验收合格的项目即从基本建设转入生产或使用。

工程项目竣工投产后，一般经过一至两年生产营运后，要进行一次系统的项目后评价，主要内容包括：①影响评价 —— 项目投产后对各方面的影响进行评价；②经济效益评价 —— 对项目投资、国民经济效益、财务效益、技术进步和规模效益、可行性研究深度等进行评价；③过程评价 —— 对项目的立项、设计施工、建设管理、竣工投产、生产营运等全过程进行评价。项目后评价一般按三个层次组织实施，即项目法人的自我评价、项目行业的评价、计划部门（或主要投资方）的评价。

设计工作应遵循分阶段、循序渐进、逐步深入的原则进行。以往大中型枢纽工程常按三个阶段进行设计，即可行性研究、初步设计和施工详图设计。对于工程规模大，技术上复杂而又缺乏设计经验的工程，经主管部门指定，可在初步设计和施工详图设计之间，增加技术设计阶段。20 世纪 80 年代以来，为适应招标投标合同管理体制的需要，初步设计之后又有招标设计阶段。例如，三峡工程设计包括可行性研究、初步设计、单项工程技术设计、招标设计和施工详图设计五个阶段。

另外，原电力工业部在《关于调整水电工程设计阶段的通知》中，对水电工程设计阶段的划分做如下调整：

1. 增加预可行性研究报告阶段

在江河流域综合利用规划及河流（河段）水电规划选定开发方案基础上，根据国

家与地区电力发展规划的要求，编制水电工程预可行性研究报告。预可行性研究报告经主管部门审批后，即可编报项目建议书。预可行性研究是在江河流域综合利用规划或河流（河段）水电规划以及电网电源规划基础上进行的设计阶段。其任务是论证拟建工程在国民经济发展中的必要性、技术可行性、经济合理性。本阶段的主要工作内容包括：河流概况及水文气象等基本资料的分析；工程地质和建筑材料的评价；工程规模、综合利用及环境影响的论证；初拟坝址、厂址和引水系统线路；初步选择坝型、电站、泄洪、通航等主要建筑物的基本形式与枢纽布置方案；初拟主体工程的施工方法，进行施工总体布置、估算工程总投资、工程效益的分析和经济评价等。预可行性研究阶段的成果，为国家和有关部门作出投资决策及筹措资金提供基本依据。

2. 将原有可行性研究与初步设计两阶段合并，统称为可行性研究报告阶段

加深原有可行性研究报告深度，使其达到原有初步设计编制规程的要求。并以《水利水电工程初步设计报告编制规程》为准编制可行性研究报告。可行性研究阶段的设计任务在于进一步论证拟建工程在技术上的可行性和经济上的合理性，并要解决工程建设中重要的技术经济问题。主要设计内容包括：对水文、气象、工程地质以及天然建筑材料等基本资料做进一步分析与评价；论证本工程及主要建筑物的等级；进行水文水利计算，确定水库的各种特征水位及流量，选择电站的装机容量、机组机型和电气主结线以及主要机电设备；论证并选定坝址、坝轴线、坝型、枢纽总体布置及其他主要建筑物的形式和控制性尺寸；选择施工导流方案，进行施工方法、施工进度和总体布置的设计，提出主要建筑材料、施工机械设备、劳动力、供水、供电的数量和供应计划；提出水库移民安置规划；提出工程总概算，进行技术经济分析，阐明工程效益。最后提交可行性研究报告文件，主要包括文字说明和设计图纸及有关附件。

3. 招标设计阶段

暂按原技术设计要求进行勘测设计工作，在此基础上编制招标文件。招标文件分三类：主体工程、永久设备和业主委托的其他工程的招标文件。招标设计是在批准的可行性研究报告的基础上，将确定的工程设计方案进一步具体化，详细定出总体布置和各建筑物的轮廓尺寸、材料类型、工艺要求和技术要求等。其设计深度要求做到可以根据招标设计图较准确地计算出各种建筑材料的规格、品种和数量，混凝土浇筑、土石方填筑和各类开挖、回填的工程量，各类机械电气和永久设备的安装工程量等。根据招标设计图所确定的各类工程量和技术要求，以及施工进度计划，监理工程师可以进行施工规划并编制出工程概算，作为编制标底的依据。编标单位则可以据此编制招标文件，包括合同的一般条款、特殊条款、技术规程和各项工程的工程量表，满足以固定单价合同形式进行招标的需要。施工投标单位，也可据此进行投标报价和编制施工方案及技术保证措施。

4. 施工详图阶段

配合工程进度编制施工详图。施工详图设计是在招标设计的基础上，对各建筑物进行结构和细部构造设计；最后确定地基处理方案，进行处理措施设计；确定施工总体布置及施工方法，编制施工进度计划和施工预算等；提出整个工程分项分部的施工、制造、安装详图。施工详图是工程施工的依据，这也是工程承包或工程结算的依据。

（三）水利工程的影响

水利工程是防洪、除涝、灌溉、发电、供水、围垦、水土保持、移民、水资源保护等工程及其配套和附属工程的统称，是人类改造自然、利用自然的工程。修建水利工程，是为了控制水流、防止洪涝灾害，并进行水量的调节和分配，从而满足人民生活和生产对水资源的需要。因此，大型水利工程往往显现出显著的社会效益和经济效益，带动地区经济发展，促进流域以至整个中国经济社会的全面可持续发展。

但是也必须注意到，水利工程的建设可能会破坏河流或河段及其周围地区在天然状态下的相对平衡。特别是具有高坝大库的河川水利枢纽建成运行，对周围的自然和社会环境都将产生重大影响。

修建水利工程对生态环境的不利影响是：河流中筑坝建库后，上下游水文状态将发生变化。可能出现泥沙淤积、水库水质下降、淹没部分文物古迹和自然景观，还可能会改变库区及河流中下游水生生态系统的结构和功能，对一些鱼类和植物的生存和繁殖产生不利影响；水库的“沉沙池”作用，使过坝的水流成为“清水”，冲刷能力加大，由于水势和含沙量的变化，还可能改变下游河段的河水流向和冲积程度，造成河床被冲刷侵蚀，也可能影响到河势变化乃至河岸稳定；大面积的水库还会引起小气候的变化，库区蓄水后，水域面积扩大，水的蒸发量上升，由此会造成附近地区日夜温差缩小，改变库区的气候环境，例如可能增加雾天的出现频率；兴建水库可能会增加库区地质灾害发生的频率，例如，兴建水库可能会诱发地震，增加库区及附近地区地震发生的频率；山区的水库由于两岸山体下部未来长期处于浸泡之中，发生山体滑坡、塌方和泥石流的频率可能会有所增加；深水库底孔下放的水，水温会较原天然状态有所变化，可能不如原来情况更适合农作物生长，此外，库水化学成分改变、营养物质浓集导致水的异味或缺氧等，也会对生物带来不利影响。

修建水利工程对生态环境的有利影响是：防洪工程可有效地控制上游洪水，提高河段甚至流域的防洪能力，从而有效地减免洪涝灾害带来的生态环境破坏；水力发电工程利用清洁的水能发电，与燃煤发电相比，可以少排放大量的二氧化碳、二氧化硫等有害气体，减轻酸雨、温室效应等大气危害以及燃煤开采、洗选、运输、废渣处理所导致的严重环境污染；能调节工程中下游的枯水期流量，有利于改善枯水期水质；有些水利工程可为调水工程提供水源条件；高坝大库的建设较天然河流大大增加了的水库面积与容积可以养鱼，对渔业有利；水库调蓄的水量增加了农作物灌溉的机会。

此外，由于水位上升使库区被淹没，需要进行移民，并且由于兴建水库导致库区的风景名胜和文物古迹被淹没，需要进行搬迁、复原等。在国际河流上兴建水利工程，等于重新分配了水资源，间接地影响了水库所在国家与下游国家的关系，还可能会造成外交上的影响。

上述这些水利工程在经济、社会、生态方面的影响，有利有弊，因此兴建水利工程，必须充分考虑其影响，精心研究，针对不利影响应采取有效的对策及措施，促进水利工程所在地区经济、社会和环境协调发展。

第三节 水库与水电站知识

一、水库知识

（一）水库的概念

水库是指在山沟或河流的狭口处建造拦河坝形成人工湖泊。水库建成后，可发挥防洪、蓄水、灌溉、供水、发电、养鱼等效益。有时天然湖泊也称为水库（天然水库）。

水库规模通常按总库容大小划分，水库总库容 M10 × 108m^3 的为大（1）型水库，水库总库容为（1.0 ~ 10）× 108m^3 的是大（2）型水库，水库总库容为（0.10 ~ 1.0）× 108m^3 的是中型水库，水库总库容为（0.01 ~ 0.10）× 108m^3 的是小型水库，水库总库容为（0.001 ~ 0.01）× 108m^3，的是小型水库。

（二）水库的作用

河流天然来水在一年间及各年间一般都会有所变化，这种变化与社会工农业生产及人们生活用水在时间和水量分配上往往存在矛盾。兴建水库是解决这类矛盾的主要措施之一。兴建水库也是综合利用水资源的有效措施。水库不仅可以使水量在时间上重新分配，满足灌溉、防洪、供水的要求，还可以利用大量的蓄水和抬高了的水头来满足发电、航运及渔业等其他用水部门的需要。水库在来水多时把水存蓄在水库中，然后根据灌溉、供水、发电、防洪等综合利用要求适时适量地进行分配。这种把来水按用水要求在时间和数量上重新分配的作用，称为水库的调节作用。水库的径流调节是指利用水库的蓄泄功能和计划地对河川径流在时间上和数量上进行控制和分配。

径流调节通常按水库调节周期分类，根据调节周期的长短，水库也可分为无调节、日调节、周调节、年调节和多年调节水库。无调节水库没有调节库容，按天然流量供水；日调节水库按用水部门一天内的需水过程进行调节；周调节水库按用水部门一周内的需水过程进行调节；年调节水库将一年中的多余水量存蓄起来，可用以提高缺水期的供水量；多年调节水库将丰水年的多余水量存蓄起来，用以提高枯水年的供水量，调节周期超过一年。水库径流调节的工程措施是修建大坝（水库）和设置调节流量的闸门。

水库还可按水库所承担的任务，划分为单一任务水库及综合利用水库；按水库供水方式，可分为固定供水调节及变动供水调节水库；按水库的作用，可分为反调节、补偿调节、水库群调节及跨流域引水调节等。补偿调节是指两个或两个以上水库联合工作，利用各库水文特性、调节性能及地理位置等条件的差别，在供水量、发电出力、泄洪量上相互协调补偿。通常，将其中调节性能高的、规模大的、任务单纯的水库作为补偿调节水库，而以调节性能差、用水部门多的水库作为被补偿水库（电站），考虑不同水文特性和库容进行补偿。一般是上游水库作为补偿调节水库补充放水，以满足下游电站或给水、灌溉引水的用水需要。反调节水库又称再调节水库，是指同一河段相邻较近的两个水库，下一级反调节水库则在发电、航运、流量等方面利用上一级

水库下泄的水流。例如，葛洲坝水库是三峡水库的反调节水库；西霞院水库是小浪底水库的反调节水库，位于小浪底水利枢纽下游16km，当小浪底水电站执行频繁的电调指令时，其下泄流量不稳定，会对大坝下游至花园口间河流生命指标以及两岸人民生活、生产用水和河道工程产生不利影响，通过西霞院水库的再调节作用，既保证发电调峰，又能效保护下游河道。

（三）水量平衡原理

水量平衡是水量收支平衡的简称。对于水库而言，水量平衡原理是指任意时刻，水库（群）区域收入（或输入）的水量和支出（或输出）的水量之差，等于该时段内该区域储水量的变化。

（四）水库的特征水位和特征库容

水库的库容大小决定着水库调节径流的能力和它所能提供的效益。因此，确定水库特征水位及其相应库容是水利水电工程规划、设计的主要任务。水库工程为完成不同任务，在不同时期和各种水文情况下，需控制达到或允许消落的各种库水位称为水库的特征水位。相应于水库的特征水位以下或两特征水位之间的水库容积称为水库的特征库容。水库的特征水位主要有正常蓄水位、死水位、防洪限制水位、防洪高水位、设计洪水位、校核洪水位等；主要特征库容有兴利库容、死库容、重叠库容、防洪库容、调洪库容、总库容等。

1. 水库的特征水位

正常蓄水位是指水库在正常运用情况下，为满足兴利要求在开始供水时应该蓄到的水位，又称正常水位、兴利水位，或设计蓄水位。它是决定水工建筑物的尺寸、投资、淹没、水电站出力等指标的重要依据。选择正常蓄水位时，要根据电力系统和其他部门的要求及水库淹没、坝址地形、地质、水工建筑物布置、施工条件、梯级影响、生态与环境保护等因素，拟定不同方案，通过技术经济论证及综合分析比较确定。

防洪限制水位是指水库在汛期允许兴利蓄水的上限水位，又称汛前限制水位。防洪限制水位也是水库在汛期防洪运用时的起调水位。选择防洪限制水位，要兼顾防洪和兴利的需要，应根据洪水及泥沙特性，研究对防洪、发电及其他部门和对水库淹没、泥沙冲淤及淤积部位、水库寿命、枢纽布置以及水轮机运行条件等方面的影响，通过对不同方案的技术经济比较，综合分析确定。

设计洪水位是指水库遇到大坝的设计洪水时，在坝前达到的最高水位。它是水库在正常运用情况下允许达到的最高洪水位，可采用相应于大坝设计标准各种典型洪水，按拟定的调度方式，自防洪限制水位开始进行调洪计算求得。

校核洪水位是指水库遇到大坝的校核洪水时，在坝前达到的最高水位。它是水库在非常运用情况下，允许临时达到的最高洪水位，可采用相应于大坝校核标准的各种典型洪水，按拟定的调洪方式，自防洪限制水位开始进行调洪计算求得。

防洪高水位是指水库遇下游保护对象的设计洪水时在坝前达到的最高水位。当水库承担下游防洪任务时，需确定这一水位。防洪高水位可采用相应于下游防洪标准的各种典型洪水，按拟定的防洪调度方式，自防洪限制水位开始进行水库调洪计算求得。

死水位是指水库在正常运用情况下，允许消落到的最低水位。选择死水位，应比较不同方案的电力、电量效益和费用，并应考虑灌溉、航运等部门对水位、流量的要求和泥沙冲淤、水轮机运行工况以及闸门制造技术对进水口高程的制约等条件，经综合分析比较确定。正常蓄水位到死水位间的水库深度称为消落深度或工作深度。

2. 水库的特征库容

最高水位以下的水库静库容，称为总库容，一般指校核洪水位以下的水库容积，它是表示水库工程规模的代表性指标，可作为划分水库等级、确定工程安全标准的重要依据。

防洪高水位至防洪限制水位之间的水库容积，称之为防洪库容。它用以控制洪水，满足水库下游防护对象的防洪要求。

校核洪水位至防洪限制水位之间的水库容积，称为调洪库容。

正常蓄水位至死水位之间的水库容积，称为兴利库容或有效库容。

当防洪限制水位低于正常蓄水位时，正常蓄水位至防洪限制水位之间汛期用于蓄洪、非汛期用于兴利的水库容积，称为共用库容或重复利用库容。

死水位以下的水库容积，称为死库容。除特殊情况外，死库容不参与径流调节。

二、水电站知识

水电站是将水能转换为电能的综合工程设施，又称水电厂。其包括为利用水能生产电能而兴建的一系列水电站建筑物及装设的各种水电站设备。利用这些建筑物集中天然水流的落差形成水头，汇集、调节天然水流的流量，并将它输向水轮机，经水轮机与发电机的联合运转，将集中的水能转换为电能，再经变压器、开关站和输电线路等将电能输入电网。

在通常情况下，水电站的水头是通过适当的工程措施，将分散在一定河段上的自然落差集中起来而构成的。就集中落差形成水头的措施而言，水能资源的开发方式可分为坝式、引水式和混合式三种基本方式。根据三种不同的开发方式，水电站也可分为坝式、引水式和混合式三种基本类型。

（一）坝式水电站

在河流峡谷处拦河筑坝、坝前壅水，形成水库，在坝址处形成集中落差，这种开发方式称为坝式开发。用坝集中落差的水电站称为坝式水电站。其特点为：

坝式水电站的水头取决于坝高。坝越高，水电站的水头越大，但坝高往往受地形、地质、水库淹没、工程投资、技术水平等条件的限制，因此与其他开发方式相比，坝式水电站的水头相对较小。目前坝式水电站的最大水头不超过300m。

拦河筑坝形成水库，可用来调节流量。坝式水电站的引用流量较大，电站的规模也大，水能利用比较充分。目前世界上装机容量超过2000MW的巨型水电站大都是坝式水电站。此外坝式水电站水库的综合利用效益高，可同时满足防洪、发电、供水等兴利要求。

要求工程规模大，水库造成的淹没范围大，迁移人口多，由此坝式水电站的投资大，

工期长。

坝式开发适用于河道坡降较缓，流量较大，有筑坝建库条件的河段。

坝式水电站按大坝和发电厂的相对位置的不同又可分为河床式、坝后式、闸墩式、坝内式、溢流式等。在实际工程中，较常用的坝式水电站是河床式和坝后式水电站。

1. 河床式水电站

河床式水电站一般修建在河流中下游河道纵坡平缓的河段上，为避免大量淹没，坝建得较低，故水头较小。大中型河床式水电站水头一般为25m以下，不超过30 ~ 40m；中小型水电站水头一般为10m以下。河床式电站的引用流量一般都较大，属于低水头大流量型水电站，其特点是：厂房与坝（或闸）一起建在河床上，厂房本身承受上游水压力，并成为挡水建筑物的一部分，一般不设专门的引水管道，水流直接从厂房上游进水口进入水轮机。在我国湖北葛洲坝、浙江富春江、广西大化等水电站，均为河床式水电站。

2. 坝后式水电站

坝后式水电站一般修建在河流中上游的山区峡谷地段，受水库淹没限制相对较小，所以坝可建得较高，水头也较大，在坝的上游形成了可调节天然径流的水库，有利于发挥防洪、灌溉、航运及水产等综合效益，并给水电站运行创造了十分有利的条件。由于水头较高，厂房不能承受上游过大水压力而建在坝后。其特点是：水电站厂房布置在坝后，厂坝之间常用缝分开，上游水压力全部由坝承受。三峡水电站、福建水口水电站等，均属坝后式水电站。

坝后式水电站厂房的布置型式很多，厂房布置在坝体内时，称为坝内式水电站；当厂房布置在溢流坝段之后时，通常称为溢流式水电站。当水电站的拦河坝为土坝或堆石坝等当地材料坝时，水电站厂房可采用河岸式布置。

（二）引水式开发和引水式水电站

在河流坡降较陡的河段上游，通过人工建造的引入道（渠道、隧洞、管道等）引水到河段下游，集中落差，这种开发方式称为引水式开发。用引水道集中水头的水电站，称为引水式水电站。

引水式开发的特点是：由于引水道的坡降（一般取1/1000 ~ 1/3000）小于原河道的坡降，因而随着引水道的增长，逐渐集中水头；与坝式水电站相比，引水式水电站由于不存在淹没和筑坝技术上的限制，水头相对较高，目前最大水头已达2000m以上；引水式水电站的引用流量较小，没有水库调节径流，水量利用率较低，综合利用价值较差，电站规模相对较小，工程量较小，单位造价较低。

引水式开发适用于河道坡降较陡且流量较小的山区河段。根据引水建筑物中的水流状态不同，可分为无压引水式水电站和有压引水式水电站。

1. 无压引水式水电站

无压引水式水电站的主要特点是具有较长的无压引水水道，水电站引水建筑物中的水流是无压流。无压引水式水电站的主要建筑物有低坝、无压进水口、沉沙池、引水渠道（或无压隧洞）、日调节池、压力前池、溢水道、压力管道、厂房以及尾水渠等。

2. 有压引水式水电站

有压引水式水电站的主要特点是有较长的有压引水道，若有压隧洞或压力管道，引水建筑物中的水流是有压流。有压引水式水电站的主要建筑物有拦河坝、有压进水口、有压引水隧洞、调压室、压力管道、厂房和尾水渠等。

（三）混合式开发和混合式水电站

在一个河段上，同时采用筑坝和有压引水道共同集中落差的开发方式称为混合式开发。坝集中一部分落差后，再通过有压引水道集中坝后河段上另一部分落差，形成了电站的总水头。用坝和引水道集中水头的水电站称为混合式水电站。

混合式水电站适用于上游有良好坝址，适宜建库，而紧邻水库的下游河道突然变陡或河流有较大转弯的情况。这种水电站同时兼有坝式水电站和引水式水电站的优点。

混合式水电站和引水式水电站之间没有明确的分界线。严格说来，混合式水电站的水头是由坝和引水建筑物共同形成的，且坝一般构成水库。而引水式水电站的水头，只由引水建筑物形成，坝只起抬高上游水位的作用。然在工程实际中常将具有一定长度引水建筑物的混合式水电站统称为引水式水电站，而较少采用混合式水电站这个名称。

（四）抽水蓄能电站

随着国民经济的迅速发展以及人民生活水平的不断提高，电力负荷和电网日益扩大，电力系统负荷的峰谷差越来越大。

在电力系统中，核电站和火电站不能适应电力系统负荷的急剧变化，且受到技术最小出力的限制，调峰能力有限，而且火电机组调峰煤耗多，运行维护费用高。而水电站启动与停机迅速，运行灵活，适宜担任调峰、调频和事故备用负荷。

抽水蓄能电站不是为了开发水能资源向系统提供电能，而是以水体为储能介质，起调节作用。抽水蓄能电站包括抽水蓄能和放水发电两个过程，它有上下两个水库，用引水建筑物相连，蓄能电站厂房建在下水库处。在系统负荷低谷时，利用系统多余的电能带动泵站机组（电动机＋水泵）将下库的水抽到上库，以水的势能形式储存起来；当系统负荷高峰时，将上库的水放下来推动水轮发电机组（水轮机＋发电机）发电，以补充系统中电能的不足。

随着电力行业的改革，实行负荷高峰高电价、负荷低谷低电价后，抽水蓄能电站的经济效益将是显著的。抽水蓄能电站除了产生调峰填谷的静态效益外，还由于其特有的灵活性而产生动态效益，包括同步备用、调频、负荷调整、满足系统负荷急剧爬坡的需要、同步调相运行等。

五、潮汐水电站

海洋水面在太阳和月球引力的作用下，发生一种周期性涨落的现象，称为潮汐。从涨潮到涨潮（或落潮到落潮）之间间隔的时间，即潮汐运动的周期（亦称潮期），约为 12h 又 25min。在一个潮汐周期内，相邻高潮位与低潮位间差值，称为潮差，其

大小受引潮力、地形和其他条件的影响因时因地而异，一般为数米。出现这样的潮差，就可以在沿海的港湾或河口建坝，构成水库，利用潮差所形成的水头来发电，这就是潮汐能的开发。据计算，世界海洋潮汐能蕴藏量约为 27×106MW，若全部转换成电能，每年发电量大约为 1.2 万亿 kW·h。

利用潮汐能发电的水电站称为潮汐水电站。潮汐电站多修建于海湾。其工作原理是修建海堤，将海湾与海洋隔开，并设泄水闸和电站厂房，然后利用潮汐涨落时海水位的升降，使海水流经水轮机，通过水轮机的转动带动发电机组发电。涨潮时外海水位高于内库水位，形成水头，这时引海水入湾发电；退潮时外海水位下降，低于内库水位，可放库中的水入海发电。海潮昼夜涨落两次，因此海湾每昼夜充水和放水也是两次。潮汐水电站可利用的水头为潮差的一部分，水头较小，但引用的海水流量可以很大，是一种低水头大流量的水电站。

潮汐能与一般水能资源不同，是取之不尽，用之不竭的。潮差较稳定，且不存在枯水年与丰水年的差别，因此潮汐能的年发电量稳定，但因发电的开发成本较高和技术上的原因，所以发展较慢。

（六）无调节水电站和有调节水电站

水电站除按开发方式进行分类外，还可以按其是否有调节天然径流的能力而分为无调节水电站和有调节水电站两种类型。

无调节水电站没有水库，或虽有水库却不能用来调节天然径流。当天然流量：小于电站能够引用的最大流量时，电站的引用流量就等于或小于该时刻的天然流量；当天然流量超过电站能够引用的最大流量时，电站最多也只能利用它所能引用的最大流量，超出的那部分天然流量只好弃水。

凡是具有水库，能在一定限度内按照负荷的需要对天然径流进行调节的水电站，统称为有调节水电站。根据调节周期的长短，有调节水电站又可分为日调节水电站、年调节水电站及多年调节水电站等，视水库的调节库容与河流多年平均年径流量的比值（称为库容系数）而定。无调节和日调节水电站又称径流式水电站。具有比日调节能力大的水库的水电站又称蓄水式水电站。

在前述的水电站中，坝后式水电站和混合式水电站一般都是有调节的；河床式水电站和引水式水电站则常是无调节的，或者只具有较小的调节能力，如日调节。

第四节　泵站知识

一、泵站的主要建筑物

（一）进水建筑物

包括引水渠道、前池、进水池等。其主要作用是衔接水源地与泵房，其体型应有利于改善水泵进水流态，减少水力损失，为主泵创造良好的引水条件。

（二）出水建筑物

有出水池和压力水箱两种主要形式。出水池是连接压力管道和灌排干渠的衔接建筑物，起消能稳流作用。压力水箱是连接压力管道和压力涵管的衔接建筑物，起消能稳流作用。压力水箱是连接压力管道和压力涵管的衔接建筑物，起汇流排水的作用，这种结构形式适用于排水泵站。

（三）泵房

安装水泵、动力机和辅助设备的建筑物，是泵站的主体工程，其主要作用是为主机组和运行人员提供良好的工作条件。泵房结构形式的确定，主要根据主机组结构性能、水源水位变幅、地基条件及枢纽布置，通过技术经济比较，择优选定。泵房结构形式较多，常用的有固定式和移动式两种。

二、泵房的结构型式

（一）固定式泵房

固定式泵房按基础型式的特点又可分为分基型、干室型、湿室型和块基型四种。

1. 分基型泵房

泵房基础与水泵机组基础分开建筑的泵房。这种泵房的地面高于进水池的最高水位，通风、采光和防潮条件都比较好，施工容易，是中小型泵站最常采用的结构型式。

分基型泵房适用于安装卧式机组，且水源的水位变化幅度小于水泵的有效吸程，以保证机组不被淹没的情况。要求水源岸边比较稳定，地质和水文条件都比较好。

2. 干室型泵房

泵房及其底部均用钢筋混凝土浇筑成封闭的整体，在泵房下部形成一个无水的地下室。这种结构型式比分基型复杂，造价高，但可以防止高水位时，水通过泵房四周和底部渗入。

干室型泵房不论是卧式机组还是立式机组都可以采用，其平面形状有矩形和圆形两种，其立面上的布置可以是一层的或者多层的，视需要而定。这种型式的泵房适用于以下场合：水源的水位变幅大于泵的有效吸程；采用分基型泵房在技术和经济上不合理；地基承载能力较低和地下水位较高。在设计中要校核其整体稳定性和地基应力。

3. 湿室型泵房

其下部有一个与前池相通并充满水的地下室的泵房。一般分两层，下层是湿室，上层安装水泵的动力机和配电设备，水泵的吸水管或者泵体淹没在湿室的水面以下。湿室可以起着进水池的作用，湿室中的水体重量可平衡一部分地下水的浮托力，湿室中的水体重量可平衡一部分地下水的浮托力，增强了泵房的稳定性。口径 1m 以下的立式或者卧式轴流泵及立式离心泵都可以采用湿室型泵房。这种泵房一般都建在软弱地基上，因此对其整体稳定性应予以足够的重视。

4. 块基型泵房

用钢筋混凝土把水泵的进水流道与泵房的底板浇成一块整体，并作为泵房的基础

的泵房。安装立式机组的这种泵房立面上按照从高到低的顺序可分为电机层、连轴层、水泵层和进水流道层。

水泵层以上的空间相当于干室型泵房的干室，可安装主机组、电气设备、辅助设备和管道等；水泵层以下进水流道和排水廊道，相当于湿室型泵房的进水池，进水流道设计成钟形或者弯肘形，以改善水泵的进水条件。从结构上看，块基型泵房是干室型和湿室型系房的发展。由于这种泵房结构的整体性好，自身的重量大、抗浮和抗滑稳定性较好，它适用于以下情况：口径大于 1.2m 的大型水泵；需要泵房直接抵挡外河水压力；适用于各种地基条件。根据水力设计和设备布置确定这种泵房的尺寸之后，还要校核其抗渗、抗滑以及地基承载能力，以便确保在各种外力作用下，泵房不产生滑动倾倒和过大的不均匀沉降。

（二）移动式泵房

在水源的水位变化幅度较大，建固定式泵站投资大、工期长、施工困难的地方，应优先考虑建移动式泵站。移动式泵房具有较大的灵活性和适应性，没有复杂的水下建筑结构，但其运行管理比固定式泵站复杂。这种泵房可以分为泵船和泵车两种。

承载水泵机组及其控制设备的泵船可以用木材、钢材或钢丝网水泥制造。木制泵船的优点是一次性投资少、施工快，基本不受地域限制；缺点是强度低、易腐烂、防火效果差、使用期短、养护费高，且消耗木材多。钢船强度高，使用年限长，维护保养好的钢船使用寿命可达几十年，它没有木船的缺点；但建造费用较高，使用钢材较多。钢丝网水泥船具有强度高，耐久性好，节省钢材和木材，造船施工技术并不复杂，维修费用少，重心低，稳定性好，使用年限长等优点。

根据设备在船上的布置方式，泵船可以分为两种型式：将水泵机组安装在船甲板上面的上承式和将水泵机组安装在船舱底骨架上的下承式。泵船尺寸和船身形状根据最大排水量条件确定，设计方法和原则应按内河航运船舶的设计规定进行。

选择泵船的取水位置应注意以下几点：河面较宽，水足够深，水流较平稳；洪水期不会漫坡，枯水期不出现浅滩；河岸稳定，岸边有合适的坡度；在通航和放筏的河道中，泵船与主河道有足够的距离防止撞船；应避开大回流区，以免漂浮物聚集在进水口，影响取水；泵船附近有平坦的河岸，作为泵船检修的场地。

泵车是将水泵机组安装在河岸边轨道上的车子内，根据水位涨落，靠绞车沿轨道升降小车改变水泵的工作高程的提水装置。其优点是不受河道内水流的冲击和风浪运动的影响，稳定性较泵船好，缺点是受绞车工作容量的限制，泵车不能做得太大。其使用条件如下：水源的水位变化幅度为 10 ~ 35m，涨落速度不大于 2m/h；河岸比较稳定，岸坡地质条件较好，且有适宜的倾角，一般以 10° ~ 30° 为宜；河流漂浮物少，没有浮冰，不易受漂木、浮筏、船只的撞击；河段顺直，靠近主流；单车流量在 1m3/s 以下。

三、泵房的基础

基础是泵房地下部分，其功能是将泵房的自重、房顶屋盖面积、积雪重量、泵房内设备重量及其荷载和人的重量等传给地基。基础和地基必须具备足够的强度和稳定

性，以防止泵房或设备因沉降过大或不均匀沉降引起厂房开裂和倾斜，设备不能正常运转。

基础的强度和稳定性既取决于其形状和选用的材料，又依赖于地基的性质，而地基的性质和承载能力必须通过工程地质勘测加以确定。设计泵房时，应综合考虑荷载的大小、结构型式、地基和基础的特性，选择经济可靠的方案。

（一）基础的埋置深度

基础的底面应该设置在承载能力较大的老土层上，填土层太厚时，可通过打桩、换土等措施加强地基承载能力。基础的底面应该在冰冻线以下，以防止水的结冰和融化。在地下水位较高的地区，基础的底而要设在最低地下水位之下，以避免因地下水位的上升和下降而增加泵房的沉降量和引起不均匀沉陷。

（二）基础的型式和结构

基础的型式和大小取决于其上部的荷载和地基的性质，需通过计算确定。泵房常用的基础有以下几种：

1. 砖基础

用于荷载不大、基础宽度较小、土质较好及地下水位较低的地基上，分基型泵房多采用这种基础。由墙和大方脚组成，一般砌成台阶形，由于埋在土中比较潮湿，需采用不低于 75 号的黏土砖和不低于 50 号的水泥砂浆砌筑。

2. 灰土基础

当基础宽度和埋深较大时，采用这种型式，以节省大方脚用砖。这种基础不宜做在地下水和潮湿的土中。由砖基础、大方脚和灰土垫层组成。

3. 混凝土基础

适合于地下水位较高，泵房荷载较大的情况。可以根据需要做成任何形式，其总高度小于 0.35m 时，截面长做成矩形；总高度在 0.35-1.0m 之间，用踏步形；基础宽度大于 2.0m，高度大于 1.0m 时，如果施工方便常做成梯形。

4. 钢筋混凝土基础

适用于泵房荷载较大，而地基承载力又较差和采用以上基础不经济的情况。由于这种基础底面有钢筋，抗拉强度较高，由此其高宽比较前述基础小。

第五节　节水灌溉知识

一、节水灌溉的概念

节水农业是提高用水有效性的农业，是水、土、作物资源综合开发利用的系统工程。衡量节水农业的标准是作物的产量及其品质，用水的利用率及其生产率。节水农业包括节水灌溉农业和旱地农业。节水灌溉农业是指合理开发利用水资源，可用工程技术、农业技术及管理技术达到提高农业用水效益的目的。旱地农业是指降水偏少灌溉条件

有限而从事的农业生产。节水农业是随着近年来节水观念的加强和具体实践而逐渐形成的。它包括三个方面的内容：一是农学范畴的节水，如调整农业结构，作物结构，改进作物布局，改善耕作制度（调整熟制、发展间套作等），改进耕作技术（整地，覆盖等），培育耐旱品种等；二是农业管理范畴的节水，包括管理措施，管理体制与机构，水价与水费政策，配水的控制与调节，节水措施的推广应用等；三是灌溉范畴的节水，包括灌溉工程的节水措施和节水灌溉技术，例如喷灌、滴灌等。

节水灌溉是根据作物需水量规律及当地供水条件，为了有效地利用降水和灌溉水，获取农业的最佳经济效益，社会效益、生态环境效益而采取的多种措施的总称。

节水灌溉，主要是对符合一定技术要求的灌溉而言。节省灌溉用水，首先要提高天然降水利用率，同时把可以用于农业生产的各种水源，如地表水、地下水，灌溉回归水、经过处理以后的污水以及土壤水等都充分、合理地利用起来。广义的节水灌溉包括了农业高效用水的许多措施，如雨水蓄集、土壤保墒、井渠结合，渠系水优化调配，农艺节水，用水管理等。

节水灌溉技术是节水农业的核心技术，是农业水利工程专业理论与实践紧密结合的专业学习领域之一，它是在总结国内外灌溉工程先进经验的基础上，调节农田水分状况和改善地区水情变化，科学合理地运用灌溉制度，灌水方法，灌溉工程措施和管理等，合理利用有限水资源，服务于农业生产和生态环境良性发展的一门综合性科学技术。

二、节水灌溉技术的主要内容

节水灌溉的最终目的是以最少的水量消耗获取尽可能多的农作物产量、最高的经济效益和生态环境效益。节水灌溉是一个完整的体系，由以下几部分组成。

（一）水源开发与优化利用技术

1. 雨水集流技术。在我国北方干旱缺水的地区，采取各种措施把有限的降雨汇集存储起来，供农村饮水和农作物灌溉用。其主要做法有以下几种：

（1）水窖

选择有一定产流能力的坡面、路面，屋顶，或经过夯实防渗处理的地方作为雨水汇集区，将雨水引入位置较低的水窖内储存。单个水窖蓄水量一般应为 30 ~ 50m。

（2）蓄水池

在渠旁、村庄附近选择有可能汇集降雨径流或调蓄山泉，溪水的天然洼地或人工挖成蓄水池，实行蓄引结合，长蓄短用；还可以用渠道将各蓄水池连起来形成“长藤结瓜”式的系统。蓄水池容积从几百立方米到几千立方米。为减少渗漏，池底及池壁应进行防渗处理。

（3）塘坝

在有较大汇水面积的洼地、溪谷筑坝拦蓄水。在我国南方一般称这种蓄水能力在 10 万 m 以下的微型水库为“塘坝”。因蓄水量较多，塘坝的拦水坝，取水及排洪建筑物等应参照小型水库的技术要求进行正规设计和施工。

2. 劣质水利用技术

在水源十分紧缺的地区，对一些劣质水源，例如微咸水，污水等，在搞清水质的基础上，可根据土壤积盐状况，农作物不同生育期耐盐能力，直接利用微咸水进行灌溉，或者咸淡水掺混后使用。利用微咸水灌溉时，特别要注意掌握灌水时间，灌水量，灌水次数，同时与耕作栽培技术措施密切配合，防止土壤盐碱化。城市或工矿企业排放的废水含有各种重金属元素，有害无机物或有机化合物、病原生物等，必须经过严格净化处理达到灌溉水质标准后，才能用于灌溉非直接食用的农作物。污水处理需要专门的技术与设施。我国有些地区直接引用污水进行灌溉，或处理后的污水未达标准即用来灌溉蔬菜等食用作物，不仅引起农业环境的污染，而且危害人体健康，应当引起重视。

3. 灌溉回归水利用技术

一些灌区渠系和田间产生的渗漏水，退水、跑水收集起来作为下游地区的灌溉水源。使用回归水之前，要化验确认其水质是否符合灌溉水质标准。

4. 井渠结合 —— 地表水、地下水互补技术

有些自流灌区在干旱季节地表来水少，轮灌周期长，供水不足，可采用井渠结合，打一部分机电井，提取地下水补充地表水的不足。而抽取地下水以后，地下水位降低，又能起到“腾空”地下库容，增加雨季降水及灌溉水入渗补给地下水的作用。地表水、地下水两者互为补充，提高了水资源的有效利用率。

5. 储水灌溉技术

把河流冬季多余的闲水引到田间灌溉，存储到土层中，供春季作物吸收利用，以缓解春季河流来水不足与供水紧张的矛盾。在南方地区也可将冬季的雨水 . 灌溉水存蓄于水田中，称为冬水田，以供次年春耕之用。

（二）节水灌溉工程技术

1. 喷灌技术

喷灌是把由水泵加压或自然落差形成的有压水通过压力管道送到田间，再经喷头喷射到空中，形成细小水滴，均匀地洒落在农田，达到灌溉的目的。喷灌几乎适用于除水稻外的所有大田作物，以及蔬菜，果树等。它对地形、土壤等条件适应性强。但在多风的情况下，会出现喷洒不均匀，蒸发损失增大的问题。与地面灌溉相比，大田作物喷灌一般可省水 30% ~ 50%，增产 109% ~ 30%。最大优点是使农田灌溉从传统的人工作业变成半机械化，机械化，甚至自动化作业，加快了农业现代化的进程。

2. . 微灌技术

微灌是通过管理系统与安装在地面管道上的灌水器，如滴头或微喷头等，将有压水按作物实际耗水量适时，适量，准确地补充到作物根部附近土壤进行灌溉。它可以把灌溉水在输送过程中以及到了田间以后的深层渗漏和蒸发损失减少到最低限度，使传统的“浇地”变成为“浇作物”。由于它只向作物根区土壤供水，故也称其为局部灌溉。微灌可分为微喷灌，滴灌等。微灌是用水效率最高的节水技术。它的另一特点是可以把作物所需养分掺混在灌溉水中。在灌水的同时进行施肥，既减少用工又提高

肥效，促使作物增产。以色列、美国等国家的微灌技术达到了很高的水平，基本实现了灌溉过程自动化，但是造价昂贵，因此主要用于大棚和温室的蔬菜、花卉以及果树等高产值经济作物的灌溉。我国在学习，引进，消化吸收国外先进技术的基础上，初步形成了自己的微灌产品生产能力。

3. 渠道防渗技术

我国各类灌区渠道总长度达数百万公里，大多数为土渠，水的渗漏损失很大。为了减少输水过程中的这部分损失，采用建立不易透水的防护层，例如混凝土护面，浆砌石衬砌、塑料薄膜防渗等多种方法，进行防渗处理，既减少了水的渗漏损失，又加快了输水速度，提高了浇地效率，深受群众欢迎，成为我国目前应用最广泛的节水技术之一。与土渠相比，混凝土护面可减少渗漏损失 80% ~ 90%，浆砌石衬砌减少渗漏损失 60% ~ 70%，塑料薄膜防渗减少渗漏损失在 90% 以上。

4. 低压管道输水技术

用塑料或混凝土等管道输水代替土渠输水，可大大减少输水过程中的渗漏和蒸发损失，水的利用率可达95%。另外，还可减少渠道占地，提高输水速度，加快浇地进度。由于缩短了轮灌周期，有利于控制灌水量，因而也有一定的增产效果。管道输水系统通常由地下管道和地面移动管道（闸管）组成。若不考虑将来发展喷灌的要求，通常采用低压管材。井灌区利用井泵余压可以解决输水所需压力问题，在我国北方井灌区低压管道输水技术推广较快。大型自流灌区如何以管道代替土渠输水，尚有若干技术问题有待研究解决。

5. 膜上灌水技术

膜上灌水，俗称膜上灌，是在地膜覆盖栽培的基础上，把过去的地膜旁侧灌水改为膜上流水，水沿放苗孔和地膜旁侧渗水或通过膜上的渗水孔，对作物进行灌水。通过调整膜畦首尾的渗水孔数及孔的大小，来调整沟畦首尾的灌水量，可得到较常规地面灌水方法相对高的灌水均匀度。膜上灌投资少，操作简便，便于控制灌水量，加快输水速度，可减少土壤的深层渗漏和蒸发损失，因此，可以显著提高水的利用率。这种技术在新疆已大面积推广，与常规的玉米，棉花沟灌相比，省水 40% ~ 60%，并有明显增产效果。

6. 抗旱点浇技术

在我国东北和西南部分地区，一般年份降雨基本可以满足作物生长对水分的需要。但在春季播种期常遇干旱出苗率低而减产。为解决播种期土壤摘情不足的问题，群众在实践中创造了抗旱点浇（俗称“坐水种”）的方法，即在土穴内浇少量水，下种，覆土。过去多靠人力作业，近年来已在很多地方向机械化、半机械化发展，将开沟、注水、播种、施肥、覆土等多道工序一次完成，大大提高了效率。

7. 沟畦灌水技术

渠道防渗和低压管道输水两项技术只解决减少输水损失问题，田间灌水过程中还有很大节水潜力。沟畦灌已有漫长的历史，在当代科技发展日新月异的新形势下，一些新技术与之结合，使其重新焕发出生命力。例如国外采用激光扫描仪控制平地机刀铲的吃土深度，可使地面高低差别控制在 1cm 以内。另外缩短灌水沟沟长，采用涌流间歇灌水等都可使田间灌水有效利用率大幅度提高。这些先进技术在我国正在研究试验。目前生产上普遍推广的沟畦灌水技术是以人力为主，在精细平整土地基础上大畦改小畦，长沟改短沟，使沟畦规格合理化，可使灌水定额减少 20% ~ 25%，这种技术充分发挥了我国劳动力资源丰富的优势，花钱少，技术简单易行。

8. 土壤摘情监测与灌水预报技术

用先进的科学技术手段，如张力计，中子仪，电阻法等监测土壤摘情，数据经分析处理后配合天气预报，预报适宜灌水时间，灌水量，做到适时适量灌溉，有效地控制土壤水分含量，达到既节水又增产的目的。这种技术要与其他节水技术措施配套使用。

9. 灌区输配水系统水的量测与自动监控技术

真正实现优化配水、合理调度，高效用水，还必须及时准确地掌握灌区水情，如水库，河流，渠道的水位，流量，含沙量乃至抽水灌区的水泵运行情况等技术参数，对几十万亩、几百万亩的大型灌区尤其必要。这是实施节水灌溉的基础技术工作。高标准的节水灌溉工程会在数据采集、数据计算机处理的基础上实现自动监测控制。

（三）农业耕作栽培节水技术

1. 耕作保摘技术

采用深耕松土，疏松保摘，中耕除草，增施有机肥，改良土壤结构等耕作方法，可以疏松土壤，增大活土层，增强雨水入渗速度和入渗量，减少降雨径流流失，切断毛细管，减少土壤水分蒸发，既提高天然降水的蓄集能力，又可减少土壤水分蒸发，保持土壤摘情，是一项行之有效的节水技术措施。

2.覆盖保摘技术

在耕地表面覆盖地膜，秸秤等材料可以抑制土壤水分蒸发，减少降雨地表径流，起到蓄水保摘，提高水的利用率，促使作物增产的效果。这种技术除了保摘以外，还有提高地温、培肥地力，改善土壤物理性状的作用。覆盖的材料可以就地取材，例如用作物的残茬，秸秤、草肥等，甘肃等地也有用沙石覆盖的，叫作“沙田”。随着近代高分子材料工业的发展，塑料薄膜覆盖保嫡栽培技术已广泛应用，成为保螭省水增产效果非常显著的新技术。还有的施用特制的高分子化学物质，如合成酸渣制剂等，在土壤表面形成一层覆盖膜，起到既阻隔土壤水分蒸发，又不影响降水入渗土壤的效果。

3. 施用化学制剂节水

施用化学制剂可以提高土壤保水能力，减少作物蒸腾损失。例如，喷施黄腐酸（抗旱剂 1 号）可以抑制作物叶片气孔开张度，使蒸腾减弱。又如，由具有强吸水性能的高分子材料制成土壤保水剂，它能使土壤在降水或灌溉后吸收相当自身重量数百倍、上千倍的水分，膨胀形成水分不易离析的凝结，在土壤干旱时将所含水分慢慢释放出来供作物吸收利用，以后遇降水或灌水还可再吸水膨胀，重复发挥作用。我国从法国进口少量这种保水剂，正在进行田间观测。

（四）节水管理技术

用科学方法进行用水管理也可挖掘很大的节水潜力。其只有在重视工程节水技术、耕作栽培节水技术的同时，重视和加强节水管理，才能收到事半功倍的效果。

第一，改进和完善灌溉制度，用节水型的灌溉制度指导灌水。如广西、江苏等省（自治区）推广的水稻“浅、湿、薄、晒”灌水技术，为水稻生长创造良好的水、肥、气、热环境，既节水，又促进增产，比常规灌溉省水 10% ~ 20%，节水 1500m/hm^2 以上，增产 5% ~ 10%。

第二，制定适合不同地区自然和社会经济条件的农业节水技术政策，使干部和广大群众都明确在一定条件下应当优先采用哪些技术。

第三，制定和完善有利于节水的政策，法规。例如确定合理水价，促使人们珍惜水、节约用水；制定鼓励和奖励政策，使为节水付出的代价得到合理补偿，奖励对节水做出贡献的单位和个人。

第四，建立健全节水管理组织和节水技术推广服务体系，完善节水管理规章制度，把节水管理责任落实到每项工程，每个干部职工、每个农民。总结交流推广先进经验，举办不同层次的节水技术培训班，普及节水科技知识，加强节水宣传，使节水观念深入人心，成为人们的共识和自觉行动。特别要重视对农民的培训教育，农民是直接用水者，应通过各种形式让农民参与灌溉用水管理，会使其在节水灌溉工作中发挥更大的作用。

三、我国水资源状况

（一）我国水资源概况

中国水资源总量为 2.8 万亿立方米。其中地表水 2.7 万亿立方米，地下水 0.83 万亿立方米，由于地表水与地下水相互转换、互为补给，扣除两者重复计算量 0.73 万亿立方米，与河川径流不重复的地下水资源量约为 0.1 万亿立方米。中国目前有 16 个省（区、市）人均水资源量（不包括过境水）低于严重缺水线，有 6 个省、区（宁夏、河北、山东、河南、山西、江苏）人均水资源量低于 500 立方米，为极度缺水地区。

1. 资源短缺

我国城市水资源存在极其匮乏且涉及面广的问题，全国城市每年缺水 60 亿 m3。在我国，城市水资源的需求几乎涉及到国民经济的方方面面，如工业、农业、建筑业、居民生活等，严重的缺水问题导致我国城镇现代化建设进程、GDP 的增长和居民生活水平的提高都受到了限制。

2. 地下水超采现象严重

城市用水需求持续增长，而城市水资源的量是有限的，多数城市的当地水资源已接近或达到开发利用的极限，部分城市的地下水已处于超采状态。当地下水开采量超过补给量时，水资源质与量的状态便失去平衡，同时还会引起一系列环境工程地质问题。大量开采利用水资源的同时，会增大生活污水和工业废水的排放，使地表水和地下水体遭受不同程度的污染。过量的开采地下水导致地下水位逐年下降，单井出水量

减少，供水成本增加，水资源逐渐枯竭，从而产生地面沉降、塌陷、地裂缝等问题。

3. 水资源污染严重

随着城市规模的不断扩大，且同时排出的污水数量也不断增多，水质发生恶化，水体遭受污染，从而影响水资源的可持续利用。城市区域污染源点多、面广、强度大，极易污染水资源，即使是发生局部污染，也会因水的流动性而使污染范围逐渐扩大。目前，我国工业、城市污水总的排放量中经过集中处理的占比不到一半，其余的大都直接排入江河，对于污水的排放约束力不大，导致了大量的水资源出现恶化现象。

人类对水的需求量与日俱增。我国专家分析，中国 2050 年总需水量 8000 亿，比现在增加 2400 亿立方米。预计到 2030 年，在大幅度节水和提高用水效率的前提下，我省对水的需求将达到 153 亿 m^3。

（二）我国水资源特点

第一，总水量不少，但人均、亩均水量较少。

第二，水资源空间分布不均，北方：人口占 1/2，耕地占全国的 64%，却只占总水量的 18%，南方：耕地占全国的 36%，却占总水量的 82%。西北：面积占全国的 35.3%，水量只有全国的 4.6%。

第三，水资源时间分布不均，我国为温带季风气候，降雨多集中在每年 6 月至 9 月。

第四，水量的年内、年际变化大，水旱灾害频繁。

我国年均水、旱灾害面积约 4 亿亩，占耕地面积的 26%。平均三年发生一次较严重的水、旱灾害。主要旱灾区分布在松辽平原、黄淮海平原、黄土高原，四川盆地、云贵高原至湛江一带，以黄淮海平原受旱最严重。洪涝灾害主要发生在大江、大河的中下游平原，其中以长江中下游平原最为严重。

第五，水土流失和泥沙淤积严重，破坏了生态平衡，增加了江河防洪困难，降低了水利工程效益。我国水土流失面积 150 万 km2，黄土高原是水土流失最严重的地区，面积达 45.4 万 km2，占黄土高原总面积的 71%，涉及 138 个县。

全国平均每年进人河流的悬移质泥沙约 35 亿吨，水库淤积严重，降低了防洪标准和供水效益。“黄河斗水，泥居其七。”黄河多年平均含沙量 36.9kg/m{（陕县），是一条名副其实的“流沙河”。多年平均输沙量 16 亿吨，其中 4 亿吨淤积下游河道，平均每年淤高 4cm。12 亿吨输人渤海，平均每年造陆 13.8km。淤积使部分河段高出地面 20 多米，“船从头上过，水在树梢流”。号称“万里黄河第一坝”三门峡水利枢纽工程是新中国成立后治黄规划中确定的第一期重点项目。水库建成运用后，虽然给黄河下游防洪、灌溉、发电等方面带来了巨大效益，但在建造时没有考虑排沙，泥沙淤积问题日益突显。

第六，北方地区地表水资源相对贫乏，地下水是主要水资源，但过量开采已相当严重，地下水枯竭现象严重。全国已形成区域地下水降落漏斗 100 多个，面积达 150000km2。华北平原深层地下水已形成了跨冀，京，津、鲁的区域地下水降落漏斗，有近 70000km 面积的地下水位低于海平面。

第七，天然水质良好，然人为污染日趋严重。

四、节水灌溉技术发展现状及发展趋势

（一）节水灌溉技术发展现状

节水灌溉技术的基本特点是高技术、高投人和管理现代化，有无效益则是维系节水灌溉能否持续发展的基础。

1. 喷灌技术

自 20 世纪 60 年代“红火”以来，喷灌技术一直作为机械化大面积解决灌溉问题的最主要技术。随着这项技术在生产中的广泛应用和各类喷灌机在技术，经济、适应性等方面的考核，目前世界上已趋于将软管卷盘式自动喷灌机、平移式自动喷灌机及人工移管式喷灌机三大类受欢迎的机型大面积推广。

近年来，喷灌技术又在喷洒农药、降低能耗、施水方式等多用途利用方面取得了很大突破。如美国林赛公司在平移式喷灌机上对喷头装置和喷洒方式进行了改进，水量损失大大减少，水的利用率可提高到 0.9 以上。法国等国在提高软管卷盘式的能量利用率上做了不少工作，使驱动旋转和过流损失减少了很多，很大程度上改善了这种机型耗能较多的“先天不足 " 的弊病。在综合利用机型上，英国，美国等国将平移式喷灌机作为田间的综合作业机械，将所有的作物种植环节以此一机包办，其不仅可完成作物的所有老观念种植环节的耕、耙、播、收等，还可以完成其他许多新作业项目。

2. 微灌技术

20 世纪 80 年代发展起来的微灌技术，近 10 年来有了很大进步，随着设施农业的发展，微灌技术和设备更是如虎添翼，已趋于完善的地步。

微灌技术的发展最有典型性的应首推以色列，除了大田作物很少应用外，他们几乎将微灌技术应用到有作物的各处，包括林园、阳台，花园，甚至于室内装饰植物。近几年微灌设备有很大突破，20 世纪 80 年代，仅灌水器（滴头，微喷头等）有 100 余种，现在逐步淘汰，形式变少，品种系列化。滴灌多采用滴灌带。微喷头多采用旋转与折射相结合的形式，使出水孔口相对变大不易堵塞；射程相对增加，使喷灌强度变小，均匀度提高；水滴直径绝大多数为细小水滴，而不是雾状，使能耗大大减少。

3. 渠道防渗工程技术

世界各国，如美国、日本，印度，前苏联、巴基斯坦，伊朗、加拿大等，由于渠道渗漏损失的水量很大，均非常重视并积极开展渠道防渗工程研究和建设工作。这些国家渠道防渗工程建设发展快，技术水平高、节水效果显著。目前已形成统一的设计和施工技术标准，施工机械化程度高，工程质量好。防渗材料多采用混凝土，约 1/3 采用压实土防渗，塑膜等新型材料目前正在发展推广中。日本也十分重视渠道防渗，现有干、支渠道已经全部防渗，田间渠道也基本防渗，它们大量使用工厂化生产的钢筋混凝土预制构件，现场施工以机械施工为主，渠道防渗工程标准高，质量好。

4. 管道输水灌溉技术

管道输水灌溉技术在国外发展较早。当前，世界发达国家的管道输水灌溉技术应用十分广泛，甚至有逐步代替田间地面渠道灌溉系统的趋势。以色列、英国、瑞典有 90% 以上的灌溉土地实现了管道输水。日本已经由部分管道输水向多级组合的完整的管道系统发展，且管网的自动化半自动化给水控制设备较完善。其他如罗马尼亚、保加利亚等国家，管道输水灌溉技术发展也都比较快。

5. 地下灌溉

近年来，世界上兴起了研究新型地下灌溉热潮，而地下灌溉不仅在机理上，技术上、经济上，而且在生态环境保护上，水资源保护上，都被认为是最有发展前途的节水灌溉技术。这种技术主要用在草地、果园、棉田，小麦、玉米，蔬菜，花卉等作物上。地下灌溉在意大利，美国，德国，法国、日本，俄罗斯以及中国等国研究较多，发展较快，面积在稳定增加。

（二）节水灌溉发展趋势

第一，当今世界水为农业服务的关系非常明确，节水灌溉已成为农业现代化的主要标志，有效保护利用淡水资源，合理开发新的灌溉水源已成为农业持续发展的关键。

第二，生态农业，有机农业，设施农业、立体农业等高效节水农业模式和先进节水灌溉技术，特别是营养液喷、微灌、地下灌、膜下灌等大有发展潜力。

第三，喷灌技术进一步向节能节水及综合利用项目方向发展。从综合条件考虑，在各类喷灌机中，平移（包括中心支轴）式全自动喷灌机、软管卷盘式自动喷灌机及人工移管式喷灌机等是推广重点。

第四，世界各国非常重视从育种的角度高效节水，一是选择不同品种的节水的作物；二是培育新的节水品种。

第五，地下灌溉已被世人公认为是一种最有发展前途的高效节水灌溉技术，尽管目前还存在一些问题，使应用推广的速度较慢，但科技含量愈来愈高，许多理论实践问题会逐渐得到解决。

第六，地面灌溉仍是当今世界占主要地位的灌水技术，输配水向低压管道化发展；田间灌水探索节水技术较多，如激光平地、波涌灌溉等；在管理上采用计算机联网控制，精确灌水，达到时、空、量，质上恰到好处地满足作物不同生育期的需水；在田间规划上，由于土地平整度高，多以长沟．长畦、大流量进行田间灌水。

第七，保水机械化旱地农业大有发展前途，如保护性带状耕作技术，轮作休闲技术，覆盖化学剂保水技术，深松深翻技术等。

五、本学习领域的主要内容和特点

根据现代农业发展需求和用人单位对高职人才的专业能力要求，通过对原灌溉排水工程技术和节水灌溉技术教材内容的整合，融人情境教学方式，并根据认知规律，灌溉工程项目实施的先后顺序，本教材分五个项目：农田灌溉用水量分析、渠道灌溉工程、井灌工程、喷灌工程、微灌工程。

（一）农田灌溉用水量分析

以农田水分状况和灌溉用水量为研究对象，其主要介绍农田水分状况分析方法，农作物需水量计算过程、制定作物灌溉制度方法，农田灌溉用水量计算等内容。

（二）渠道灌溉工程

以传统地面灌溉和节水型地面灌溉为研究对象，主要包括灌溉水源及取引水工程规划设计，灌溉渠道系统规划布置、渠系建筑物规划布置、田间工程规划布置、渠道防渗及防冻胀工程设计、渠道工程施工技术以及管理等。

（三）井灌工程

以井灌区的节水灌溉为研究对象，主要包括单井设计，井灌区规划设计、井灌工程施工技术及管理等。

（四）低压管道输水灌溉工程

以管道在输配水过程中的节水节能为研究对象，主要包括低压管道输水系统的组成与分类认知，低压管道输水系统的主要设备认知，低压管道输水灌溉工程规划设计，低压管道输水灌溉工程施工技术及管理等。

（五）喷灌工程

以喷灌设备、工程设计及施工为研究对象，主要包括喷灌系统的组成与分类认知，喷灌的主要设备及性能参数认知管道式喷灌系统规划，机组式喷灌系统规划、喷灌工程施工技术及管理等。

（六）微灌工程

以微灌设备、工程设计及施工为研究对象，主要包括微灌系统组成及分类认知，微灌技术产品分类及性能参数认知、微灌系统辅助设施规划设计，膜下滴灌系统的规划设计，地下滴管系统的规划设计，滴灌系统防堵设计，滴灌工程施工技术以及管理等。

第二章　施工导流与降排水

河床上修建水利水电工程时，为了使水工建筑物能在干地施工，需要用围堰围护基坑，并将河水引向预定的泄水建筑物泄向下游，这就是施工导流。

第一节　施工导流的设计与规划

施工导流的方法大体上分为两类：一类为全段围堰法导流（河床外导流），另类是分段围堰法导流（河床内导流）。

一、全段围堰法导流

全段围据法导流是在河床主体工程的上下游各建一道拦河围堰，使上游来水通过预先修筑的临时或永久泄水建筑物（如明渠、隧洞等）泄向下游，主体建筑物在排干的基坑中进行施工，主体工程建成或接近建成时再封堵临时泄水道。这种方法的优点是工作面大，河床内的建筑物在一次性围堰的围护下建造，如能利用水利枢纽中的永久泄水建筑物导流，可大大节约工程投资。

全段围堰法按泄水建筑物的类型不同可分为明渠导流、隧洞导流、涵管导流等。

（一）明渠导流

上下游围堰一次拦断河床形成基坑，可保护主体建筑物干地施工，天然河道水流经河岸或滩地上开挖的导流明渠泄向下游的导流方式称为明渠导流。

1. 明渠导流的适用条件

若坝址河床较窄，或河床覆盖层很深，分期导流困难，且具备下列条件之一，可考虑采用明渠导流：

第一，河床一岸有较宽的台地、垭口或古河道。

第二，导流流量大，地质条件不适于开挖导流隧洞。

第三，施工期有通航、排冰、过分要求。

第四，总工期紧，不具备洞挖经验和设备。

国内外工程实践证明，在导流方案比较过程中，如果明渠导流和隧洞导流均可采用，一般倾向于明渠导流。这是因为明渠开挖可采用大型设备，加快施工进度，对主体工程提前开工有利。施工期间河道有通航、过木和排冰要求时，明渠导流明显更有利。

2. 导流明渠布置

导流明渠布置分在岸坡上和在滩地上两种布置形式。

（1）导流明渠轴线的布置

导流明渠应布置在较宽台地、垭口或古河道一岸；渠身轴线要伸出上下游围堰外坡脚，水平距离要满足防冲要求，一般为 50 ~ 100m；明渠进出口应与上下游水流相衔接，与河道主流的交角以小于 30。为宜；为保证水流畅通，明渠转弯半径应大于 5 倍渠底宽；明渠轴线布置应尽可能缩短明渠长度和避免深挖方。

（2）明渠进出口位置和高程的确定

明渠进出口力求不冲、不淤和不产生回流，便可通过水力学模型试验调整进出口形状和位置，以达到这一目的；进口高程按截流设计选择，出口高程一般由下游消能控制；进出口高程和渠道水流流态应满足施工期通航、过木和排冰要求；在满足上述条件下，尽可能抬高进出口高程，以减小水下开挖量。

3. 导流明渠断面设计

（1）明渠断面尺寸的确定

明渠断面尺寸由设计导流流量控制，并受地形地质和允许抗冲流速影响，应按不同的明渠断面尺寸与围堰的组合，通过综合分析确定。

（2）明渠断面形式的选择

明渠断面一般设计成梯形，渠底为坚硬基岩时，可设计成矩形。有时为满足截流和通航的不同目的，也可设计成复式梯形断面。

（3）明渠糙率的确定

明渠糙率大小直接影响到明渠的泄水能力，而影响糙率大小的因素有衬砌材料、开挖方法、渠底平整度等，可根据具体情况查阅有关手册确定。对大型明渠工程，应通过模型试验选取糙率。

4. 明渠封堵

导流明渠结构布置应考虑后期封堵要求。当施工期有通航、过木和排冰任务，明渠较宽时，可在明渠内预设闸门墩，以利于后期封堵。施工期无通航、过木和排冰任务时，应于明渠通水前，将明渠坝段施工到适当高程，设置导流底孔和坝面口，使二者联合泄流。

（二）隧洞导流

上下游围堰一次拦断河床形成基坑，保护主体建筑物干地施工，天然河道水流全部由导流隧洞宣泄的导流方式称为隧洞导流。

1. 隧洞导流的适用条件

导流流量不大，坝址河床狭窄，两岸地形陡峻，如一岸或两岸地形、地质条件良好，

可考虑采用隧洞导流。

2. 导流隧洞的布置

第一，隧洞轴线沿线地质条件良好，足以保证隧洞施工和运行的安全。

第二，隧洞轴线宜按直线布置，如有转弯，转弯半径不小于 5 倍洞径（或洞宽），转角不宜大于 60°，弯道首尾应设直线段，长度不可小于 3 ~ 5 倍洞径（或洞宽）；进出口引渠轴线与河流主流方向夹角宜小于 30°。

第三，隧洞间净距、隧洞与永久建筑物间距、洞脸与洞顶围岩厚度均应满足结构和应力要求。

第四，隧洞进出口位置应保证水力学条件良好，并伸出堰外坡脚一定距离，一般距离应大于 50m，以满足围堰防冲要求。进口高程多由截流控制，出口高程由下游消能控制，洞底按需要设计成缓坡或急坡，避免设计成反坡。

3. 导流隧洞断面设计

隧洞断面尺寸的大小取决于设计流量、地质和施工条件，洞径应控制在施工技术和结构安全允许范围内。目前，国内单洞断面尺寸多在 200m2 以下，单洞泄量不超过 2000 ~ 2500m3/s。

隧洞断面形式取决于地质条件、隧洞工作状况（有压或无压）以及及施工条件。常用断面形式有圆形、马蹄形、方圆形。圆形多用于高水头处，马蹄形多用于地质条件不良处，方圆形有利于截流和施工。国内外导流隧洞多采用方圆形。

洞身设计中，糙率 n 值的选择是十分重要的问题。糙率的大小直接影响断面的大小，而衬砌与否、衬砌的材料和施工质量、开挖的方法和质量则是影响糙率大小的因素。一般混凝土衬砌糙率值为 0.014 ~ 0.017；不衬砌隧洞的糙率变化较大，光面爆破时为 0.025 ~ 0.032. 一般炮眼爆破时为 0.035 ~ 0.044。设计时根据具体条件，查阅有关手册确定。对重要的导流隧洞工程，应通过水工模型试验验证其糙率的合理性。

导流隧洞设计应考虑后期封堵要求，布置封堵闸门门槽及启闭平台设施。有条件者，导流隧洞应与永久隧洞结合，以利节省投资（如小浪底工程的三条导流隧洞后期改建为三条孔板消能泄洪洞）。一般高水头枢纽，导流隧洞只可能与永久隧洞部分相结合，中低水头则有可能全部相结合。

（三）涵管导流

涵管导流一般在修筑土坝、堆石坝工程中采用。

涵管通常布置在河岸岩滩上，其位置在枯水位以上，这样可在枯水期不修围堰或只修一小围堰。先将涵管筑好，然后修上下游全段围堰，将河水引经涵管下泄。

涵管一般是钢筋混凝土结构。当有永久涵管可以利用或修建隧洞有困难时，采用涵管导流是合理的。在某些情况下，可在建筑物基岩中开挖沟槽，必要时予以衬砌，然后封上混凝土或钢筋混凝土顶盖，形成涵管。利用这种涵管导流往往可以获得经济可靠的效果。由于涵管的泄水能力较低，所以一般用在导流流量较小的河流上或只用来担负枯水期的导流任务。

为了防止涵管外壁与坝身防渗体之间的渗流，通常可以在涵管外壁每隔一定距离

设置截流环，以延长渗径，降低渗透坡降，减少渗流的破坏作用。此外，必须严格控制涵管外壁防渗体的压实质量。

二、分段围堰法导流

分段围堰法也称为分期围堰法或河床内导流，就是用围堰将建筑物分段分期围护起来进行施工的方法。

所谓分段，就是从空间上将河床围护成若干个干地施工的基坑段进行施工。所谓分期，就是从时间上将导流过程划分成阶段。

分段围堰法导流一般适用于河床宽阔、流量大、施工期较长的工程，尤其是通航河流和冰凌严重的河流上。这种导流方法的费用较低，国内外一些大中型水利水电工程采用较多。分段围堰法导流，前期由束窄的原河道导流，后期可利用事先修建好的泄水道导流。常见泄水道的类型有底孔导流、坝体缺口导流等。

（一）底孔导流

利用设置在混凝土坝体中的永久底孔或临时底孔作为泄水道，是二期导流经常采用的方法。导流时让全部或部分导流流量通过底孔宣泄到下游，由此保证后期工程的施工。若是临时底孔，则在工程接近完工或需要蓄水时要加以封堵。

采用临时底孔时，底孔的尺寸、数目和布置要通过相应的水力学计算确定。其中，底孔的尺寸在很大程度上取决于导流的任务（过水、过船、过木和过鱼），以及水工建筑物结构特点和封堵用闸门设备的类型。底孔的布置要满足截流、围堰工程以及本身封堵的要求。如底坎高程布置较高，截流时落差就大，围堰也高。但封堵时的水头较低，封堵就容易。一般底孔的底坎高程应布置在枯水位之下，以保证枯水期泄水。当底孔数目较多时，可把底孔布置在不同的高程，封堵时从最低高程的底孔堵起，这样可以减小封堵时所承受的水压力。

临时底孔的断面形状多采用矩形，为了改善孔周的应力状况，也可采用有圆角的矩形。按水工结构要求，孔口尺寸应尽量小，但某些工程由于导流流量较大，只好采用尺寸较大的底孔。

底孔导流的优点是挡水建筑物上部的施工可以不受水流的干扰，有利于均衡连续施工，这对修建高坝特别有利。当坝体内设有永久底孔可用来导流时，更为理想。底孔导流的缺点是：由于坝体内设置了临时底孔，钢材用量增加；如果封堵质量不好，会削弱坝体的整体性，还有可能漏水；在导流过程中底孔有被漂浮物堵塞的危险；封堵时由于水头较高，安放闸门及止水等均较困难。

（二）坝体缺口导流

混凝土坝施工过程中，当汛期河水暴涨暴落，其他导流建筑物不足以宣泄全部流量时，为了不影响坝体施工进度，使坝体在涨水时仍能继续施工，可以在未建成的坝体上预留缺口，以便配合其他建筑物宣泄洪峰流量。待洪峰过后，上游水位回落，再继续修筑缺口。而所留缺口的宽度和高度取决于导流设计流量、其他建筑物的泄水能力、建筑物的结构特点和施工条件。采用底坎高程不同的缺口时，为避免高低缺口单宽流量相差过大，产生高缺口向低缺口的侧向泄流，引起压力分布不均匀，需要适当控制高低缺口间的高差。根据湖南省柘溪工程的经验，其高差以不超过 4 ~ 6m 为宜。

在修建混凝土坝，特别是大体积混凝土坝之时，由于这种导流方法比较简单，常被采用。上述两种导流方式一般只适用于混凝土坝，特别是重力式混凝土坝。至于土石坝或非重力式混凝土坝，采用分段围堰法导流，常与隧洞导流、明渠导流等河床外导流方式相结合。

第二节　施工导流挡水建筑物

围堰是导流工程中临时的挡水建筑物，用来围护施工中的基坑，保证水工建筑物能在干地施工。在导流任务结束后，如果围堰对永久建筑物的运行有妨碍或没有考虑作为永久建筑物的一部分，应予拆除。

按所使用的材料，水利水电工程中经常采用的围堰可分为土石围堰、混凝土围堰、钢板桩格形围堰和草土围堰等。

按围堰与水流方向的相对位置，可分为横向围堰和纵向围堰。按导流期间基坑淹没条件，可分为过水围堰和不过水围堰。过水围堰除需要满足一般围堰的基本要求外，还要满足围堰顶过水的专门要求。

选择围堰形式时，必须根据当时当地的具体条件，在满足下述基本要求的原则下，通过技术经济比较加以确定：

第一，具有足够的稳定性、防渗性、抗冲性和一定的强度。

第二，造价低，构造简单，修建、维护和拆除方便。

第三，围堰的布置应力求使水流平顺，不发生严重的水流冲刷。

第四，围堰接头和岸边连接都要安全可靠，不会因集中渗漏等破坏作用而引起围堰失事。

第五，必要时，应设置抵抗冰凌、船筏冲击和破坏的设施。

一、围堰的基本形式和构造

（一）土石围堰

土石围堰是水利水电工程中采用最为广泛的一种围堰形式。它是用当地材料填筑而成的，不仅可以就地取材和充分利用开挖弃料作围堰填料，而且构造简单，施工方便，易于拆除，工程造价低，可以在流水中、深水中、岩基或有覆盖层的河床上修建。但其工程量较大，堰身沉陷变形也较大。如柘溪水电站的土石围堰一年中累计沉陷量最大达 40.1cm，为堰高的 1.75%。一般为 0.8% ~ 1.5%。

因土石围堰断面较大，一般用于横向围堰。但在宽阔河床的分期导流中：由于围堰束窄，河床增加的流速不大，也可作为纵向围堰，但应注意防冲设计，以确保围堰

安全。

土石围堰的设计与土石坝基本相同，但其结构形式在满足导流期正常运行的情况下应力求简单、便于施工。

（二）混凝土围堰

混凝土围堰的抗冲与抗渗能力强，挡水水头高，底宽小，易和永久混凝土建筑物相连接，必要时还可以过水，因此采用得比较广泛。在国外，采用拱形混凝土围堰的工程较多。近年来，国内贵州省的乌江渡、湖南省凤滩等水利水电工程也采用过拱形混凝土围堰作为横向围堰，但多数还是以重力式围堰作纵向围堰，如三门峡、丹江口、三峡等水利工程的混凝土纵向围堰均为重力式混凝土围堰。

1. 拱形混凝土围堰

拱形混凝土围堰一般适用于两岸陡峻、岩石坚固的山区河流，常采用隧洞及允许基坑淹没的导流方案。通常围堰的拱座是在枯水期的水面以上施工的。对围堰的基础处理：当河床的覆盖层较薄时，需进行水下清基；当覆盖层较厚时，则可灌注水泥浆防渗加固。堰身的混凝土浇筑则要进行水下施工，因此难度较高。在拱基两侧要回填部分砂砾料以利灌浆，形成阻水帷幕。

拱形混凝土围堰由于利用了混凝土抗压强度高的特点，并与重力式相比，断面较小，可节省混凝土工程量。

2. 重力式混凝土围堰

采用分段围堰法导流时，重力式混凝土围堰往往可兼作第一期和第二期纵向围堰，两侧均能挡水，还能作为永久建筑物的一部分，如隔墙、导墙等。重力式围堰可做成普通的实心式，与非溢流重力坝类似。也可做成空心式，如三门峡工程的纵向围堰。

纵向围堰需抗御高速水流的冲刷，所以一般修建在岩基上。为保证混凝土的施工质量，一般可将围堰布置在枯水期出露的岩滩上。如果这样还不能保证干地施工，则通常需另修土石低水围堰加以围护。

重力式混凝土围堰现在有普遍采用碾压混凝土的趋势，例如三峡工程三期上游横向围堰及纵向围堰均采用碾压混凝土。

（三）钢板桩格形围堰

钢板桩格形围堰是重力式挡水建筑物，由一系列彼此相接的格体构成。按照格体的平面形状，可分为圆筒形格体、扇形格体和花瓣形格体。这些形式适用于不同的挡水高度，应用较多的是圆筒形格体。

钢板桩格形围堰的优点有：坚固、抗冲、抗渗、围堰断面小，便于机械化施工；钢板桩的回收率高，可达 70% 以上；尤其适用于在束窄度大的河床段作为纵向围堰。但由于需要大量的钢材，且施工技术要求高，在我国目前仅应用于大型工程中。

圆筒形格体钢板桩围堰一般适用的挡水高度小于 18m，可以建在岩基上或非岩基

圆筒形格体钢板桩围堰的修建由定位、打设模架支柱、模架就位、安插钢板桩、打设钢板桩、填充料渣、取出模架及其支柱和填充料渣到设计高程等工序组成。

圆筒形格体钢板桩围堰一般需在流水中修筑，受水位变化和水面波动的影响较大，

故施工难度较大。

（四）草土围堰

草土围堰是一种以麦草、稻草、芦柴、柳枝和土为主要原料草土混合结构。我国运用它已经有 2000 多年的历史。这种围堰主要用于黄河流域的渠道春修堵口工程中。新中国成立后，在青铜峡、盐锅峡、八盘峡、黄坛口等工程中均得到应用。草土围堰施工简单、速度快、取材容易、造价低，拆除也方便，具有一定的抗冲、抗渗能力，堰体的容重较小，特别适用于软土地基。但这种围堰不能承受较大的水头，所以仅限水深不超过 6m、流速不超过 3.5m/s、使用期两年以内的工程。草土围堰的施工方法比较特殊，就其实质来说也是一种进占法。按其所用草料形式的不同，可分为散草法、捆草法、帰捆法三种；按其施工条件可分为水中填筑和干地填筑两种。由于草土围堰本身的特点，水中填筑质量比干填法容易保证，这与其他围堰所不同的。实践中的草土围堰普遍采用捆草法施工。

二、围堰的平面布置

围堰的平面布置主要包括围堰内基坑范围确定和分期导流纵向围堰布置两项内容。

（一）围堰内基坑范围确定

围堰内基坑范围大小主要取决于主体工程的轮廓和相应施工方法。当采用一次拦断法导流时，围堰基坑是由上下游围堰和河床两岸围成的。当采用分期导流时，围堰基坑由纵向围堰与上下游横向围堰围成。在上述两种情况下，上下游横向围堰的布置，都取决于主体工程的轮廓。通常基坑坡趾距离主体工程轮廓的距离不应小于 20 ~ 30m，以便布置排水设施、交通运输道路，堆放材料和模板等。至于基坑开挖边坡的大小，则与地质条件有关。当纵向围堰不作为永久建筑物的一部分时，基坑坡趾距离主体工程轮廓的距离，一般不小于 2.0m，以便布置排水导流系统和堆放模板。

实际工程的基坑形状和大小往往是很不相同的。有时可以利用地形以减小围堰的高度和长度；有时为照顾个别建筑物施工的需要，将围堰轴线布置成折线形；有时为了避开岸边较大的溪沟，也采用折线布置。为了保证基坑开挖和主体建筑物的正常施工，基坑范围应当有一定富余。

（二）分期导流纵向围堰布置

1. 地形地质条件

河心洲、浅滩、小岛、基岩露头等都是可供布置纵向围堰的有利条件，这些部位便于施工，并有利于防冲保护。

2. 水工布置

尽可能利用厂坝、厂闸、闸坝等建筑物之间的隔水导墙作为纵向围堰的一部分。例如，葛洲坝工程就是利用厂闸导墙，三峡、三门峡、丹江口工程则是利用厂坝导墙作为二期纵向围堰的一部分。

3. 河床允许束窄度

河床允许束窄度主要与河床地质条件和通航要求有关。而对于非通航河道，如河床易冲刷，一般允许河床产生一定程度的变形，只要能保证河岸、围堰堰体和基础免受淘刷即可。束窄流速常可允许达到 3m/s 左右，岩石河床允许束窄度主要视岩石的抗冲流速而定。

对于一般性河流和小型船舶，当缺乏具体研究资料时，可参考以下数据：当流速小于 2.0m/s 时，机动木船可以自航；当流速小于 3.0 ~ 3.5m/s，且局部水面集中落差不大于 0.5m 时，拖轮可自航；木材流放最大流速可考虑为 3.5 ~ 4.0m/s。

4. 导流过水要求

进行一期导流布置时，不但要考虑束窄河道的过水条件，而且要考虑二期截流与导流的要求。主要应考虑的问题是：一期基坑中能否布置下宣泄二期导流流量的泄水建筑物，由一期转入二期施工时的截流落差是否太大。

5. 施工布局的合理性

各期基坑中的施工强度应尽量均衡。一期工程施工强度可比二期低些，但不宜相差太悬殊。如有可能，分期分段数应尽量少一些。导流布置应满足总工期的要求。

以上五个方面，仅仅是选择纵向围堰位置时应考虑的主要问题。如果天然河槽呈对称形状，没有明显有利的地形地质条件可供利用时，可通过经济比较方法选定纵向围堰的适宜位置，使一、二期总的导流费用最小。

分期导流时，上下游围堰一般不与河床中心线垂直，围堰的平面布置常呈梯形，既可使水流顺畅，同时也便于运输道路的布置和衔接。当采用一次拦断法导流时，上下游围堰不存在突出的绕流问题，为了减少工程量，围堰多和主河道垂直。

纵向围堰的平面布置形状对过水能力有较大影响，但是围堰的防冲安全通常比前者更重要。实践中常采用流线型和挑流式布置。

三、围堰的拆除

围堰是临时建筑物，导流任务完成后，应按设计要求拆除，以免影响永久建筑物的施工及运转。例如，在采用分段围堰法导流时，第一期横向围堰的拆除如果不合要求，就会增加上下游水位差，从而增加截流工作的难度，增大截流料物的质量及数量。这类教训在国内外有不少，如苏联的伏尔谢水电站截流时，上下游水位差是 1.88m，其中由于引渠和围堰没有拆除干净造成的水位差就有 1.77m。又如下游围堰拆除不干净，会抬高尾水位，影响水轮机的利用水头，如浙江省富春江水电站曾受此影响，降低了水轮机出力，造成不应有的损失。

土石围堰相对来说断面较大，拆除工作一般是在运行期限的最后一个汛期过后，随上游水位的下降，逐层拆除围堰的背水坡和水上部分。

钢板桩格形围堰的拆除，首先要用抓斗或吸石器将填料清除，然后用拔理机起拔钢板桩。混凝土围堰的拆除，一般只能用爆破法炸除。但应注意，必须使主体建黄物或其他设施不受爆破危害。

第三节　施工导流泄水建筑物

围堰是导流工程中临时的挡水建筑物，可用来围护施工中的基坑，保证水工建筑物能在干地施工。在导流任务结束后，如果围堰对永久建筑物的运行有妨碍或没有考虑作为永久建筑物的一部分，应予拆除。

按所使用的材料，水利水电工程中经常采用的围堰可分为土石围堰、混凝土围堰、钢板桩格形围堰和草土围堰等。

按围堰与水流方向的相对位置，可分为横向围堰和纵向围堰。按导流期间基坑淹没条件，可分为过水围堰和不过水围堰。过水围堰除需要满足一般围堰的基本要求外，还要满足围堰顶过水的专门要求。

选择围堰形式时，必须根据当时当地的具体条件，在满足下述基本要求的原则下，通过技术经济比较加以确定：

第一，具有足够的稳定性、防渗性，抗冲性和一定的强度。

第二，造价低，构造简单，修建、维护与拆除方便。

第三，围堰的布置应力求使水流平顺，不发生严重的水流冲刷。

第四，围堰接头和岸边连接都要安全可靠，不致因集中渗漏等破坏作用而引起围堰失事。

第五，必要时，应设置抵抗冰凌、船筏冲击和破坏的设施。

导流泄水建筑物是用以排放多余水量、泥沙和冰凌等的水工建筑物，具有安全排洪、放空水库的功能。对水库、江河、渠道或前池等的运行起太平门的作用，也可用于施工导流。溢洪道、溢流坝、泄水孔、泄水隧洞等是泄水建筑物的主要形式。和坝结合在一起的称为坝体泄水建筑物，设在坝身以外的常统称为岸边泄水建筑物。泄水建筑物是水利枢纽的重要组成部分，其造价常占工程总造价的很大部分。所以，合理选择泄水建筑物形式，确定其尺寸十分重要。泄水建筑物按其进口高程可布置成表孔、中孔、深孔或底孔。

泄水建筑物的设计主要应确定：①水位和流量；②系统组成；③位置和轴线；④孔口形式和尺寸。总泄流量、枢纽各建筑物应承担的泄流量、形式选择及尺寸根据当地水文、地质、地形，以及枢纽布置和施工导流方案的系统分析与经济比较决定。对于多目标或高水头、窄河谷、大流量的水利枢纽，一般可选择采用表孔、中孔或深孔，坝身与坝体外泄流，坝与厂房顶泄流等联合泄水方式。我国贵州省乌江渡水电站采用隧洞、坝身泄水孔、电站、岸边滑雪式溢洪道和挑越厂房顶泄洪等组合形式，在165m坝高、窄河谷、岩溶和软弱地基条件下，最大泄流能力达21 350m^3/s。通过大规模原型观测和多年运行确认该工程泄洪效果好，枢纽布置比较成功。修建泄水建筑物，关键是要解决好消能防冲和防空蚀、抗磨损。对于较轻型建筑物或结构，还应防止泄水时的振动。泄水建筑物设计和运行实践的发展与结构力学和水力学的进展密切相关。近年来，高水头窄河谷宣泄大流量、高速水流压力脉动、高含沙水流泄水、大流量施

工导流、高水头闸门技术，以及抗震、减振、掺气减蚀、高强度耐蚀耐磨材料的开发和进展，对泄水建筑物设计、施工、运行水平的提高起了很大的推动作用。

第四节 基坑降排水

修建水利水电工程时，在围堰合龙闭气以后，就要排除基坑内的积水与渗水，以保持基坑处于基本干燥状态，以利于基坑开挖、地基处理及建筑物的正常施工。

基坑排水工作按排水时间及性质，一般可分为：

第一，基坑开挖前的初期排水，包括基坑积水、基坑积水排除过程中的围堰堰体与基础渗水、堰体及基坑覆盖层的含水率以及可能出现的降水的排除。

第二，基坑开挖及建筑物施工过程中的经常性排水，包括围堰和基坑渗水、降水以及施工弃水量的排除。如按排水方法分，有明式排水和人工降低地下水位两种。

一、明式排水

（一）排水量的确定

1. 初期排水排水量估算

初期排水主要包括基坑积水、围堰与基坑渗水两部分。对于降雨，多因为初期排水是在围堰或截流合龙闭气后立即进行的，通常是在枯水期内，而枯水期降雨很少，所以一般可不予考虑。除积水和渗水外，有时还需考虑填方和基础中的饱和水。

基坑积水体积可按基坑积水面积和积水深度计算，这是比较容易的。但是排水时间的确定就比较复杂，排水时间主要受基坑水位下降速度的限制，基坑水位的允许下降速度视围堰种类、地基特性和基坑内水深而定。水位下降太快，则围堰或基坑边坡中动水压力变化过大，容易引起坍坡；水位下降太慢，则影响基坑开挖时间。一般认为，土石围堰的基坑水位下降速度应限制在0.5 ~ 0.7m/d，木笼及板桩围堰等应小于1.0 ~ 1.5m/d。初期排水时间，大型基坑一般可采用5 ~ 7d，中型基坑一般不超过3 ~ 5d。

通常，当填方和覆盖层体积不太大时，在初期排水且基础覆盖层尚未开挖时，可不必计算饱和水的排除。如需计算，可按基坑内覆盖层总体积和孔隙率估算饱和水总水量。

按以上方法估算初期排水流量，选择抽水设备，往往很难符合实际。在初期排水过程中，可以通过试抽法进行校核和调整，并为经常性排水计算积累一些必要资料。试抽时如果水位下降很快，则显然是所选择的排水设备容量过大，而此时应关闭一部分排水设备，使水位下降速度符合设计规定。试抽时若水位不变，则显然是设备容量过小或有较大渗漏通道存在。此时，应增加排水设备容量或找出渗漏通道予以堵塞，然后进行抽水。还有一种情况是水位降至一定深度后就不再下降，这说明此时排水流量与渗流量相等，据此可估算出需增加的设备容量。

2. 经常性排水排水量的确定

经常性排水的排水量主要包括围堰和基坑的渗水、降雨、地基岩石冲洗以及混凝土养护用废水等。设计中一般考虑两种不同的组合，从中择其大者，以选择排水设备。一种组合是渗水加降雨，另一种组合是渗水加施工废水。降雨和施工废水不必组合在一起，因为二者不会同时出现。如果全部叠加在一起，显然太保守。

（1）降雨量的确定

在基坑排水设计中，对降雨量的确定尚无统一的标准。大型工程可采用 20 年一遇 3 日降雨中最大的连续降雨量，再减去估计的径流损失值（每小时 1mm），作为降雨强度。也有的工程采用日最大降雨强度。基坑内的降雨量可根据上述计算降雨强度和基坑集雨面积求得。

（2）施工废水

施工废水主要考虑混凝土养护用水，用水量估算应根据气温条件和混凝土养护的要求而定。一般初估时可按每立方米混凝土每次用水 5L 每天养护 8 次计算。

（3）渗透流量计算

通常，基坑渗透总量包括围堰渗透量和基础渗透量两部分。关于渗透量即详细计算方法，在水力学、水文地质和水工结构等论著中均有介绍。

（二）基坑排水布置

基坑排水系统的布置通常应考虑两种不同情况：一种是基坑开挖过程中的排水系统布置，另一种是基坑开挖完成后修建建筑物时的排水系统布置。布置时，应尽量同时兼顾这两种情况，并且使排水系统尽可能不影响施工。

基坑开挖过程中的排水系统布置，应以不妨碍开挖和运输工作为原则。一般将排水干沟布置在基坑中部，以利两侧出土。而随着基坑开挖工作的进展，逐渐加深排水干沟和支沟。通常保持干沟深度为 1 ~ 1.5m，支沟深度为 0.3 ~ 0.5m。集水井多布置在建筑物轮廓线外侧，井底应低于干沟沟底。但是，由于基坑坑底高程不一，有的工程就采用层层设截流沟、分级抽水的办法，即在不同高程上分别布置截水沟、集水井和水泵站，进行分级抽水。

建筑物施工时的排水系统通常都布置在基坑四周。排水沟应布置在建筑物轮廓线外侧，且距离基坑边坡坡脚不少于 0.3 ~ 0.5m。排水沟的断面尺寸和底坡大小取决于排水量的大小。一般排水沟底宽不小于 0.3m，沟深不大于 1.0m，底坡不小于 2%，密实土层中，排水沟可以不用支撑，但在松土层中，则需用木板或麻袋装石来加固。

水经排水沟流入集水井后，利用在井边设置的水泵站，将水从集水井中抽出。集水井布置在建筑物轮廓线以外较低的地方，它与建筑物外缘的距离必须大于井的深度。井的容积至少要能保证水泵停止抽水 10 ~ 15min 后，井水不致漫溢。集水井可为长方形，边长 1.5 ~ 2.0m，井底高程应低于排水沟底 1.0 ~ 2.0m。在土中挖井，其底面应铺填反滤料。在密实土中，井壁用框架支撑在松软土中，利用板桩加固。如板桩接缝漏水，尚需在井壁外设置反滤层。集水井不仅可用来集聚排水沟的水量，而且应有澄清水的作用，因为水泵的使用年限与水中含沙量的多少有关。为保护水泵，集水井宜稍微偏大、偏深一些。

为防止降雨时地面径流进入基坑而增加抽水量，其通常在基坑外缘边坡上挖截水沟，以拦截地面水。截水沟的断面及底坡应根据流量和土质而定，一般沟宽和沟深不小于0.5m，底坡不小于2%，基坑外地面排水系统最好与道路排水系统相结合，以便自流排水。为了降低排水费用，当基坑渗水水质符合饮用水或其他施工用水要求时，可将基坑排水与生活、施工供水相结合。丹江口工程的基坑排水就直接引入供水池，供水池上设有溢流闸门，多余的水则溢入江中。

二、人工降低地下水位

经常性排水过程中，为了保持基坑开挖工作始终在干地进行，常常要多次降低排水沟和集水井的高程，变换水泵站的位置，这会影响开挖工作的正常进行。此外，在开挖细砂土、沙壤土一类地基时，随着基坑底面的下降，坑底和地下水位的高差愈来愈大，在地下水渗透压力作用下，容易发生边坡脱滑、坑底隆起等事故，甚至危及邻近建筑物的安全，给开挖工作带来不良影响。

采用人工降低地下水位，可以改变基坑内的施工条件，防止流砂现象的发生，基坑边坡可以陡些，从而可以大大减少挖方量。人工降低地下水位的基本做法是：在基坑周围钻设一些井，地下水渗入井中后，随即被抽走，使地下水位线降到开挖的基坑底面以下，一般应使地下水位降到基坑底部0.5 ~ 1.0m处。

（一）管井法降低地下水位

管井法降低地下水位时，在基坑周围布置一系列管井，管井中放入水泵的吸水管，地下水在重力作用下流入井中，被水泵抽走。管井法降低地下水位时，须先设置管井，管井通常采用下沉钢井管，在缺乏钢管时也可用木管或预制混凝土管代替。

井管的下部安装滤水管节（滤头），有时在井管外还需设置反滤层，地下水从滤水管进入井内，水中的泥沙则沉淀在沉淀管中。滤水管是井管的重要组成部分，其构造对井的出水量和可靠性影响很大。要求它过水能力大，进入的泥沙少，有足够的强度和耐久性。

井管埋设可采用射水法、振动射水法及钻孔法下沉。射水下沉时，先用高压水冲土下沉套管，较深时可配合振动或锤击（振动水冲法），然后在套管中插入井管，最后在套管与井管的间隙中间填反滤层并拔套管，反滤层每填高一次便拔一次套管，逐层上拔，直至完成。

管井中抽水可应用各种抽水设备，但主要的是普通离心式水泵、潜水泵和深井水泵，分别可降低水位3 ~ 6m、6 ~ 20m和20m以上，一般采用潜水泵较多。用普通离心式水泵抽水，由于吸水高度的限制，在要求降低地下水位较深时，要分层设置管井，分层进行抽水。

在要求大幅度降低地下水位的深井中抽水时，最好采用专用的离心式深井水泵。每个深井水泵都是独立工作，井的间距也可以加大。深井水泵一般深度大于20m，排水效率高，需要井数少。

（二）井点法降低地下水位

井点法与管井法不同，它把井管和水泵的吸水管合二为一，简化井的构造。井点法降低地下水位的设备，根据其降深能力分轻型井点（浅井点）和深井点等。其中最常用的是轻型井点，是由井管、集水总管、普通离心式水泵、真空泵和集水箱等设备所组成的排水系统。

轻型井点系统的井点管为直径 38 ~ 50mm 的无缝钢管，间距为 0.6 ~ 1.8m，最大可达 3.0m。地下水从井管下端的滤水管借真空泵和水泵的抽吸作用流入管内，沿井管上升汇入集水总管，流入集水箱，由水泵排出。轻型井点系统开始工作时，先开动真空泵，排除系统内的空气，待集水箱内的水面上升到一定高度后，再启动水泵排水。水泵开始抽水后，为了保持系统内的真空度，仍需真空泵配合水泵工作。这种井点系统也叫真空井点。井点系统排水时，地下水位的下降深度取决于集水箱内的真空度与管路的漏气情况和水头损失。一般集水箱内真空度为 80kPa（400 ~ 600mmHg），相当的吸水高度为 5 ~ 8m，扣除各种损失后，地下水位下降深度为 4 ~ 5m。

当要求地下水位降低的深度超过 4 ~ 5m 时，可以像管井一样分层布置井点，每层控制范围 3 ~ 4m，但以不超过 3 层为宜。分层太多，基坑范围内管路纵横，妨碍交通，影响施工，同时增加挖方量。而且当上层井点发生故障时，下层水泵能力有限，地下水位回升，基坑有被淹没的可能。

真空井点抽水时，在滤水管周围形成了一定的真空梯度，加快了土的排水速度，因此即使在渗透系数小的土层中，也能进行工作。

布置井点系统时，为了充分发挥设备能力，集水总管、集水管和水泵应尽量接近天然地下水位。当需要几套设备同时工作时，各套总管之间最好接通，并安装开关，以便相互支援。

井管的安设，一般用射水法下沉。距孔口 1.0m 范围内，应用黏土封口，以防漏气。排水工作完成后，可利用杠杆将井管拔出。

深井点与轻型井点不同，它的每一根井管上都装有扬水器（水力扬水器或压气扬水器），因此它不受吸水高度的限制，则有较大的降深能力。

深井点有喷射井点和压气扬水井点两种。喷射井点由集水池、高压水泵、输水干管和喷射井管等组成。通常一台高压水泵能为 30 ~ 35 个井点服务，其最适宜的降水位范围为 5 ~ 18m。喷射井点的排水效率不高，一般用于渗透系数为 3 ~ 50m/d、渗流量不大的场合。压气扬水井点是用压气扬水器进行排水。排水时压缩空气由输气管送来，由喷气装置进入扬水管，于是，管内容重较轻的水气混合液，在管外水压力的作用下，沿水管上升到地面排走。为达到一定的扬水高度，就必须将扬水管沉入井中有足够的潜没深度，使扬水管内外有足够的压力差。压气扬水井点降低地下水位最大可达 40m。

（三）人工降低地下水位的设计与计算

采用人工降低地下水位进行施工时，要根据要求的地下水位下降深度、水文地质条件、施工条件以及设备条件等，确定排水总量（即总渗流量），计算管井或井点的

需要量，选择抽水设备，进行抽水排水系统的布置。

总渗流量的计算，可参考前面经常性排水中所介绍的方法和其他有关论著。

管井和井点数目 n 可根据总渗流量 Q 与单井集水能力 Q_{mar} 决定，即

$$n=\frac{Q}{0.8q_{max}}$$

单井的集水能力取决于滤水管面积和通过滤水管的允许流速，即

$$q_{tan\,x}=2\pi r_0 l u_p$$

式中 r_0 —— 滤水管的半径，m（当滤水管四周不设反滤层时，用滤水管半径，设反滤层时，半径应包括反滤层在内）；

l —— 滤水管的长度，m；

u_p —— 允许流速，$v_p=65\sqrt[3]{K_s}, m/d$，K_a 为渗透系数。

根据上面计算确定的 n 值，考虑到抽水过程中有些井可能被堵塞，因此尚应增加 5% ~ 10%。管井或井点的间距 d 可根据排水系统的周线长度久单位为 m）来确定，即

$$d=\frac{L}{n}$$

在进行具体布置时，还应考虑满足下列要求：

第一，为了使井的侧面进水不过分减少，井间距不宜过小，要求轻型井点 $d=(5\sim10)2\pi r_0$，深井点 $d=(15\sim25)2\pi r_0$。

第二，在渗透系数小的土层中，若间距过大，则地下水位降低所需时间太长，因此要以抽水降低地下水位的时间来控制井的间距。

第三，井的间距要与集水总管三通的间距相适应。

第四，在基坑四角和靠近地下水流方向一侧，间距宜适当缩短。井的深度可按下式进行计算：

$$H=s_0+\Delta s+\Delta h+h_0+l$$

式中 H —— 管井的深度，m；

s_0 —— 原地下水位与基坑底的高差，m；

Δh —— 进入滤水管的水头损失，一般为 0.5 ~ 1.0m；

h_0 —— 要求的滤水管沉没深度，m；

Δs —— 基坑底与滤水管处降落水位的高差，m，用下式确定：

$$\Delta s=\frac{0.8q_{max}}{2.73K_s l}lg\frac{1.32l}{r_0}$$

第三章　泄水建筑物

第一节　泄水建筑物的作用与分类

泄水建筑物一般来说，任何一个水库的库容都有一定的限度，无法将全部洪水都的作用。拦蓄在水库内，超过水库调蓄能力的洪水必须泄放到下游，限制库水位不超过规定的高程，以确保大坝及其他挡水建筑物的安全。

泄水建筑物按其功能可分为以下三类：一是泄洪建筑物。用来宣泄规划确定的库容所不能容纳的洪水，如溢洪道和泄水隧洞等。二是泄水孔（或放水孔）。用来放泄一定的流量供给下游的需要；检按功能分类。修枢纽建筑物时放空水库；在洪水期兼泄一部分洪水，同时还可冲淤。三是施工泄水道。用来宣泄施工期的流量。

泄水建筑物按泄水方式可分为：一是坝顶溢流式。将溢流孔设于坝顶，泄洪时，水流以自由堰流的方按泄水方式过坝。二是大孔口溢流式。降低堰顶高程，上部可采用胸墙挡水。三是坝身泄水孔。将泄流进口布置在设计水位以下一定深度的部位。四是明流泄水道。如岸边溢洪道、导流明渠等。五是泄水隧洞。

在工程实践中，常尽可能把泄水建筑物的不同任务结合起来，使之一物多用。例如，泄水孔常在施工期作为导流之用，运用期可放水供应下游，检修时用其放空水库，洪水期可辅助泄洪并冲淤。

二、溢流坝

溢流坝主要用于混凝土重力坝、大头坝、重力拱坝，这些坝剖面大，具有设置溢流面的条件。对于较薄的拱坝如采用溢流式，需加设滑雪道式的溢流面。

一、溢流坝的工作特点

溢流坝既是挡水建筑物，又是泄水建筑物，除应满足稳定和强度要求外，还需要满足泄流能力的要求。溢流坝在枢纽中的作用是将规划确定的库内所无法容纳的洪水

由坝顶泄向下游，确保大坝的安全。溢流坝应满足的泄水要求包括如下几方面：有足够的孔口尺寸和较大的流量系数，以满足泄洪要求；致使水流平顺地流过坝体，控制不利的负压和振动，避免产生空蚀现象；保证下游河床不产生危及坝体安全的局部冲刷；溢流坝段在枢纽中的布置，应使下游流态平顺，不产生折冲水流，不影响枢纽中其他建筑物的正常运行；有灵活控制水流下泄的机械设备，如闸门、启闭机等。

二、孔口设计

溢流坝孔口尺寸的拟定包括泄水前缘总宽度、堰顶高程以及孔口数目和尺寸。设计时一般先选定泄水方式，初拟堰顶高程及溢流坝段净宽，再根据泄流量和允许单宽流量，以及闸门形式和运用要求等因素，通过水库的调洪计算、水力计算，求出各泄水布置方案的特征洪水位及相应的下泄流量等，进行技术经济比较，由此选出最优方案。

（一）洪水标准

洪水标准包括洪峰流量和洪水总量，是确定孔口尺寸、进行水库调洪演算的重要依据。

失事后对下游将造成较大灾害的大型水库、重要的中型水库以及特别重要的小型水库，当采用土石坝时，应以可能最大洪水（probable max1mum flood，PMF）作为非常运用洪水标准；当采用混凝土坝、浆砌石坝时，根据工程情况、地质条件等，其非常运用洪水标准可较土石坝适当降低。

（二）溢流坝下泄流量的确定

根据建筑物的级别确定洪水的设防标准和洪水过程线，经过水库调洪演算确定枢纽的下泄流量 Q_z。一般讲，枢纽的总下泄流量不会全部从溢流坝下泄，如果考虑泄水孔和其他水工建筑物承担一部分泄洪任务的话，则通过溢流坝下泄的流量。为：

$$Q = Q_z - \alpha Q_0 \quad (3\text{-}1)$$

公式中：Q_0 —— 经过电站和泄水孔等下泄的流量；
α —— 系数。正常运用时取 0.75 ~ 0.9，校核洪水时取 1.0。

（三）孔口形式的选择

1. 坝顶溢流式

坝顶溢流式亦称开敞式溢流式。这种形式的溢流孔除宣泄洪水外，还能用于排除冰凌和其他漂浮物。堰顶可以设闸门，也可不设。不设闸门的溢流堰，堰顶高程与正常水位齐平，泄洪时库水位壅高，加大了淹没损失，非溢流坝坝顶高程也相应提高，但结构简单，管理方便。这种不设闸门的溢流孔适用于洪水量较小、淹没损失不大的中、小型工程。设置闸门的溢流孔，闸门顶大致与正常蓄水位齐平，堰顶高程较低，可以调节水库水位和下泄流量，减少上游淹没损失和非溢流坝的工程量，通常大、中型工程的溢流坝均装有闸门。

坝顶溢流式闸门承受的水头较小，所以孔口尺寸可以较大。在闸门全开时，下泄流量与堰上水头比的 3/2 次方成正比。随着库水位的升高，下泄流量可以迅速增大，当遭遇意外洪水时可有较大的超泄能力。闸门可在顶部，操作方便，易于检修，工作安全可靠，因此坝顶溢流式得到广泛采用。

2. 大孔口溢流式

大孔口溢流式上部设置胸墙，堰顶高程较低。这种形式的溢流孔可根据洪水预报提前放水，能腾出较多库容储蓄洪水，从而提高了调洪能力。当库水位低于胸墙时，下泄水流和坝顶溢流式相同；库水位高出孔口一定高度时为大孔口泄流，超泄能力不如坝顶溢流式。胸墙为钢筋混凝土结构，一般与闸墩固接，也有做成活动的，遇特大洪水时可将胸墙吊起以提高泄水能力。

（四）溢流孔口尺寸的确定

溢流坝的孔口设计涉及很多因素，例如洪水设计标准、下游防洪要求、库水位壅高有无限制、是否利用洪水预报、泄水方式以及枢纽的地形、地质条件等。

1. 单宽流量

根据初拟的堰顶高程及溢流坝段净宽，通过调洪演算，可得溢流坝的下泄流量 Q
。

设 L 为溢流段净宽（不包括闸墩的宽度），则通过溢流孔口的单宽流量为：

$$q = \frac{Q}{L} \qquad (3\text{-}2)$$

单宽流量是确定孔口尺寸的重要指标。单宽流量越大，孔口净宽 L 越小，从而减少溢流坝长度和交通桥、工作桥等造价。但是，单宽流量越大，单位宽度下泄水流所含的能量也越大，消能越困难，下游局部冲刷可能越严重，甚至会危及大坝的安全。若选择过小的单宽流量 q，则会增加溢流坝的造价和枢纽布置上的困难。因此，单宽流量的选定，应综合考虑地质条件、枢纽布置和消能工设计，通过技术经济比较后确定。一般首先考虑下游河床的地质条件，在冲坑不危及坝体安全的前提下选择合理的单宽流量。

2. 孔口尺寸

对于堰顶设闸门的溢流坝，用闸墩将溢流段分隔为若干个等宽的溢流孔口。设孔口数为 n，则孔口净宽 $b = L/n$。令闸墩厚度为 d，则溢流前缘总长 L_0 应为：

$$L_0 = nb + (n-1)d \qquad (3\text{-}3)$$

选择 n、b 时，要综合考虑闸门的形式和制造能力、闸门跨度与高度的合理比例，以及运用要求和坝段分缝等因素。

3. 泄流能力

当采用开敞式溢流时，利用式（3–4）进行泄流能力校核：

$$Q = Cm\varepsilon\sigma_s L\sqrt{2g}H_0^{3/2} \qquad (3\text{-}4)$$

公式中：Q —— 流量，m3/s；

L —— 溢流堰净宽，m；

H_0 —— 堰顶上的作用水头，m；

g —— 重力加速度，m/s2；

m —— 流量系数；

C —— 上游面坡度影响修正系数；

ε —— 侧收缩系数；

σ_s —— 淹没系数，视泄流淹没程度而定。

确定孔口尺寸时，应考虑以下因素：

（1）满足泄洪要求

对于大型工程，应通过水工模型试验检验泄流能力。

（2）闸门和启闭机械

孔口宽度越大，闸门尺寸越大，启门力也越大，闸门和启闭机的构造就越复杂，工作桥的跨度也相应加大。此外，闸门应有合理的宽高比，弧形闸门采用 $b/H=1.5\sim2.0$。

（3）枢纽布置

孔口高度越大，单宽流量越大，溢流段越短；相反，孔数就越多，闸墩数也越多，溢流段总长度也相应加大。

（4）下游水流条件

单宽流量越大，下游消能越困难。为对称均衡地开启闸门，以控制下游河床水流流态，孔口数目最好采用奇数。

当校核洪水流量较大、校核洪水位较设计洪水位高出较多时，应考虑非常泄洪措施。例如，适当加长溢流前缘长度；在有合适的地形、地质条件时，还可以像土坝枢纽一样设置岸边非常溢流道。

（五）闸门和启闭机

水工闸门按其功用可分为工作闸门、事故闸门和检修闸门。工作闸门用来控制下泄流量，需要在动水中启闭，要求有较大的启门力；检修闸门用于短期挡水，以便对工作闸门、建筑物及机械设备进行检修，一般在静水中启闭，启门力较小；事故闸门是在建筑物或设备出现事故时紧急应用，要求能在动水中关闭孔口。溢流坝一般只设置工作闸门和检修闸门。工作闸门常设在溢流堰的顶部，有时为了使溢流面水流平顺，可将闸门设在堰顶稍靠下游一些。检修闸门和工作闸门之间应留有 1 ~ 3 m 的净距，以便进行检修。全部溢流孔通常备有 1 ~ 2 个检修闸门，交替使用。

常用的工作闸门有平面闸门和弧形闸门。平面闸门的主要优点是结构简单，闸墩受力条件较好，各孔口可共用一个活动式启闭机；缺点是启门力较大，闸墩较厚。弧形闸门的主要优点是启门力小，闸墩较薄，且无门槽，水流平顺，闸门开启时水流条件较好；缺点是闸墩较长，且受力条件差。弧形闸门适用于闸孔较宽的情况。有时为了降低工作桥的高度，在溢流坝采用升卧式闸门，例如河北的石湖水库等。

检修闸门经常采用平面闸门，小型工程也可采用比较简单的叠梁。启闭机有活动式的和固定式的。活动式启闭机多用于平面闸门，可以兼用启吊工作闸门和检修闸门。固定式启闭机固定在工作桥上，其多用于弧形闸门。

（六）闸墩和工作桥

闸墩的作用是将溢流坝前缘分隔为若干个孔口，并承受闸门传来的水压力（支承闸门），也是坝顶桥梁和启闭设备的支承结构。

闸墩的断面形状应使水流平顺，减小孔口水流的侧收缩。闸墩上游端常采用半圆形、椭圆形或流线形，下游端一般应逐渐收缩，形成流线形，以使水流平顺扩散。近年来一些工程溢流坝闸墩采用平尾墩，即闸墩下游端做成直立平面，经实验和运行证明效果良好，如潘家口水库、大黑汀水库等。

闸墩厚度与闸门形式有关。采用平面闸门时，需设闸门槽。工作闸门槽深 0.5 ~ 1.0m，宽 1 ~ 4 m，门槽处的闸墩厚度不得小于 1 m，以保证有足够的强度，因此，平面闸门闸墩的厚度为 2.0 ~ 4.0m。弧形闸门闸墩的最小厚度则为 1.5 m；如果是缝墩，墩厚要增加 0.5 ~ 1.0m。由于闸墩较薄，有时难以避免产生拉应力，所以需要配置受力钢筋和构造钢筋，由闸墩结构计算确定。

工作桥多采用钢筋混凝土结构，大跨度的工作桥也可采用预应力钢筋混凝土结构。工作桥的平面布置应满足启闭机械的安装和运行条件的要求。

溢流坝两侧设边墩也称边墙或导水墙，既起闸墩的作用，也起分隔溢流段和非溢流段的作用。边墩从坝顶延伸到坝趾，边墙高度由溢流水面线决定，并应考虑溢流面上水流的冲击波和掺气所引起的水面增高，一般高出掺气水面 1 ~ 1.5 m。当采用底流式消能工时，边墙还需延长到消力池末端形成导墙。当溢流坝与水电站并列时，导墙长度要延伸到厂房后一定的范围，以减小溢流时尾水波动对水电站运行的影响。为了防止温度裂缝，导墙每隔 15 m 左右做一道伸缩缝，缝内做简单的止水，以防溢流时漏水。导墙的顶部厚度为 0.5 ~ 2.0m，下部厚度是要根据结构计算确定。

三、溢流面曲线和剖面设计

（一）溢流面曲线

溢流面曲线由顶部曲线段、中间直线段和下部反孤段三部分组成。设计要求是：有较高的流量系数；水流平顺，不产生空蚀。

顶部曲线段的形状对泄流能力和流态有很大的影响，对坝顶溢流式孔口，经常采用的溢流面曲线为克 - 奥曲线和 WES 曲线。两种曲线在堰顶以下（2/5 ~ 1/2）乩（乩为溢流堰定型设计水头）范围内基本重合，在此范围以外，克 - 奥曲线肥大一些，用它确定的剖面常超过稳定和强度要求。克 - 奥曲线不给出曲线方程，而给定坐标值，施工放样不便，且流量系数较 WES 曲线的流量系数低。两种曲线的比较，见图 3-1。当采用开敞式溢流孔时，可采用 WES 曲线。堰面曲线方程也如下：

$$x^n = KH_d^{n-1}y \qquad (3-5)$$

公式中：H_d ——定型设计水头，可按堰顶最大作用水头 H_{max} 的75%～95%计算；

K, n ——与上游面倾斜坡度有关的参数；

x, y ——以溢流坝顶点为坐标原点的坐标，x 以向下游为正，y 以向下为正。

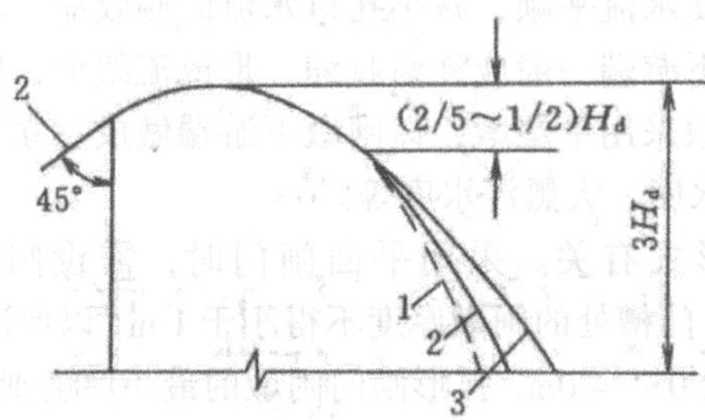

图 3-1 克－奥曲线与 WES 曲线比较

1—WES 曲线；2—克－奥Ⅱ曲线；3—克－奥Ⅰ曲线

（二）反弧段

溢流坝下游反弧段的作用是使溢流坝面下泄的水流平顺地与下游消能设施相衔接。对不同的消能设施可采用不同的公式：

对于挑流消能，通常取反弧半径 $R=(4\sim10)h$。其中，h 为校核洪水位闸门全开时反弧段最低点处的水深。R 太小时，水流转向不够平顺，过大时又使向下游延伸太长，增加工程量。当反弧段流速 $v<16m/s$ 时，可取下限，流速大，反弧半径也宜选用较大值。

对于底流消能，反弧半径可近似按式（3–6）得：

$$R=\frac{10x}{3.28} \qquad (3-6)$$

其中

$$x=\frac{3.28v+21H+16}{11.8H+64}$$

公式中：H ——不计行近流速的堰上水头，m；

v ——坝趾处流速，m/s。

（三）直线段

中间的直线段与坝顶曲线和下部反弧段相切，坡度一般和非溢流坝段的下游坡相同。具体应由稳定和强度分析及剖面设计确定。

（四）溢流重力坝剖面设计

溢流坝的实用剖面，既要满足稳定和强度要求，也要符合水流条件的需要，还要与非溢流重力坝的剖面相适应，上游坝面尽量与非溢流坝相一致。设计时先按稳定和强度要求及水流条件定出基本剖面和溢流面曲线，然后将基本剖面的下游边与溢流面曲线相切。当溢流坝剖面超出基本剖面时，为节约坝体工程量并满足泄流条件，可以将堰顶做成悬臂式的，如图 3-2（a）所示。悬臂高度 h_l 应大于 $H/2$，H 为堰顶最大水头。

有挑流鼻坎的溢流坝，当鼻坎超出基本三角形以外时 [见图 3-2（b）]，若 $l/h>0.5$，应核算 $B-B'$ 截面的应力，若拉应力较大，可设缝将鼻坎与坝体分开。我国石泉等工程就采用了这种结构形式。

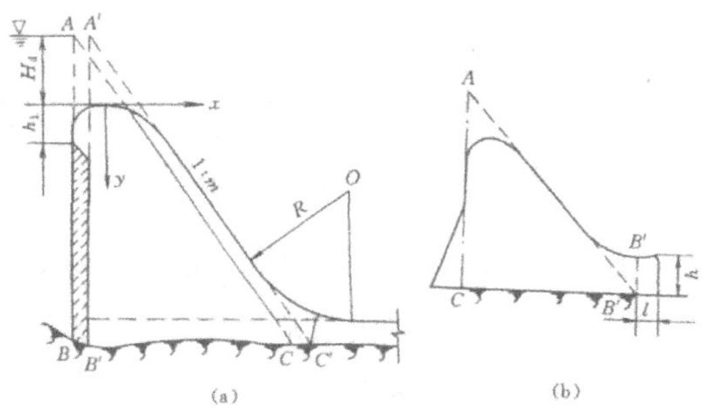

图 3-2　溢流坝剖面

四、消能工的形式与设计

（一）消能工设计原则

消能工的设计原则包括以下几方面：一是尽量使下泄水流的大部分动能消耗于水流内部的紊动中，以及水流与空气的摩擦上。二是不产生危及坝体安全的河床冲刷或岸坡局部冲刷。三是下泄水流平稳，不影响枢纽中其他建筑物的正常运行。四是结构简单，工作可靠。五是工程量小，经济。

（二）消能工形式

目前常用的消能工形式有挑流消能、底流消能、面流消能、消力耳消能和联合消能（宽尾墩—挑流、宽尾墩—消力扉、宽尾墩—消力池等）。设计时应根据地形、地质、枢纽布置、水头、泄量、运行条件、消能防冲要求、下游水深及其变幅等条件进行技术经济比较，选择消能工的形式。针对比较重要的工程，消能工的设计应进行水工模型试验。然而，面流消能和消力身消能两种形式的水力学计算理论上还不够成熟，应用中受到一定限制。

1. 挑流消能

由于挑流消能具有工程量小、投资省、结构简单、检修施工方便等优点，所以我

国大多数岩基上的高坝泄水都采用这种方式。挑流消能是利用鼻坎将下泄的高速水流向空中抛射，使水流扩散，并掺入大量空气，然后跌入下游河床水垫后，形成强烈的旋滚，并冲刷河床形成冲坑，随着冲坑逐渐加深，水垫越来越厚，大部分能量消耗在水滚的摩擦中，冲坑逐渐趋于稳定。挑流消能工比较简单经济，但下游局部冲刷不可避免，一般适用于基岩比较坚固的高坝或中坝，低坝需经论证才能使用。当坝基有延伸至下游的缓倾角软弱结构面，可能被冲刷切断而形成临空面危及坝基稳定，或是岸坡可能被冲塌危及坝肩稳定时，均不宜采用挑流消能。

挑流消能设计的内容包括：选择合适的鼻坎形式、反弧半径、鼻坎高程和挑射角度，计算各种泄量时的挑射距离和最大冲坑的深度。从大坝安全考虑，希望挑射距离远一些，冲刷坑浅一些。

2. 底流消能

底流消能是在坝趾下游设消力池、消力坎等，促进水流可在限定范围内产生水跃，通过水流内部的旋滚、摩擦、掺气和撞击消耗能量。底流消能具有流态稳定、消能效果好、对地质条件和尾水变幅适应性强及水流雾化小等优点，但工程量大，不宜排漂或排冰。

底流消能适用于中、低坝或基岩较软弱的河道，高坝采用底流消能需经论证。底流消能常采用的消力池形式有：护坦末端设置消力坎，在坎前形成消力池；降低护坦高程，形成消力池；既降低护坦高程，又建造消力坎，形成综合式消力池。

消力池是水跃消能工的主体，其横断面除少数为梯形外，绝大多数呈矩形。在平面上为等宽，也有做成扩散式或收缩式的。为了适应较大的尾水位变化及缩短平底段护坦长度，护坦前段常做成斜坡。为了控制下游河床与消力池底的高差，以获得较好的出池水流流态，可采用多级消力池。在消力池内设置辅助消能工，增强消能效果，缩短池长。

3. 面流消能

面流消能是在溢流坝下游面设低于下游水位、挑角不大的鼻坎，将主流挑至水面，在主流下面形成旋滚，其流速低于水面，且旋滚水体的底部流动方向指向坝趾，并使主流沿下游水面逐步扩散，减小对河床的冲刷，达到消能防冲的目的。

面流消能适用于水头较小的中、低坝，要求下游水位稳定，尾水较深，河道顺直，河床和河岸在一定范围内有较高的抗冲能力，可排漂和排冰。我国富春江、龚嘴等工程采用了这种消能工形式。面流消能虽不需要做护坦，但因为高流速水流在表面，并伴随着强烈的波动，流态复杂，使下游在很长距离内水流不平稳，可能影响水电站的运行和下游通航，且易冲刷两岸，因此也须采取一定的防护措施。

4. 消力戽消能

消力岸消能是在溢流坝坝趾设置一个半径较大的反弧尽斗，扉斗的挑流鼻坎潜没在水下，形不成自由水舌，水流在扉内产生旋滚，经鼻坎将高速的主流挑至表面，其流态为“三滚一浪”。戽内、外水流的旋滚可以消耗大量能量，因高速水流挑至表面，故减轻对河床的冲刷。

消力扉适用于尾水较深（通常大于跃后水深）、变幅较小、无航运要求且下游河

床和两岸有一定抗冲能力的情况。高速主流在表面，不需护坦，然水面波动较大。

5. 联合消能

联合消能的形式有宽尾墩—挑流、宽尾墩—消力廊、宽尾墩—消力池等。为了提高消能效果，减少工程量，我国一些工程已经采用了联合消能形式。例如，潘家口、隔河岩工程采用了宽尾墩—挑流，安康、五强溪工程则采用宽尾墩—底流消力池，岩滩工程采用宽尾墩—廓式消力池。

联合消能适用于泄流量大、河床相对狭窄、下游地质条件差的高、中坝或单一消能形式经济合理性差的情况。联合消能应经水工模型试验验证。

五、溢流坝设计中有关高速水流的几个问题

高水头溢流坝（包括深式泄水孔）泄水时，由于流速很高（可达 30 ~ 40 m/s），而产生一系列问题，如空化和空蚀、掺气、脉动、冲击波等，设计时必须予以考虑。

（一）空化和空蚀

水流在曲面上行进，由于离心力的作用，或水流受不平整表面的影响，在贴近边界处可能产生负压，当水体中的压强减小至饱和蒸汽压强时，便产生空化。当空化水流运动到压力较高处时，在高压作用下气泡溃灭，伴随有声响和巨大的冲击作用。力时，便产生剥离状的破坏，速的 5 ~ 7 次方成正比。

鸭绿江上的水丰溢流坝，在投入运行后，短期内溢流面产生空蚀。被剥蚀的混凝土约有 1100 m2，破坏深度约为 1.2 m，最大剥蚀面积有 80 ~ 100 m2，很多空蚀蜂窝连在一起，长达 20 m，深度在 0.1 m 以上的蜂窝总数约为 200 个，说明空蚀引起的破坏是非常严重的。

为了防止空蚀，应避免产生过大的负压。为此，要考虑过水表面外形轮廓的设计，同时也应注意施工质量，使建筑物表面平顺光滑，还能考虑设置掺气减蚀装置，采用抗空蚀性能好的材料以及合理的运行方式等。实践证明，溢流面不平整，往往是引起空蚀破坏的主要原因，设计、施工中必须给予高度重视。

（二）掺气

当水流流速超过 8 m/s 时，水自由表面便产生掺气现象，使水深增大，有时可增大一倍以上。在确定溢流坝边墙高度和无压深式泄水孔的高度时，都应该考虑掺气的影响。

掺气程度与流速大小、水深和结构表面的粗糙程度有关，可以用式（3-7）进行粗略估算。

$$h_b = \left(1 + \frac{\zeta v}{100}\right) h \qquad (3\text{-}7)$$

公式中：h_b —— 计入波动及掺气的水深，m；

h —— 不计入波动及掺气的水深，m；

v —— 不计入波动及掺气的计算断面上的平均流速，m/s；

ζ —— 修正系数，一般为 1.0 ~ 1.4 s/m，视流速和断面收缩情况而定，当流速大于 20 m/s 时，宜采用较大值。

（三）脉动

紊动水流的流速、压强等都有脉动的特性。高速水流中，特别是在边界条件急剧变化的地方，水流脉动比较强烈。水流脉动对建筑物有下列影响：一是引起结构的振动，甚至产生共振现象。二是脉动压强可达时均压强的 40% 左右，计算结构荷载时应考虑脉动的作用。三是脉动可使负压增大，从而增大了发生空蚀的可能性。

在溢流坝面上，脉动压强的最大振幅一般仅为该点流速水头的 5% 左右，而且坝面各点的脉动频率和相位不同，是随机性质的，一般不会引起坝体的共振。

4. 冲击波

在高速水流边界条件发生变化处，如断面扩大、断面收缩、转弯等，将产生冲击波。溢流坝闸门槽、墩尾等处均是引起冲击波的部位。冲击波影响溢流面上流态，但一般不严重。

第三节　坝身泄水孔

一、重力坝的泄水孔

重力坝的泄水孔可设在溢流坝段或非溢流坝段内，它的主要组成部分包括进口段、闸门段、孔身段、出口段和下游消能设施等。

（一）坝身泄水孔的作用及工作条件

坝身泄水孔的进口全部淹没在水下，随时都可以放水，其作用有：预泄库水，增大水库的调蓄能力；放空水库，以便检修；排放泥沙，减少水库淤积；随时向下游放水，满足航运或灌溉等要求；施工导流。

坝身泄水孔内的水流流速较高，容易产生负压、空蚀和振动；闸门在水下，检修较困难，闸门承受的水压力大，有的可达 20 000 ~ 40 000 kN，启门力也相应加大；门体结构、止水和启闭设备都较复杂，造价也相应增高。水头越高，孔口面积越大，技术问题越复杂。因此，一般不用坝身泄水孔作为主要的泄洪建筑物。泄水孔的过水能力主要根据预泄库容、放空水库、排沙或下游用水要求来确定。坝身泄水孔在洪水期可作为辅助泄洪之用。

（二）坝身泄水孔的形式及布置

按水流条件，坝身泄水孔可分为有压的和无压的；按泄水孔所处的高程，坝身泄水孔可分为中孔和底孔；按布置的层数，坝身泄水孔又可分为单层与多层。

1. 有压泄水孔

有压泄水孔的工作闸门布置在出口，门后为大气，可部分开启；出口高程较低，作用水头较大，断面尺寸较小。有压泄水孔的缺点是：闸门关闭时，孔内承受较大的内水压力，对坝体应力和防渗都不利，常需钢板衬砌。因此，常在进口处设置事故检修闸门，平时兼用来挡水。我国安砂等工程就采用了这种形式的有压泄水孔。

2. 无压泄水孔

无压泄水孔的工作闸门布置在进口。为了形成无压水流，需在闸门后将断面顶部升高。闸门可以部分开启，闸门关闭后，孔道内无水。明流段可不用钢板衬砌，施工简便，干扰少，有利于加快施工进度。与有压泄水孔相比，无压泄水孔对坝体削弱较大。国内重力坝多采用无压泄水孔，如三门峡、丹江口、刘家峡工程等。

（三）坝身泄水孔的组成部分

1. 进口段

泄水孔的进口高程一般应根据其用途和水库的运用条件确定。例如，对于配合或辅助溢流坝泄洪兼作导流和放空水库用的泄水孔，在不发生淤堵的前提下，进口高程尽量放低，以利于降低施工围堰或大坝的拦洪高程；对于放水供下游灌溉或城市用水的泄水孔，其进口高程应与坝后引水渠首高程相适应；对于担负排沙任务的泄水排沙孔的进口高程，应根据水库不淤高程和排沙效果来确定。

有压泄水孔和无压泄水孔，其进口段都是有压段。为了使水流平顺，减小水头损失，避免孔壁空蚀，进口形状应尽可能符合水流的流动轨迹。工程中常采用 1/4 椭圆曲线或圆弧曲线的三向收缩矩形进水口。进口顶部椭圆长轴可取为水平，但若有 12° 左右的倾角，则水流条件更好。

2. 闸门段

在坝身泄水孔中最常采用的闸门也是弧形闸门和平面闸门。弧形闸门不设门槽，水流平顺，这对于坝身泄水孔是一个很大的优点，因为泄水孔中的空蚀常常发生在门槽附近；弧形闸门的启门力较平面闸门小，运用方便。弧形闸门的缺点是：闸门结构复杂，整体刚度差，门座受力集中，闸门启闭室所占的空间较大。而平面闸门则具有结构简单、布置紧凑、启闭机可布设在坝顶等优点。平面闸门的缺点是：启门力较大，门槽处边界突变，易产生负压而引起空蚀。对于尺寸较小的泄水孔，可以采用阀门，目前常用的是平面滑动阀门，闸门与启闭机连在一起，操作方便，抗震性能好，启闭室所占的空间也小。

3. 孔身段

有压泄水孔多用圆形断面，但泄流能力较小的有压泄水孔则常采用矩形断面。由于防渗和应力条件的要求，孔身周边需要布设钢筋，有时还需要采用钢板衬砌。

无压泄水孔通常采用矩形断面。为了保证形成稳定的无压流，孔顶应留有足够的空间，以满足掺气和通气的要求。孔顶距水面的高度可取通过最大流量不掺气水深的 30% ~ 50%。门后泄槽的底坡可按自由射流水舌曲线设计，以获得较高的流速系数。为保证射流段为正压，可按最大水头计算。为了减小出口的单宽流量，有利于下游消能，在转入明流段后，两侧可以适当扩散。

4. 平压管和通气孔

为了减小检修闸门的启门力，应当在检修闸门和工作闸门间设置与水库连通的平压管。开启检修闸门前，先在两道闸门中间充水，这样就可以在静水中启吊检修闸门。平压管直径根据规定的充水时间决定，控制阀门可布置在廊道内。

当充水量不大时，也可将平压管设在闸门上，充水时先提起门上的充水阀，待充满后再提升闸门。当工作闸门布置在进口，提闸泄水时，门后的空气被水流带走，形成负压，因此在工作闸门后需要设置通气孔。

（四）坝身泄水孔的应力分析

坝身泄水孔附近的应力状态比较复杂，属于三维应力状态，可采用三维有限元法或结构模型试验进行分析。在泄水孔断面面积与坝段断面面积之比相对较小、坝段独立工作、横缝不传力的情况下，可近似按弹性理论无限域中的平板计算孔口应力。计算图形如图 3-3 所示，垂直泄水孔轴线切取截面 I-I，设泄水孔中心处在无泄水孔情况下垂直孔轴的应力为 σ_y，将 σ_y 作为均布荷载作用在板的上、下端，根据弹性理论公式，可以求得孔周附近的应力。对有压泄水孔，除了上述应力外，还应计入由于内水压力引起的孔周附近的应力。

二、拱坝的泄水孔

拱坝是一种空间整体结构，在坝体内布置泄水孔的技术问题较重力坝复杂。对于薄拱坝，为防止削弱坝体的整体性，通常将检修闸门设于拱坝的上游面，工作闸门设于拱坝下游面泄水孔的出口处。这样不仅便于布置闸门的启闭设备，而且结构模型试验资料表明，在坝的下游面孔口末端设置闸墩和挑流坎，也局部增加了孔口附近坝体的厚度，可以明显地改善孔口周边的应力状态。出口下游的挑流坎，除把水流挑射远离坝体外，还可改善孔底的拱向应力。对于较薄的拱坝，泄水中孔的断面一般都采用矩形。为了使水流平顺地通过泄水孔，避免发生空蚀和振动，应合理设计泄水孔的体型。对大、中型工程的泄水孔体型，包括从进口到出口的形状和曲线，应通过水工模型试验确定。

工程实践和试验研究表明，拱坝坝身开孔除对孔口周围的局部应力有影响外，对整个坝体的应力影响不大。应力集中区的拉应力可能使孔口－边缘开裂，但只限于孔口附近，不致危及坝的整体安全。对于局部应力的影响，可在孔口周围适当地布置钢筋。考虑到孔口较大时对坝体断面有所削弱及应力重分布的影响，孔口附近的坝体也可以适当加厚。

第四节　岸边溢洪道

在水利枢纽中，必须设置泄水建筑物，以宣泄规划所确定的库容不能容纳的多余水量，防止洪水漫溢坝顶，保证大坝安全。泄水建筑物有溢洪道和深式泄水建筑物两类。

对于土坝、堆石坝以及某些轻型坝，一般不容许从坝身溢流或大流量溢流；或当河谷狭窄而泄洪量大，难于经混凝土坝泄放全部洪水时，则需在坝体以外的岸边或天然瑾口处建造溢洪道（通常称为岸边溢洪道）或开挖泄水隧洞。

一、岸边溢洪道的形式

（一）正槽溢洪道

这种溢洪道的过堰水流与泄槽轴线方向一致。其结构简单，施工方便，工作可靠，泄水能力大，故在工程中应用广泛，见图 3–3。

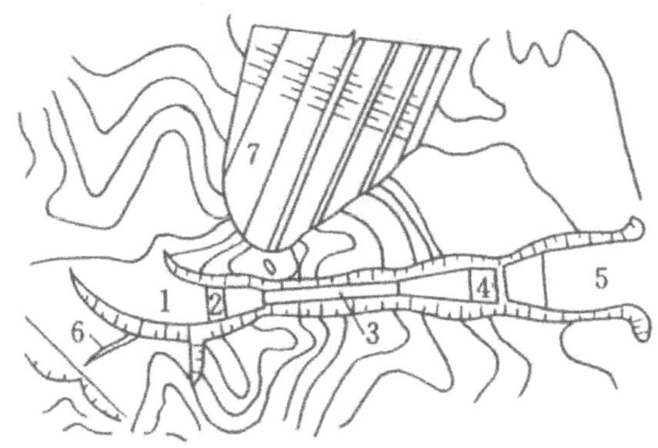

图 3–3　正槽溢洪道

1—进水渠；2—溢流堰；3—泄槽；4—消力池；5—泄水渠；6—非常溢洪道；7—土坝

（二）侧槽溢洪道

这种溢洪道的泄槽轴线与溢流堰轴线接近平行，即水流过堰后，在很短距离内转弯约 90°，再经泄槽泄入下游。侧槽溢洪道多设置在较陡的岸坡上，沿等高线设置溢流堰和泄槽。此种布置形式可以加大堰顶长度，减小溢流水深和单宽流量，而不需要大量开挖山坡。但对岸坡的稳定要求较高，特别是位于坝头的侧槽，直接关系到大坝安全，对地基要求也更严格。侧槽内水流比较紊乱，要求侧壁有较坚固的衬砌，见图3–4。

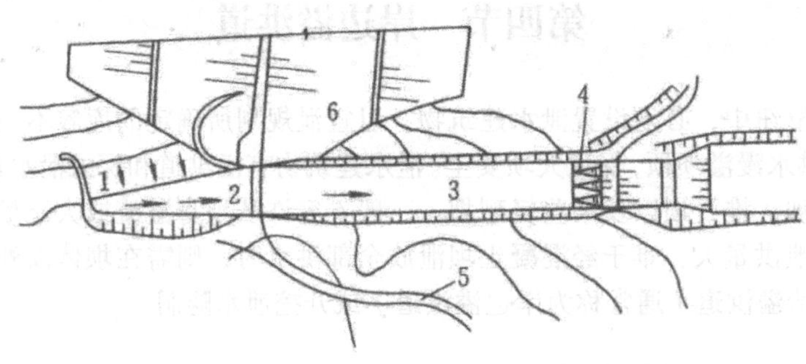

图 3-4　侧槽溢洪道

1- 溢流堰；2- 侧槽；3- 泄水槽；4- 出口消能段；5- 土坝公路；3- 土坝

（三）竖井式溢洪道

这种溢洪道在平面上，进水口为一环形的溢流堰，水流过堰后，经竖井和出水隧洞流入下游，见图 3-5。竖井式溢洪道适用于岸坡陡、地质条件良好的情况。如能利用一段导流隧洞，采用此种形式比较有利。它的缺点是水流条件复杂，超泄能力小，泄小流量时易产生振动和空蚀。

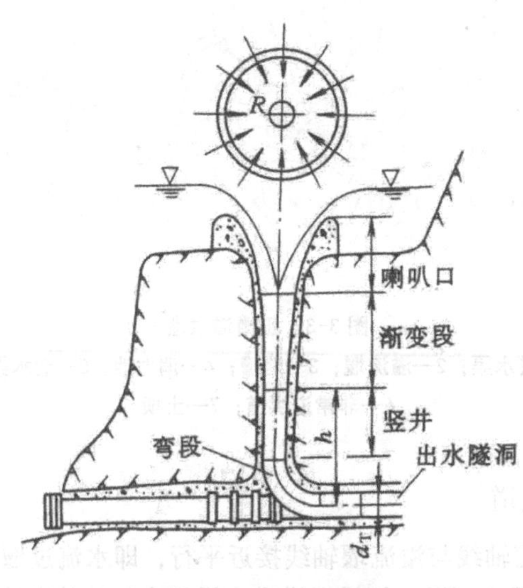

图 3-5　竖井式溢洪道

（四）虹吸溢洪道

利用虹吸作用，使溢洪道在较小的堰顶水头下可以得到较大的单宽流量。水流出虹吸管后，经泄槽流入下游，见图3-6。它的优点是不用闸门，就能自动地调节上游水位；缺点是构造复杂，泄水断面不能过大，水头较大时，超泄能力不大，工作可靠性差。虹吸溢洪道多用于水位变化不大而需随时调节的水库（如日调节水库），及水电站的

压力前池和灌溉渠道等处。

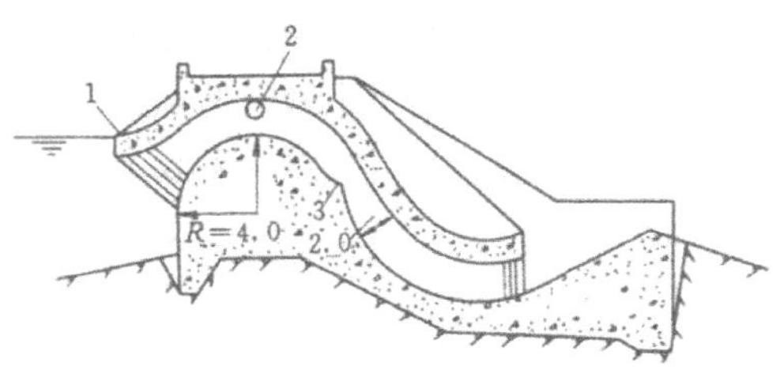

图 3-6 虹吸溢洪道（单位：m）

1- 遮檐；2- 通气孔；3- 挑鼻坎

二、岸边溢洪道位置的选择

岸边溢洪道在枢纽中的位置，取决地形、地质、枢纽总体布置、施工和运行等因素的综合影响，应通过技术经济比较确定。布置溢洪道应选择有利的地形，如合适的垭口或岸坡，以减少工程量，并应尽量避免深挖形成的高边坡（特别是对于不利的地质条件），以免造成边坡失稳或处理困难。

溢洪道应布置在稳定的地基上，并应考虑岩层及地质构造的性状，还应充分注意建库后水文地质条件的变化及其对建筑物及边坡稳定的不利影响。土基则必须进行适宜的地基处理和护砌。

在土石坝枢纽中，溢洪道的进口不宜距土石坝太近，以免冲刷坝体。同时，应和其他建筑物如坝、电站等综合起来一起考虑，使各建筑运用灵活可靠。当溢洪道靠近坝肩时，其与大坝连接的导墙、接头、泄槽边墙等必须安全可靠。

从施工方面考虑，溢洪道出渣路线及堆料场布置，应相互适宜，并尽量利用开挖出的土石方上坝。

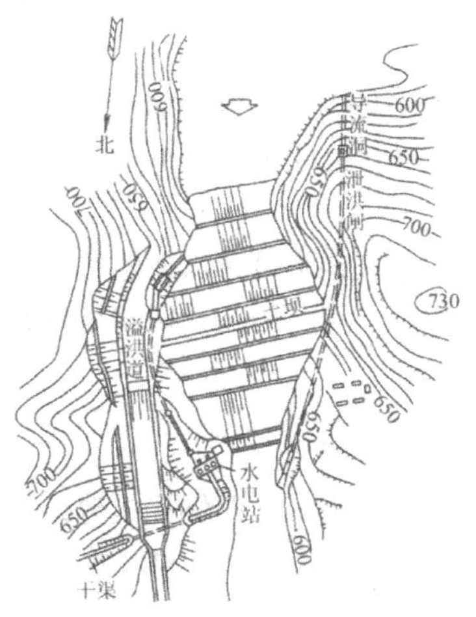

图 3-7 某土石坝枢纽的溢洪道布置图（单位：m）

图 3-7 为某土石坝枢纽的溢洪道布置图，它由土石坝、溢洪道、引水隧洞、压力管、水电站等几部分组成。坝址附近地形狭窄，左岸山坡陡峻，右岸山坡在坝顶高程附近比较平缓，但没有高程适宜的垭口。根据以上地形特点，在比较平缓的右岸设置正槽式河岸溢洪道，其进口有曲线形引渠，出口离坝脚有较大距离，而且出口方向与原河道大致平行，使泄水不会危及对岸。

三、正槽溢洪道

正槽溢洪道包括进水渠、控制段、泄槽、消能防冲设施与出水渠等部分，见图 3-8。

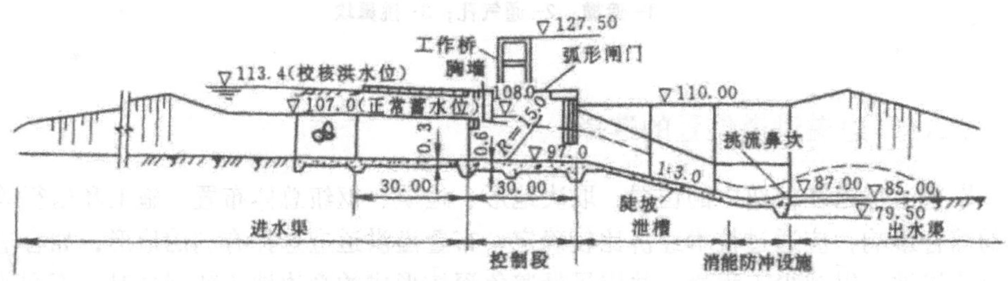

图 3-8　溢洪道的组成部分（单位：m）

（一）进水渠

进水渠的作用是将水库的水流平顺地引至溢流堰前。其设计原则是：在合理开挖方量的前提下，尽量减少水头损失，以增加溢洪道的泄水能力。

进水渠的布置和设计应注意如下几个问题。

1. 平面布置

应选择有利的地形、地质条件，保证施工及运行期的岸坡稳定；在选择轴线方向时，应使水流平顺地进入控制段，避免出现横向水流或漩涡，最好布置成直线。进水渠底一般为等宽或顺水流方向收缩，在与控制段连接处应与溢流前缘等宽。

2. 横断面

进水渠的横断面一定要大于控制段的过水断面。在不致造成过大挖方量前提下，进水渠内流速一般控制为最大不宜超过 4 m/s，以减少水头损失。

3. 纵断面

进水渠的纵断面一般做成平底或坡度不大的逆坡。当溢流堰为实用堰时，渠底在溢流堰处宜低于堰顶至少 0.5 H_d（H_d 为堰面定型设计水头），以保证堰顶水流稳定和具有较大的流量系数。

（二）控制段

溢洪道的控制段包括溢流堰（闸）和两侧连接建筑物，是控制溢洪道泄流能力的关键部位，因此必须合理选择溢流堰段的形式和尺寸。

1. 溢流堰的形式

溢流堰通常选用宽顶堰、实用堰，有时也可用驼峰堰、折线形堰。溢流堰体型设计的要求是尽量增大流量系数，在泄流时不产生空蚀或诱发危险振动负压等。

（1）宽顶堰

宽顶堰的特点是结构简单，施工方便，但流量系数较低（为 0.32 ~ 0.385）。由于宽顶堰堰矮，荷载小，对承载力较差的土基适应能力强，因此，在泄量不大或附近地形较平缓的中、小型工程中应用较广。

（2）实用堰

实用堰的优点是流量系数比宽顶堰大，且在相同泄流量条件下，需要的溢流前缘较短，工程量相对较小，但施工较复杂。大、中型水库，特别是岸坡较陡时，多采用此种形式。

（3）驼峰堰

为了简化施工，国内有些工程采用一种复合圆的溢流堰，堰面主要由不同半径的圆弧组成，叫驼峰堰。

2. 溢流孔口尺寸的拟定

溢洪道的溢流孔口尺寸，主要是指溢流堰顶高程和溢流前缘长度，其设计方法与溢流重力坝相同。这里需要指出的是，由于溢洪道出口一般离坝脚较远，因而其单宽流量可比溢流重力坝所采用的数值更大些。

（三）泄槽

洪水经溢流堰后，多用泄槽与消能防冲设施连接。因落差大、纵坡陡，槽内水流速度往往超过 16 m/s，形成高速水流。高速水流有可能带来掺气、空蚀、冲击波和脉动等不利影响，因此设计时必须考虑并在布置和构造上采取相应的措施。

1. 平面布置

为使水流平顺，泄槽在平面上沿水流方向，宜尽量采取直线、等宽、对称的布置，力求避免弯道或横断面尺寸的变化。实际工程中受地形、地质条件的限制，泄槽需设弯曲段。弯曲段的转弯半径不宜过小，一般应大于 10 倍槽底宽。

2. 纵剖面布置

泄槽纵剖面设计主要是确定纵坡。为节省开挖方量，泄槽的纵坡通常随地形、地质条件而变化，为了使水流平顺和便于施工，坡度变化不宜太多。实践表明，在坡度由陡变缓处，泄槽易被动水压力破坏，在变坡处宜用反弧连接，反弧半径应不小于 8 倍水深。当坡度由缓变陡时，水流易脱离槽底而产生负压，可在变坡处宜用符合水流轨迹的抛物线连接。

3. 横断面

泄槽横断面形状与地质条件紧密相关。在非岩基上，一般做成梯形断面，坡比为 1 ∶ 2 ~ 1 ∶ 1，在岩基上的泄槽多做成矩形或近于矩形的横断面，坡比为 1 ∶ 0.3 ~ 1 ∶ 0.1。泄槽的过水断面由水力计算确定，边墙高度等于最大过水断面的水深加超高。一般混凝土护面的泄槽超高采用 30 ~ 50 cm，浆砌石护面采用 50 cm。当流速 $v > 6$ m/s 时，边墙高度应按掺气后水深加安全超高确定。

4. 泄槽的衬砌

为保护地基不受冲刷，岩石不受风化，由此防止高速水流钻入岩石缝隙后将岩石掀起，泄槽通常需要衬砌。对泄槽衬砌的要求是：衬砌材料能抵抗水流冲刷；在各种荷载作用下能保持稳定；表面光滑平整，不致引起不利的负压和空蚀；做好底板下排水，以减小作用在底板上的扬压力；做好接缝止水，隔绝高速水流浸入底板下部，避免因脉动压力引起的破坏；要考虑温度变化对衬砌的影响；此外，在寒冷地区，衬砌材料还应有一定的抗冻要求。

（四）消能防冲设施及出水渠

溢洪道泄洪，一般是单宽流量大，流速高，能量集中。若消能措施考虑不当，高速水流与下游河道的正常水流不能妥善衔接，下游河床和岸坡就会遭受冲刷，甚至危及大坝和溢洪道自身的安全。溢洪道出口的消能方式与溢流重力坝基本相同。有关出口消能设计可参考溢流坝。出水渠是将经过消能后的水流较平顺地泄入原河道。出水渠应尽量利用天然冲沟或河沟，如无此条件时，需人工开挖明渠。当溢洪道的消能设施与下游河道距离很近时，也可不设出水渠。

四、非常溢洪道

在建筑物运行期间，可能会出现超过设计标准的洪水，由于这种洪水出现的概率极少，所以可用构造简单的非常溢洪道来宣泄。一旦发生超过设计标准的洪水，即启用非常溢洪道泄洪，只要求能保证大坝安全，水库不出现重大事故即可。

非常溢洪道一般分漫流式、自溃式和爆破引溃式三种，下面分别作简单介绍。

（一）漫流式非常溢洪道

这种溢洪道将堰顶建在准备开始溢流的水位附近，且听任其自由溢流。这种溢洪道的溢流水深一般取得较小，因而溢流堰较长，多设于垭口或地势平坦之处，以减少土石方开挖量。

（二）自溃式非常溢洪道

自溃式非常溢洪道一般是利用低矮的副坝，使其在水位达到一定高程时自行溃决，以宣泄特大洪水。按溃决方式，自溃式可分为漫顶自溃式和引冲自溃式，分别如图 3-9（a）、（b）所示。自溃式非常溢洪道应远离主坝及其他枢纽建筑物，以免一旦溢流失控时，危及枢纽安全。自溃式坝体构造和一般土坝相同。

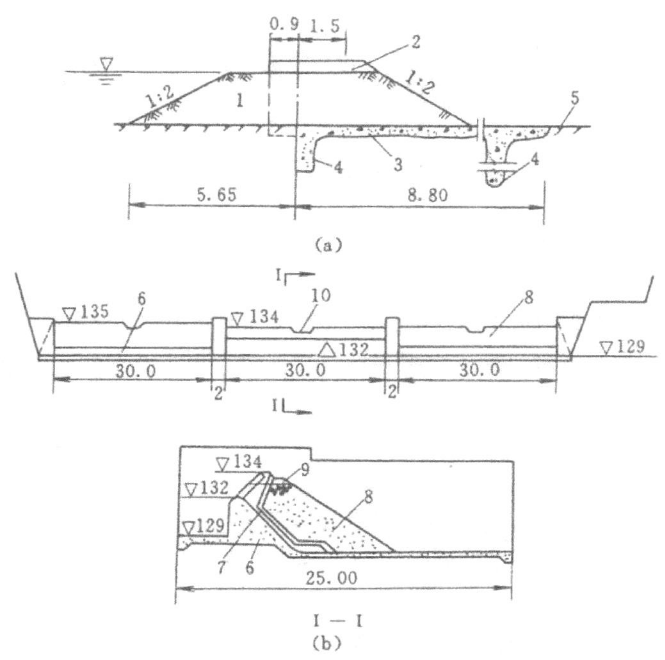

图 3-9　自溃式非常溢洪道（单位：m）

（a）某水库漫顶自溃堤断面图；（b）浙江南山水库引冲自溃堤布置图

1- 土堤；2- 隔墙；3- 混凝土护面；4- 混凝土截水墙；5- 草皮护面；3- 混凝土；7- 黏土斜墙；8- 子埝；9- 引冲槽底；10- 引冲槽

漫顶自溃式的优点是构造简单、管理方便；缺点是泄流缺口的位置和规模有偶然性，无法进行人工控制，可能造成溃坝的提前或延迟。漫顶自溃式一般只适用于自溃坝高度较低、分担泄洪比重不大的情况。

引冲自溃式的特点是在自溃坝的适当位置设置引冲槽，当库水位达到启溃水位后，水流即漫过引冲槽，冲刷下游坝坡形成口门，逐渐向两侧发展，使之在较短时间内溃决。其优点是在溃决过程中，泄量是逐渐增加的，会对下游防护有利，在工程中应用较广泛。

（三）爆破引溃式溢洪道

爆破引溃式是利用炸药的爆炸能量，使非常溢洪道进口的副坝坝体形成爆破缺口，起引冲槽作用，并将爆破缺口范围以外的土体炸松、炸裂，然后通过坝体引冲槽作用使其溃决，从而达到溢洪的目的。由于爆破准备工作可在安全条件下从容进行，一旦出现异常情况，可迅速破坝，坝体溃溢洪道的特点。决有可靠保证，故爆破引溃式溢洪道得到我国一些大、中型水库的重视和利用。

以上非常泄洪设施，其设计和运用还存在不少问题，如未必能按时把土坝冲开或炸开；一旦过水，无法控制泄量，在库水位降至堰顶高程前难以重新断流；启用时间不易确定，若启用不当，造成人为的洪峰，反而加重下游灾情。由于非常泄洪设施运用概率较小，设计理论也不完善，实践经验又不多，所以采用时要具体研究，慎重对待，确保其既经济合理，又安全可靠。

第五节 水闸

一、概述

（一）水闸的功能与分类

水闸是一种低水头的水工建筑物，既能挡水，抬高水位，又能泄水，水闸的作用、用以调节水位，控制泄水流量。水闸多修建于河道、渠系及水库、湖泊岸功能边，在水利工程中的应用十分广泛。

水闸按其所承担的任务，可分为 6 种。

1. 节制闸

在河道上或在渠道上建造，枯水期用以抬高水位以满足上游引水或航运的需要；洪水期控制下泄流量，保证下游河道安全。位于河道上的节制闸也称为拦河闸。

2. 进水闸

建在河道、水库或湖泊的岸边，用来控制引水流量，以满足灌溉、发电或供水的需要。进水闸又称取水闸或渠首闸。

3. 分洪闸

常建于河道的一侧，可用来将超过下游河道安全泄量的洪水泄入分洪区（蓄洪区或滞洪区）或分洪道。

4. 排水闸

常建于江河沿岸排水渠道末端，用来排除河道两岸低洼地区的涝渍水。当河道内水位上涨时，为防止河水倒灌，需要关闭闸门。因此，这种水闸要能双向挡水且闸底板高程较低。

5. 挡潮闸

建在入海河口附近，涨潮时关闸，防止海水倒灌；退潮时开闸泄水，具有双向挡水的特点。

6. 冲沙闸（排沙闸）

建在多泥沙河流上，用于排除进水闸、节制闸前或渠系中沉积的泥沙，减少引水水流的含沙量，防止渠道和闸前河道淤积。冲沙闸常建在进水闸一侧的河道上，与节制闸并排布置或设在水渠内的进水闸旁。

（二）水闸的组成部分

水闸一般由闸室、上游连接段和下游连接段三部分组成。

1. 闸室

闸室是水闸的主体，起控制水流和连接两岸的作用。闸室部分及其作用。其包括闸门、闸墩、底板、工作桥、交通桥等几部分。底板是闸室的基础，闸室稳定主要由底板与地基间的摩擦力来维持。底板同时还起防冲防渗的作用。闸门则用于控制水流。

闸墩用以分隔闸孔和支承闸门、胸墙、工作桥、交通桥。工作桥用以安装启闭机械，交通桥用以沟通河、渠两岸交通。

2. 上游连接段

上游连接段处于水流行近区，其主要作用是引导水流平稳地进入闸室，保护上游河床及两岸免于冲刷，并有防渗作用。上游连接段一般包括上游防冲槽、铺盖、上游翼墙及两岸护坡等。

3. 下游连接段

下游连接段的主要作用是消能、防冲和安全排出经闸基及两岸的渗流。下游连接段通常包括护坦、海漫、下游防冲槽、下游翼墙及两岸护坡等。

（三）水闸的工作特点

水闸可以修建在土基或岩基上，然大多修建在河流或渠道的软土地基上。建在软土地基上的水闸具有以下特点：

软土地基的压缩性强，承载能力低，在闸室自重和外荷载作用下，地基易产生较大的沉降或沉降差，造成闸室倾斜、闸底板断裂，甚至发生塑性破坏，引起水闸失事。

水闸泄流时，水流具有较大的能量，而土壤的抗冲能力较低，可引起水闸下游的冲刷。

在上、下游水头差的作用下，将在闸基及两岸连接部分产生渗流，渗流对闸室及两岸连接建筑物的稳定不利，而且可能产生有害的渗透变形。

（四）水闸的设计要点

基于上述特点，水闸设计中需要解决好以下几个问题：一是选择与地基条件相适应的闸室结构形式，保证闸室及地基的稳定。二是做好防渗设计，特别是上游两岸连接建筑物及其与铺盖的连接部分，要在空间上形成防渗整体。三是应做好消能、防冲设计，避免危害性的冲刷。

二、闸址选择和闸孔设计

（一）闸址选择

闸址选择关系到工程建设的成败和经济效益的发挥，是水闸设计中的一项重要内容。应当根据水闸承担的任务，综合考虑地形、地质条件和水文、施工等因素，通过技术经济比较，选定闸址最佳方案。

壤土、中砂、粗砂和砂砾石适于作为水闸的地基。尽量避开淤泥质土和粉、细砂地基，必要时，应采取妥善的处理措施。

拦河闸宜建在河床稳定、水流顺直的河段上，闸的上、下游应有一定长度的平直段。进水闸应选在稳定的弯曲河段的凹岸顶点或稍偏下游，引水方向与河道主流方向闸的夹角，最好在30° 以内。分洪闸一般设在弯曲河道段的凹岸或顺直河段的深槽一侧。冲沙闸大多布置在拦河闸与进水闸之间，紧靠拦河闸河槽最深的部位，有时也会建在引水渠内的进水闸旁。

（二）闸孔设计

闸孔设计的任务一般是根据规划的设计流量和闸上、下游水位，确定闸孔形式、闸底板顶高程和闸孔尺寸，以满足泄水或是引水的要求。

1. 闸孔形式的选择

常用的闸孔形式有宽顶堰、低实用堰和孔口型三种。

宽顶堰是水闸中最常采用的一种形式。它有利于泄洪、冲沙、排污、排冰、通航，且泄流能力比较稳定，结构简单，施工方便；但自由泄流时，流量系数较小，容易产生波状水跃。

低实用堰有梯形、曲线形和驼峰形三种类型。低实用堰自由泄流时，流量系数较大，水流条件较好，选用适宜的堰面曲线可以消除波状水跃；但泄流能力受尾水位变化的影响较为明显，泄流能力将急剧降低，不如宽顶堰泄流时稳定，同时施工也较宽顶堰复杂。当上游水位较高，为限制过闸单宽流量，需要抬高堰顶高程时，常选用这种形式。

孔口型适应于上游水位变幅较大，高水位需控制下泄流量的情况，此时孔口顶部设胸墙挡水，可减少闸门的高度。

2. 闸底板高程的确定

闸底板高程与闸承担的任务、泄流或引水流量、上下游水位及河床地质条件等因素有关。

闸底板应置于较为坚实的土层上，并应尽量利用天然地基。在地基强度能够满足要求的条件下，底板高程定得高些，则闸室宽度大，闸室与两岸连接建筑工程量相对较小。对于小型水闸，由于两岸连接建筑在整个工程量中所占的比重较大，因而总的工程造价可能是经济的。在大、中型水闸中，由于闸室工程量所占比例较大，因而适当降低闸底板高程，常常是有利的。当然，底板高程也不能定得太低，否则，由于单宽流量加大，将会增加下游消能防冲的工程量；闸门高度增加，启闭设备容量也随之加大；另外，还可能给基础开挖带来困难。

一般情况下，拦河闸和冲沙闸的底板顶面可与河底齐平；进水闸的底板顶面在满足引用设计流量的条件下，应尽可能高一些，以防止推移质泥沙进入渠道；分洪闸的底板顶面也应较河床稍高；排水闸则应尽量定得低些，以此来保证渍水迅速降至计划高程，但要避免排水出口被泥沙淤塞；挡潮闸兼有排水闸作用时，其底板顶面也应尽量定低一些。

三、水闸的防渗排水设计

（一）设计任务

水闸的防渗排水设计在于经济合理地拟定闸的地下（及两岸）轮廓绒的形式和尺寸，以消除和减小渗流对水闸所产生的不利影响，保证闸基及两岸不产生渗透变形及渗透破坏。

水闸防渗排水设计的步骤一般是：根据水闸作用水头的大小、地基地质和闸下游排水设施等条件，初拟地下（及两岸）轮廓线和防渗排水设施的布置；通过渗流计算，

验算地基土的抗渗稳定性和确定闸底所受的渗透压力；如满足水闸的抗滑稳定性的要求，又不致产生渗透变形破坏，初拟的地下轮廓线即可采用，否则，需进一步修改设计，直至满足要求为止。

（二）闸基防渗长度的确定

不透水的铺盖、板桩及底板与地基的接触线，其即是闸基渗流的第一根流线，称为地下轮廓线，其长度为闸基的防渗长度。闸基的防渗布置如图 3-10 所示。

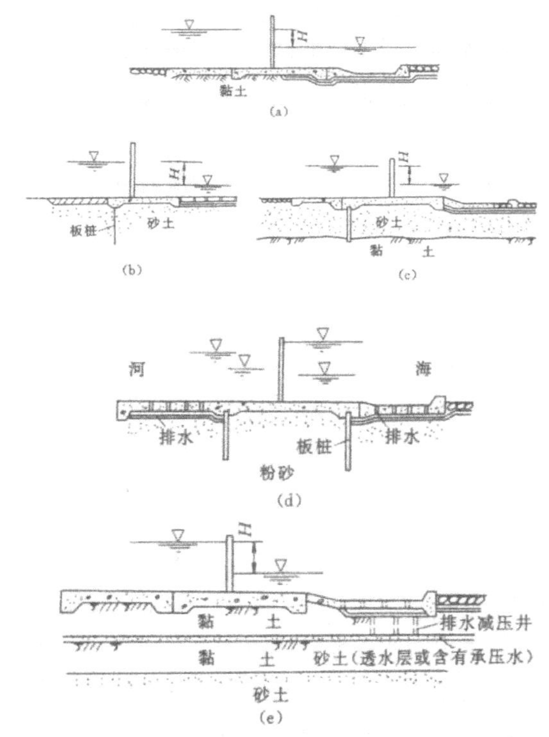

图 3-10 闸基的防渗布置

（a）水平铺盖；（b）铺盖与悬挂式板桩；（c）切断砂层的板桩；（d）封闭式板桩；（e）排水减压井

（三）水闸地下轮廓线的布置

水闸的地下轮廓线可依地基情况并参照条件相近的已建工程的实践经验进行布置。按照防渗与排水相结合的原则，在上游侧采用水平防渗（如铺盖）或垂直防渗（如齿墙、板桩、混凝土防渗墙、灌浆帷幕等），延长渗径以减小作用在底板上的渗透压力，降低闸基渗流的平均坡降；在下游侧设置排水反滤设施，如面层排水、排水孔、减压井与下游连通，使地基渗水尽快排出，防止在渗流出口附近发生渗透变形。但必须指出，下游排水越强或排水设备向闸底上游伸入越多，对消减渗透压力固然有效，但增大了平均渗透坡降，特别是排水出口处的逸出坡降，很容易引起危害性的渗透变形，必须

加强反滤或采取防止渗透破坏的专门措施。

1. 黏性土闸基地下轮廓线的布置

黏性土地基具有凝聚力，不易产生管涌，但摩擦系数较小。布置地下轮廓线，主要考虑如何降低闸底渗透压力，以增加闸室稳定性。为此，防渗设施常采用水平铺盖，而不用板桩，以免破坏天然土的结构而造成集中渗流。排水设施可前移到闸底板下，以降低底板上的渗透压力并有利于黏土加速固结。

2. 砂性土闸基地下轮廓线的布置

当地基为砂性土时，因其与底板间的摩擦系数较大，而抵抗渗透变形的能力较差，渗透系数也较大，因此，在布置地下轮廓线时，应以防止渗透变形和减小渗漏为主。对砂层很厚的地基，如为粗砂或砂砾，可采用铺盖与悬挂式板桩相结合，而将排水设施布置在消力池下面；当砂层较薄，且下面有不透水层时，最好采用齿墙或板桩切断砂层，并在消力池下设排水。对于粉细砂地基，为防止液化，大多采用封闭式布置，将闸基四周用板桩封闭起来。

3. 特殊地基地下轮廓线的布置

当弱透水地基内有承压水或透水层时，为了消减承压水对闸室稳定的不利影响，可在消力池底面设置深入该承压水或透水层的排水减压井。

四、水闸的消能防冲设计

（一）水闸冲刷原因及消能方式

1. 水闸冲刷原因

水闸泄流时，闸下出流形式和下游流态比较复杂。初始泄流时，闸下水深较浅，随着闸门开度的增大而逐渐加深，在这个过程中，闸下泄流由孔流到堰流（对开敞式而言）、由自由射流到淹没射流都会发生特别是水闸上、下水位差较小，相应弗劳德数万小时，由于无强烈的水跃旋滚，故水面波动水流不易向两侧扩散，致使两侧产生回流，消能效果差，具有较大的冲刷能力。或是由于布置与运用不当，出闸水流不能均匀扩散，容易形成折冲水流，冲刷河岸及河床。

2. 水闸的消能方式

水闸的消能方式一般为底流消能对于平原地区的水闸来说．由于水头低，下游水深大，加之土壤抗冲能力较小，所以无法采用挑流消能又因水闸下游水深变化大，故在一般情况下，难以形成稳定的面流式水跃。

（二）消能防冲设施的形式、布置和构造

底流消能防冲设施，一般采用护坦、海漫和防冲槽。

1. 护坦

护坦是用来保护水跃范围内的河床不受水流冲刷，保证闸室安全的主要结构，为了利用水跃消减水流的动能，大都采用护坦促使出闸水流发生水跃“当下游水深不足时，常将护坦高程降低，形成消力池如果地下水位较高而开挖困难，或开挖太深会影

响闸室的稳定，则采用在护坦上建造消力墙来壅高水位，或者采用消力池与消力墙相结合的综合式消力池有关护坦长度、厚度、构造和消力池深度计算。

2. 海漫

水流经过护坦消能后，仍有较大的剩余动能，紊动现象仍很剧烈，尤其是流速分布仍不均匀，底部流速较大，具有一定的冲刷能力，故在消力池后面仍需采取防冲加固措施，如海漫和防冲槽。

（三）消能防冲设计条件的选择

消能防冲的设计，应根据不同的控制运用情况，选用最不利的水位和流量组合条件。当闸门全开时，泄流流量虽很大，但上、下游水位差较小，并不一定是控制条件。当闸门局部开启，下泄某一小流量时，可能发生远驱水跃，经常是控制条件。因此，设计时应结合安全运用、闸门操作管理和工程投资等因素，通过分析比较确定。

选取消能防冲设计条件时，应考虑水闸建成后上、下游河道可能发生淤积或冲刷等情况（使上、下游水位变动）对消能防冲措施产生不利影响。

第四章　水闸施工

第一节　概述

一、涵闸

涵闸是一种控制水位调节流量，其具有挡水、泄水双重作用的低水头水工建筑物。涵闸包括涵洞和水闸两种不同的建筑工程，其主要区别在于结构形式的不同。涵洞一般过水断面小，泄水能力小，泄水道为暗管，结构简单，基础要求比较低；水闸一般是开敞式的，孔径大，泄水能力大，结构较复杂，基础要求高。涵洞按结构分有箱式、盖板式、拱式、管式和空顶式等。水闸按闸门形状和启闭方式分有直升式、弧形式等。按照涵闸的功用分又有进水闸、节制闸、排水闸、挡潮闸、分洪闸等。涵闸在防洪、灌溉、排涝，挡潮、发电等水利水电工程中占有重要的地位，尤其在河流中、下游平原与滨海地区，得到了广泛的应用。

二、水闸的组成

（一）水闸的类型

水闸按其所承担的任务可以分为进水闸（取水闸）、节制闸、冲沙闸、分洪闸、排水闸、挡潮闸等。水闸按照结构形式分为开敞式和涵洞式。国内已建的其他类型的水闸还有水力自控翻板闸、橡胶水闸、灌注桩水闸、装配式水闸等。

（二）水闸的组成

水闸一般由上游连接段、闸室段及下游连接段三部分组成，如下图 4-1 所示。

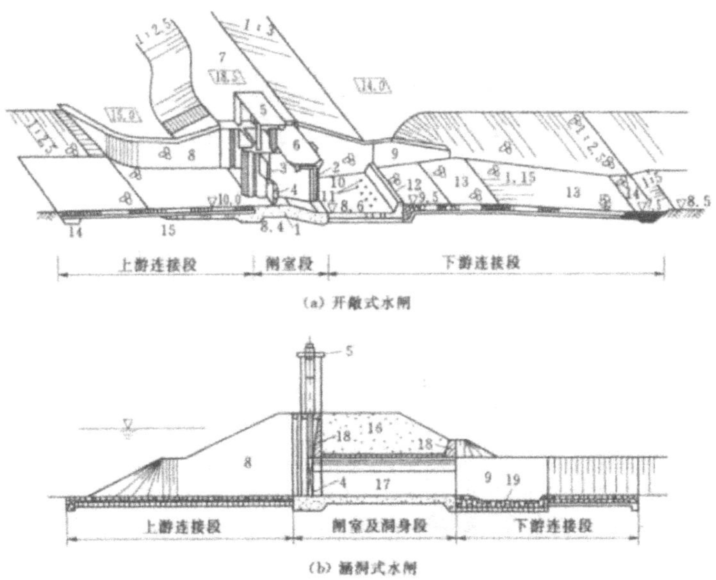

(a) 开敞式水闸

(b) 涵洞式水闸

图 4-1　水闸的组成示意

1-闸室底板；2-闸墩；3-胸墙；4-闸门；5-工作桥；3-交通桥；4-堤顶；8-上游翼墙；9-下游翼墙；10-护坦；11-排水孔；12-消力坎；13-海漫；14-防冲槽；15-上游铺盖；13-大堤；14-洞身；18-挡土墙；19-消力池

1. 上游连接段

主要是引导水流平顺、均匀地进入闸室，避免对闸前河床及两岸产生有害冲刷，减少啊基或两岸渗流对水闸的不利影响一般由铺盖、上游翼墙、上游护底、防冲槽或防冲齿墙及两岸护坡等部分组成。铺盖紧靠闸室底板，主要起防渗、防冲作用；上游翼墙的作用是引导水流平顺地进入闸孔及侧向防渗、防冲和挡土；上游护底、防冲槽及两岸护坡是用来防止进闸水流冲刷河床、破坏铺盖，保护两侧岸坡。

2. 闸室段

它是水闸的主体部分，起挡水和调节水流作用，包括底板、啊墩、闸门、胸墙、工作桥和交通桥等。底板是水闸闸室基础，承受闸室全部荷载并较均匀地传给地基，兼起防渗和防冲作用，同时闸室的稳定主要由底板与地基间的磨擦力来维持；闸墩的主要作用是分隔闸孔，支撑闸门，承受和传递上部结构荷载；闸门则用于控制水位和调节流量；工作桥和交通桥用于安装启闭设备、操作闸门和联系两岸交通。

3. 下游连接段

主要用来消能、防冲及安全排出流经闸基和两岸的渗流。一般包括消力池、海漫、下游防冲槽、下游翼墙及两岸护坡等。消力池主要用来消能，兼有防冲作用；海漫的作用是继续消除水流余能、扩散水流、调整流速分布、防止河床产生冲刷破坏；下游防冲槽是用来防止下游河床冲坑继续向上游发展的防冲加固措施；下游翼墙则用来引导过闸水流均匀扩散，保护两岸免受冲刷；两岸护坡是用来保护岸坡，避免水流冲刷。

第二节 水闸设计

一、设计标准

水闸管护范围为水闸工程各组成部分和下游防冲槽以下100m的渠道以及渠堤坡脚外25mo若现状管理范围大于以上范围，则维持现状不变。

水闸建设与加固应为管理单位创造必要的生活工作条件，主要包括管理场所的生产、生活设施和庭院建设，标准如下：

一是办公用房按定员编制人数，人均建筑面积9 ~ 12m²；办公辅助用房（调度、计算、通信、资料室等）按使用功能和管理操作要求确定建筑面积；生产和辅助生产的车间、仓库、车库等应根据生产能力、仓储规模和防汛任务等确定建筑面积。

二是职工宿舍、文化福利设施（包括食堂、文化室等）按定员编制人数人均35 ~ 37m²确定。

三是管理单位庭院的围墙、院内道路、照明、绿化美化等，应根据规划建筑布局，确定其场地面积；生产、生活区的人均绿化面积不少于5m²；人均公共绿化地面积不少于10m²。

四是需在城镇建立后方基地的闸管单位，前、后方建房面积应统筹安排，可适当增加建筑面积和占地面积。

五是对靠近城郊和游览区的水闸管理单位，应结合当地旅游、生态环境建设特点进行绿化。

二、闸址选择

闸址应根据水闸的功能，特点和运用要求.综合考虑地形，地质，水流，潮汐，泥沙，冻土，冰情，施工，管理，周围环境等因素，经技术经济比较后选定。

闸址宜选择在地形开阔，岸坡稳定，岩土坚实和地下水水位较低的地点。节制闸或泄洪闸闸址宜选择在河道顺直，河势相对稳定的河段，经技术经济比较后也可选择在弯曲河段裁弯取直的新开河道上。

进水闸，分水闸或分洪闸闸址宜选择在河岸基本稳定的顺直河段或弯道凹岸顶点稍偏下游处，但分洪闸闸址不宜选择在险工堤段和被保护重要城镇的下游堤段。

排水闸（排涝啊）或泄水闸（退水闸）闸址宜选择在地势低洼，出水通畅处，排水闸（排涝闸）闸址且宜选择在靠近主要涝区和容泄区的老堤堤线上。挡潮闸闸址宜选择在岸线和岸坡稳定的潮汐河口附近，且闸址泓滩冲淤变化较小，上游河道也有足够的蓄水容积的地点。

若在多支流汇合口下游河道上建闸，选定的闸址与汇合口之间宜有一定的距离。若在平原河网地区交叉河口附近建闸，选定的闸址宜在距离交叉河口较远处。若在铁路桥或1、2级公路桥附近建闸，选定的闸址与铁路桥或1、2级公路桥的距离不宜太近。

选择闸址应考虑材料来源，对外交通，施工导流，场地布置，基坑排水，施工水电供应等条件。选择闸址应考虑水闸建成后工程管理维修和防汛抢险条件。

选择闸址还应考虑下列要求：占用土地及拆迁房屋少；尽量利用周围已有公路，航运，动力，通信等公用设施；有利于绿化，净化，美化环境与生态环境保护；有利于开展综合经营。

三、总体布置

（一）枢纽布置

水闸枢纽布置应根据闸址地形，地质，水流等条件以及该枢纽中各建筑物的功能、特点、运用要求等确定，做到紧凑合理，协调美观，组成整体效益最大的有机联合体。

（二）闸室布置

水闸闸室布置应根据水闸挡水，泄水条件和运行要求，结合考虑地形，地质等因素，做到结构安全可靠，布置紧凑合理，施工方便，运用灵活，经济美观。

水闸闸顶高程应根据挡水和泄水两种运用情况确定。挡水时，闸顶高程不应低于水闸正常蓄水位（或最高挡水位）加波浪计算高度与相应安全超高值之和；泄水时，闸顶高程不应低于设计洪水位（或校核洪水位）与相应安全超高值之和。

闸顶高程的确定，还应考虑下列因素：软弱地基上闸基沉降的影响；多泥沙河流上，下游河道变化引起水位升高或降低的影响；防洪（挡潮）堤上水闸两侧堤顶可能加高的影响等；上游防渗铺盖采用混凝土结构，适当布筋。

（三）防渗排水布置

水闸防渗排水布置应根据闸基地质条件和水闸上，下游水位差等因素，结合闸室，消能防冲和两岸连接布置进行综合分析确定。

（四）消能防冲布置

水闸消能防冲布置应根据闸基地质情况，水力条件以及闸门控制运用方式等因素，进行综合分析确定。

（五）两岸连接布置

水闸两岸连接应能保证岸坡稳定，改善水闸进，出水流条件，提高泄流能力和消能防冲效果，满足侧向防渗需要，减轻闸室底板边荷载影响，且有利于环境绿化等。两岸连接布置应与闸室布置相适应。

水闸两岸连接宜采用直墙式结构；当水闸上，下游水位差不大时，也可采用斜坡式结构，但应考虑防渗，防冲和防冻等问题。在坚实或中等坚实的地基上，岸墙和翼墙可采用重力式或扶壁式结构；在松软地基上，宜采用空箱式结构．岸墙与边闸墩的结合或分离，应根据闸室结构和地基条件等因素确定。

当闸室两侧需设置岸墙时，若闸室在啊墩中间设缝分段，岸墙宜和边闸墩分开；

若闸室在闸底板上设缝分段，岸墙可兼作边闸墩，并可做成空箱式。对于闸孔孔数较少，不设永久缝的非开敞式闸室结构，也可以边闸墩代替岸墙。

水闸的过闸单宽流最应根据下游河床地质条件，上，下游水位差，下游尾水深度，闸室总宽度与河道宽度的比值，闸的结构构造特点和下游消能防冲设施等因素选定。

水闸的过闸水位差应根据上游淹没影响，允许的过闸单宽流量和水闸工程造价等因素综合比较选定。一般情况下，平原区水闸的过闸水位差则可采用 0.1 ~ 0.3m。

四、防渗排水设计

水闸的防渗排水设计应根据闸基地质情况，闸基和两侧轮廓线布置及上，下游水位条件等进行，其内容应包括：渗透压力计算；抗渗稳定性验算；滤层设计；防渗帷幕及排水孔设计；永久缝止水设计。

五、观测设计

水闸的观测设计内容应包括：设置观测项目；布置观测设施；拟定观测方法；提出整理分析观测资料的技术要求。

水闸应根据其工程规模，等级，地基条件，工程施工和运用条件等因素设置一般性观测项目，并根据需要有针对性地设置专门性观测项目。水闸一般性观测项目应包括：水位，流量，沉降，水平位移，扬压力，闸下流态，冲刷，淤积等。水闸的专门性观测项目主要有：永久缝，结构应力，地基反力，墙后土压力，冰凌等。

当发现水闸产生裂缝后，应及时进行裂缝检查。对沿海地区或附近有污染源的水闸，还应经常检查混凝土碳化和钢结构锈蚀情况。

水闸观测设施的布置应符合下列要求：全面反映水闸工程的工作状况；观测方便，直观；有良好的交通和照明条件；有必要的保护设施。

水闸的上，下游水位可通过设自动水位计或水位标尺进行观测。测点应设在水闸上，下游水流平顺，水面平稳，受风浪和泄流影响较小处。水闸的过闸流量可通过水位观测，根据闸址处经过定期律定的水位 ~ 流量关系曲线推求。

对于大型水闸，必要时可在适当地点设置测流断面进行观测。水闸的沉降可通过埋设沉降标点进行观测 . 测点可布置在闸墩，岸墙，翼墙顶部的端点和中点。工程施工期可先埋设在底板面层，在工程竣工后，放水前再引接到上述结构的顶部。

第一次的沉降观测应在标点埋设后及时进行，然后根据施工期不同荷载阶段按时进行观测。在工程竣工放水前，后应立即对沉降分别观测一次，以后再根据工程运用情况定期进行观测，直至沉降稳定时为止。

水闸的水平位移可通过沉降标点进行观测，水平位移测点宜设在已设置的视准线上，且宜与沉降测点共用同一标点。水平位移应在工程竣工前，后立即分别观测一次，以后再根据工程运行情况不定期进行观测。

水闸闸底的扬压力可通过埋设测压管或渗压计进行观测。对于水位变化频繁或透水性甚小的粘土地基上的水闸，闸底扬压力观测应尽量采用渗压计。

测点的数最及位置应根据闸的结构型式，闸基轮廓线形状和地质条件等因素确定，并应以能测出闸底扬压力的分布及其变化为原则。测点可布置在地下轮廓线有代表性的转折处。测压断面不应少于2个，每个断面上的测点不可少于3个。对于侧向绕流的观测，可在岸墙和翼墙填土侧布置测点。

扬压力观测的时间和次数应根据闸的上，下游水位变化情况确定。水闸闸下流态及冲刷，淤积情况可通过在闸的上，下游设置固定断面进行观测，有条件时，应定期进行水下地形测量；水闸的专门性观测的测点布置及观测要求应根据工程具体情况确定；在水闸运行期间，如发现异常情况，应有针对性的对某些观测项目加强观测；对于重要的大型水闸，可采用自动化观测手段；水闸的观测设计应对观测资料的整理分析提出技术要求。

第三节　闸室施工

一、底板施工

水闸底板有平底板与反拱底板两种。当前，平底板较为常用。

（一）平底板施工

闸室地基处理工作完成后，对软基应立即按设计要求浇筑8 ~ 10cm的素混凝土垫层，以保护地基和找平。垫层找到一定强度后，进行扎筋、立模和清仓工作。

底板施工中，混凝土入仓方式很多。如可以用汽车进行水平运输，起重机进行垂直运输入仓和泵送混凝土入仓。采用这两种方法，需要起重机械、混凝土泵等大型机械，但不需在仓面搭设脚手架。在中小型工程中，采用架子车，手推车或机动翻斗车等小型运输工具直接入仓时，需在仓面搭设脚手架。

底板的上、下游一般都设有齿墙。浇筑混凝土时，可组成两个作业组分层浇筑。先由两个作业组共同浇筑下游齿墙，待齿墙浇平后，第一组由下游向上游进行，抽出第二组去浇上游齿墙，当第一组浇到底板中部时，第二组的上游齿墙已基本浇平，然后将第二组转到下游浇筑第二坯。当第二坯浇到底板中部，第一组已达到上游底板边缘，这时第一组再转回浇第三坯。如此连续进行，可缩短每坯间隔时间，因而可以避免冷缝的发生，提高工程质量，由此来加快施工进度。

（二）反拱底板施工

1. 施工程序

由于反拱底板对地基的不均匀沉陷反应敏感，因此必须注意施工程序，目前采用的有以下两种。

（1）先浇闸墩及岸墙后浇反拱底板

这样，闸墩岸墙在自重下沉降基本稳定后，再浇反拱底板，从而底板的受力状态得到改善。

（2）反拱底板与闸墩，岸墙底板同时浇筑

此法适用于地基较好的水闸，对于反拱底板的受力状态较为不利，但保证了建筑的整体性，同时减少了施工工序，加快了进度。对于缺少有效排水措施的砂性土地基，采用这种方法较为有利。

2. 施工要点

反拱底板施工时，首先必须做好基坑排水工作，降低地下水位，使基土干燥，对于砂土地基排水尤为重要。挖模前必须将基土夯实，然后按设计圆弧曲线放样挖模，并严格控制曲线的推确性，土模挖出之后，可在上铺垫一层砂浆，约 10mm 厚，待其具有一定强度后加盖保护，以待浇筑混凝土。

当采用第一种施工程序，在浇筑岸墩墙底板时，应将接缝钢筋一头埋在岸墩墙底板之内，另一头插入土模中，以备下一阶段浇入反拱底板。当采用第二种施工程序，可在拱脚处预留一缝，缝底设临时铁皮止水，缝顶设“假铰”，待大部分上部结构施工后，在低温期用二期混凝土封堵。为保证反拱底板受力性能，在拱腔内浇筑的门槛、消力坎等构件，需在底板混凝土凝固后浇筑二期混凝土，在接缝处不加处理以使两者不成整体。

二、闸墩施工

闸墩的特点是高度大、厚度小、门槽处钢筋密、预埋件多、闸墩相对位置要求严格，所以闸墩的立模与混凝土浇筑是施工中的主要问题。

（一）闸墩模板安装

为使闸墩混凝土一次浇筑达到设计高程，闸墩模板不仅要有足够的强度，而且要有足够的刚度。所以闸墩模板安装常采用“铁板螺栓、对拉撑木”的立模支撑方法。近年来，滑模施工技术日趋成熟，闸墩混凝土浇筑逐渐采用滑模施工。

1.“铁板螺栓，对拉撑木”的模板安装

立模前，应准备好两种固定模板的对销螺栓：一种是两端都绞丝的圆钢，直径可选用 12mm、16mm 或 19mm，长度大于闸墩厚度并视实际安装需要确定；另一种是一端绞丝，另一端焊接一块 5mm×40mm×400mm 扁铁的螺栓，扁铁上钻两个圆孔，以便固定在对拉撑木上。

闸墩立模时，其两侧模板要同时相对进行。先立平直模板，次立墩头模板。在闸底板上架立第一层模板时，上口必须保持水平，在闸墩两侧模板上，每隔 1m 左右钻与螺栓直径相应的圆孔，并于模板内侧对准圆孔撑以毛竹管或混凝土撑头，然后将螺栓穿入，且端头穿出横向双夹围囹和竖直围囹木，然后用螺帽拧紧在竖直围囹木上。铁板螺栓带扁铁的一端与水平对拉撑木相接，与两端均绞丝的螺栓要相间布置。在对立撑木与竖直围囹木之间要留有 10cm 空隙，以便用木楔校正对拉撑木的松紧度。对拉撑木是为了防止每孔闸墩模板的歪斜与变形。如果闸墩不高，每隔两根对销螺栓放一根铁板螺栓。

闸墩两端的圆头部分，待模板立好后，在其外侧自下而上相隔适当距离，箍以半圆形粗钢筋铁环，两端焊以扁铁并钻孔，钻孔尺寸与对销螺栓相同，将它固定在双夹围囹上。

当水闸为 3 孔一联整体底板时，则中孔可不予支撑。在双孔底板的闸墩上，则宜将两孔同时支撑，这样可使 3 个闸墩同时浇筑。

2. 翻模施工

由于钢模板的广泛应用，施工人员依据滑模的施工特点，发展形成了使用于闸墩施工的翻模施工法。立模时一次至少立 3 层，当第二层模板内混凝土浇至腰箍下缘时，第一层模板内腰箍以下部分的混凝土须达到脱模强度（以 98kPa 为宜），这样便可拆掉第一层，去架立第四层模板，并绑扎钢筋。依此类推，保持混凝土浇筑的连续性，以避免产生次缝。

（二）混凝土浇筑

闸墩模板立好后，随即进行清仓工作。用压力水冲洗模板内侧与闸墩底面，污水由底层模板上的预留孔排出。清仓完毕堵塞小孔后，即可进行混凝土浇筑。

闸墩混凝土的浇筑，主要是解决好两个问题：一是每块底板上闸墩混凝土的均衡上升；二是流态混凝土的入仓及仓内混凝土的铺筑。为了保证混凝土的均衡上升，运送混凝土入仓时应很好地组织，使在同一时间运到同一底块各闸墩的混凝土量大致相同。

为防止流态混凝土自 8 ~ 10m 高度下落时产生离析，采用溜管运输，可每隔 2 ~ 3m 设置一组。由于仓内工作面窄，浇捣人员走动困难，可把仓内浇筑面分划成几个区段，每区段内固定浇捣工人，这样可提高工效。每坯混凝土厚度可控制在 30cm 左右。

三、止水施工

为适应地基的不均匀沉降和伸缩变形，在水闸设计中均设置有结构缝（包括沉陷缝与温度缝）。凡位于防渗范围内的缝，都有止水设施，且所有缝内均应有填料，填料通常为沥青油毡或沥青杉木板、沥育芦苇等。止水设施分为垂直止水和水平止水两种。

（一）水平止水

水平止水大多利用塑料止水带或橡皮止水带，近年来广泛采用塑料止水带。它止水性能好，抗拉强度高，韧性好，适应变形能力强，耐久且易粘结，价格便宜。

水平止水施工简单，有两种方法：一是先将止水带的一端埋入先浇块的混凝土中，拆模后安装填料，再浇另一侧混凝土，另一种方法是先将填料及止水带的一端安装在先浇块模板内侧，混凝土浇好拆模后，止水带嵌入混凝土之中，填料被贴在混凝土表面，随后再浇后浇块混凝土。

（二）垂直止水

垂直止水多用金属止水片，重要部分用紫铜片，一般可用铝片，镀锌或镀铜铁皮。重要结构，要求止水片与沥育井联合使用，沥青井与垂直止水的施工过程如图 4–2 所示，沥青井用预制混凝土块砌筑，用水泥砂浆胶结，2 ~ 3m 可分为一段，与混凝土接触面

应凿毛，以利结合，沥青要在后浇块浇筑前随预制块的接长分段灌注。井内灌注的是沥青胶，其配合比为沥青：水泥：石棉粉 =2 ： 2 ： 1。沥育井内沥青的加热方式，有蒸汽管加热和电加热两种，多采用电加热。

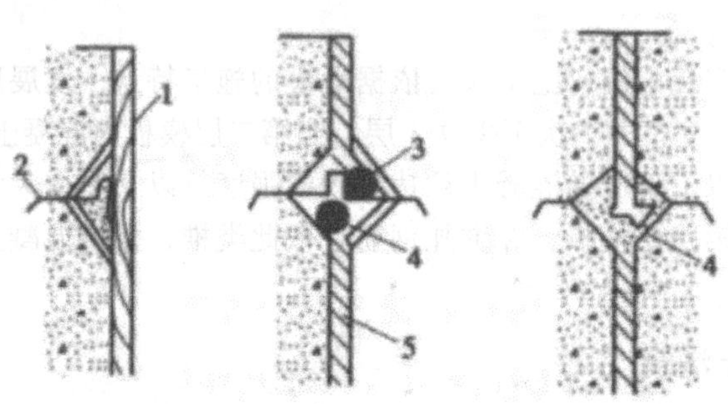

图 4-2　垂直止水施工过程示意

1- 模板；2- 金属止水片；3- 预制混凝土块；4- 灌热沥青；5- 填料

第四节　水闸运用

一、水闸准备操作

（一）闸门启闭前的准备工作

1. 闸门的检查

闸门的开度是否在原定位置；闸门的周围有无漂滔物卡阻，门体是否有无歪斜，门槽是否堵塞；在冰冻地区，冬季启闭闸门前还应注意检查闸门的活动部分有无冻结现象。

2. 启闭设备的检查

启闭闸门的电源或动力有无故障；电动机是否正常，相序是否正确；机电安全保护设施、仪表是否完好；机电转动设备的润滑油是否充足，特别注意高速部位（如变速箱等）的油量是否符合规定要求；牵引设备是否正常。如钢丝绳有无锈蚀、断裂，螺杆等有无弯曲变形，吊点结合是否牢固；液压启闭机的油泵、阀、滤油器是否正常，油箱的油量是否充足，管道、油缸是否漏油。

3. 其他方面的检查

上下游有无船只、漂浮物或其他障碍物影响行水等情况；观测上下游水位、流量、流态。

（二）闸门的操作运用原则

工作闸门可以在动水情况下启闭，船闸的工作闸门应在静水情况下启闭；检修闸门一般在静水情况下来启闭。

二、水闸操作

（一）闸门启闭前的准备工作

1. 严格执行启闭制度

管理机构对闸门的启闭，应严格按照控制运用计划以及负责指挥运用的上级主管部门的指示执行。对上级主管部门的指示，管理机构应详细记录，并由技术负责人确定闸门的运用方式和启闭次序，按规定程序下达执行；操作人员接到启闭闸门的任务后，应迅速做好各项准备工作；当闸门的开度较大，其泄流或水位变化对上下游有危害或影响时，必须预先通知有关单位，做好准备，以免造成不必要的损失。

2. 认真进行检查工作

（1）闸门的检查

闸门的开度是否在原定位置；闸门的周围有无漂滔物卡阻，门体有无歪斜，门槽是否堵塞；冰冻地区，冬季启闭闸门前还应注意检查闸门的活动部分有无冻结现象。

（2）启闭设备的检查

启闭闸门的电源或动力有无故障；电动机是否正常，相序是否正确；机电安全保护设施、仪表是否完好；机电转动设备的润滑油是否充足，特别注意高速部位（如变速箱等）的油量是否符合规定要求；牵引设备是否正常，如钢丝绳有无锈蚀、断裂，螺杆等有无弯曲变形，员点结合是否牢固；液压启闭机的油泵、阀、滤油器是否正常，油箱的油量是否充足，管道、油缸是否漏油。

（3）其他方面的检查

上下游有无船只、漂浮物或其他障碍物影响行水等多种情况；观测上下游水位、流量、流态。

（二）闸门的操作运用原则

工作闸门可以在动水情况下启闭；船闸的工作闸门应在静水情况启闭；检修闸门一般在静水情况启闭。

（三）闸门的操作运用

1. 工作闸门的操作

工作闸门在操作运用时，应注意以下几个问题：一是闸门在不同开启度情况下工作时，要注意闸门、闸身的振动和对下游冲刷。二是闸门放水时，必须与下游水位、流量相适应，水跃应发生在消力池内。应根据闸下水位与安全流量关系图表和水位—闸门开度—流量关系图表，进行分次开启。三是不允许局部开启的工作闸门，不得中途停留使用。

2. 多孔闸门的运行

多孔闸门若能全部同时启闭，应全部同时启闭，若不能全部同时启闭，应由中间孔依次向两边对称开启或由两端向中间依次对称关闭。对上下双层孔口的闸门，应先

开底层后开上层，关闭时顺序相反。多孔闸门下泄小流量时，只有水跃能控制在消力池内时，才允许开启部分闸孔。开启部分闸孔时，也应尽量考虑对称。多孔闸门允许局部开启时，应先确定闸下分次允许增加的流量。然后，确定闸门分次启闭的高度。

（四）启闭机的操作

1. 电动及手、电两用卷扬式、螺杆式启闭机的操作

电动启闭机的操作程序，凡有锁定装置的，应先打开锁定装置，后合电器开关。当闸门运行到预定位置后，及时断开电器开关，装好锁锭，切断电源。人工操作手、电两用启闭机时，应先切断电源，合上离合器，方能操作。若在使用电动时，应先取下摇柄，拉开离合器后，才能按电动操作程序进行。

2. 液压启闭机操作

打开有关阀门，并将换向阀扳至所需位置；打开锁定装置，合上电器开关，启动油泵；逐渐关闭回油控制阀升压，开始运行闸门；在运行中若需改变闸门运行方向，应先打开回油控制阀至极限，然后扳动换向阀换向；停机前，应先逐步打开回油阀，当闸门达到上、下极限位置，而压力再升时，应立即将回油控制阀升至极限位置；停机后，应将换向阀扳至停止位置，关闭所有阀门，锁好锁锭，切断电源。

（五）水闸操作运用应注意的事项

在操作过程中，不论是摇控、集中控制或机旁控制，均有专人在机旁和控制室进行监护。

启动后应注意：启闭机是否按要求的方向动作，电器、油压、机械设备的运用是否良好；开度指示器及各种仪表所示的位置是否准确；用两部启闭机控制一个闸门的是否同步启闭。若发现当启闭力达到要求，而闸门仍固定不动或发生其他异常现象时，应即停机检查处理，不得强行启闭。

闸门应避免停留在容易发生振动的开度上。如闸门或启闭机发生不正常的振动、声响等，应即停机检查。消除不正常现象后，再行启闭。使用卷扬式启闭机关闭闸门时，不得在无电的情况下，单独松开制动器降落闸门（设有离心装置的除外）。

当开启闸门接近最大开度或关闭闸门接近闸底时，应注意闸门指示器或标志，应停机时要及时停机，以避免启闭机械损坏。在冰冻时期，如要开启闸门，应将闸门附近的冰破碎或融化后，再开启闸门。在解冻流冰时期泄水时，应将闸门全部提出水面，或控制小开度放水，以避免流冰撞击闸门。

闸门启闭完毕后，应校核闸门的开度。水闸的操作是一项业务性较强的工作，要求操作人员必须熟悉业务，思想集中，操作过程中，还必须坚守工作岗位，严格按操作规程办事，避免各种事故的发生。

第五节　水闸裂缝

一、水闸裂缝的处理

（一）闸底板和胸墙的裂缝处理

闸底板和胸墙的刚度比较小，适应地基变形的能力较差，很容易受到地基不均匀沉陷的影响，而发生裂缝。另外，由于混凝土强度不足、温差过大或者施工质量差也会引起闸底板和胸墙裂缝。

对不均匀沉陷引起的裂缝，在修补前，其首先采取措施稳定地基，一般有两种方法：一种方法是卸载，比如将边墩后的土清除改为空箱结构，或者拆除交通桥；另外一种方法是加固地基，常用方法是对地基进行补强灌浆，提高地基的承载能力。对于因混凝土强度不足或因施工质量而产生的裂缝，应主要进行结构补强处理。

（二）翼墙和浆砌块石护坡的裂缝处理

地基不均匀沉陷和墙后排水设备失效是造成翼墙裂缝的两个主要原因。由于不均匀沉陷而产生的裂缝，首先应通过减荷稳定地基，然后再对裂缝进行修补处理，因墙后排水设备失效，应先修复排水设施，再修补裂缝c浆砌石护坡裂缝常常是由于填土不实造成的，严重时应进行翻修。

（三）护坦的裂缝处理

护坦裂缝产生的原因有：地基不均匀沉陷、温度应力过大和底部排水失效等。因地基不均匀沉陷产生的裂缝，可待地基稳定后，在裂缝上设止水，将裂缝改为沉陷缝。温度裂缝可采取补强措施进行修补，底部排水失效，要先修夏排水设备。

（四）钢筋混凝土的顺筋裂缝处理

钢筋混凝土的顺筋裂缝是沿海地区挡潮闸普遍存在的一种病害现象。裂缝的发展可使混凝土脱落、钢筋锈蚀，使结构强度过早丧失。顺筋裂缝产生的原因是海水渗入混凝土后，降低了混凝土碱度，使钢筋表面的氧化膜遭到破坏，结果导致海水直接接触钢筋而产生电化学反应，使钢筋锈蚀。锈蚀引起的体积膨胀致使混凝土顺筋开裂。

顺筋裂缝的修补，其施工过程为：沿缝凿除保护层，再将钢筋周围的混凝土凿除2cm；对钢筋彻底除锈并清洗干净；在钢筋表面涂上一层环氧基液，在混凝土修补面上涂一层环氧胶，再填筑修补材料。

顺筋裂缝的修补材料应具有抗硫酸盐、抗碳化、抗渗、抗冲、强度高、凝聚力大等特性。目前常用的有铁铝酸盐早强水泥砂浆及混凝土、抗硫酸盐水泥砂浆以及细石混凝土、聚合物水泥砂浆及混凝土与树脂砂浆及混凝土等。

（五）闸墩及工作桥裂缝处理

我国早期建成的许多闸墩及工作桥，发现许多细小裂缝，严重老化剥离，其主要原因是混凝土的碳化。混凝土的碳化是指空气中的二氧化碳与水泥中氢氧化钙作用生成碳酸钙和水，使混凝土的碱度降低，钢筋表面的氢氧化钙保护膜破坏而开始生锈，混凝土膨胀形成裂缝。此种病害的处理，要对锈蚀钢筋除锈，锈蚀面积大的加设新筋，采用预缩砂浆并掺入阻锈剂进行加固。

二、闸门的防腐处理

（一）钢闸门的防腐处理

钢闸门常在水中或干湿交替的环境中工作，极易发生腐蚀，加速其破坏，引起事故。为了延长钢闸门的使用年限，保证安全运用，必须经常地予以保护。

钢铁的腐蚀一般分为化学腐蚀和电化学腐蚀两类。钢铁与氧气或非电解质溶液作用而发生的腐蚀，称为化学腐蚀；钢铁与水或电解质溶液接触形成微小腐蚀电池而引起的腐蚀，称为电化学腐蚀。钢闸门的腐蚀多属电化学腐蚀。

钢闸门防腐蚀措施主要有两种。一种是在钢闸门表面涂上覆盖层，借以把钢材母体与氧或电解质隔离，以免产生化学腐蚀或电化学腐蚀。另一种是设法供给适当的保护电能，使钢结构表面积聚足够的电子，成为一个整体阴极而得到保护，即电化学保护。

钢闸门不管采用哪种防腐措施，在具体实施过程中，首先都必须进行表面的处理。表面处理就是清除钢闸门表面的氧化皮、铁锈、焊渣、油污、旧漆及其他污物。经过处理的钢闸门要求表面无油脂、无污物、无灰尘、无锈蚀、表面干燥、无失效的旧漆等。目前钢闸门表面处理方法有人工处理、火焰处理、化学处理和喷砂处理等。

人工处理就是靠人工铲除锈和旧漆，此法工艺简单，其无需大型设备，但劳动强度大、工效低、质量较差。

火焰处理就是对旧漆和油脂有机物，借燃烧使之碳化而清除。对氧化皮是利用加热后金属母体与氧化皮及铁锈间的热膨胀系数不同而使氧化皮崩裂、铁锈脱落。处理用的燃料一般为氧—乙炔焰。此种方法，设备简单，清理费用较低，质量比人工处理好。

化学处理是利用碱液或有机溶剂与旧漆层发生反应来除漆，利用无机酸与钢铁的锈蚀产物进行化学反应清理铁锈。除旧漆可利用纯碱石灰溶液（纯碱：生石灰：水=1：1.5：1.0）或其他有机脱漆剂。除锈可用无机酸与填加料配制的除锈药膏。化学处理，劳动强度低，工效较高，质量较好。

喷砂处理方法较多，常见的干喷砂除锈除漆法是用压缩空气驱动砂粒通过专用的喷嘴以较高的速度冲到金属表面，依靠砂粒的冲击和摩擦以除锈、除漆。此种方法工效高、质量好，但工艺较复杂，需专用设备。

1. 涂料保护

涂料保护系借油漆或其他涂料涂在结构表面而形成保护层。水工上常用涂料主要有环氧二乙烯乙块红丹底漆、环氧二乙烯乙焕铝粉面漆、醇酸沥青铝粉面漆、830号沥青铝粉防锈漆、831号黑棕船底防锈漆等。以上涂料一般应涂刷3～4遍，涂料保护的时间一般约 10 ~ 15 年。在几层漆中，底漆直接与结构表面接触，要求结合牢固；面漆因暴露于周围介质之中，要求其有足够的硬度及耐水性、抗老化性等。

涂料保护一般施工方法有刷涂和喷涂两种。刷涂是用漆刷将油漆涂刷到钢闸门表面。此种方法工具设备简单，适宜于构造复杂、位置狭小的工作面。

喷涂是利用压缩空气将漆料通过喷嘴喷成雾状而覆盖于金属表面上，形成保护层。喷涂工艺优点是工效高、喷漆均匀、施工方便。特别适合于大面积施工。喷涂施工需具备喷枪、贮漆罐、空压机、滤清器、皮管等设备。

2. 喷镀保护

喷镀保护是在钢闸门上喷镀一层锌、铝等活泼金属，使钢铁与外界隔离从而得到保护。同时，还起到牺牲阳极（锌、铝）保护阴极（钢闸门）的作用。喷镀有电喷镀和气喷镀两种。水工上常采用气喷镀。

气喷镀所需设备主要有压缩空气系统、乙炔系统、喷射系统等。常用金属材料有锌丝和铝丝。一般采用锌丝。

气喷镀的工作原理是：金属丝经过喷枪传动装置以适宜的速度通过喷嘴，由乙焕系统热熔后，借压缩空气的作用，把雾化成半熔融状态的微粒喷射到部件表面，形成一层金属保护层。

3. 外加电流阴极保护与涂料保护相结合

将钢闸门与另一辅助电极（如废旧钢铁等）作为电解池的两个极，以辅助电极为阳极、钢闸门为阴极，在两者之间接上一个直流电源，通过水形成回路，在电流作用下，阳极的辅助材料发生氧化反应而被消耗，阴极发生还原反应得到保护。当系统通电后，阴极表面就开始得到电源送来的电子，其中除一部分被水中还原物质吸收外，大部分将积聚在阴极表面上，使阴极表面电位越来越负。电位越负，保护效率就越高。当钢闸门在水中的表面电位达到 -850mV 时，钢闸门基本能不锈，这个电位值被称为最小保护电位。

在钢闸门上采用外加电流阴极保护时，需消耗大量保护电流。为节约用电，可采用与涂料一并使用的联合保护措施。

（二）钢丝网水泥闸门的防腐处理

钢丝网水泥是一种新型水工结构材料，它由若干层重叠的钢丝网、浇筑高强度等级水泥砂浆而成。它具有重量轻、造价低、便于预制、弹性好、强度高、抗振性能好等优点。完好无损的钢丝网水泥结构，其钢丝网与钢筋被氢氧化钙等碱性物质包围着，钢丝与钢筋在氢氧化钙碱性作用下生成氢氧化铁保护膜保护网、筋，防止了网筋的锈蚀。因此，对钢丝网水泥闸门必须使砂浆保护层完整无损 c 要达到这个要求，一般采用涂料保护。

钢丝网水泥闸门在涂防腐涂料前也必须进行表面处理，一般可采用酸洗处理，使砂浆表面达到洁净、干燥、轻度毛糙。

常用的防腐涂料有环氧材料、聚苯乙烯、氯丁橡胶沥青漆及生漆等。为了保证涂抹质量，一般需涂 2 ~ 3 层。

（三）木闸门的防腐处理

在水利工程中，一些中小型闸门常用木闸门，木闸门在阴暗潮湿或是干湿交替的环境中工作，易于霉料和虫蛀，因此也需进行防腐处理。

木闸门常用的防腐剂有氯化钠、硼铬合剂、硼酚合剂，铜铬合剂等。作用在于毒杀微生物与菌类，达到防止木材腐蚀的目的。施工方法有涂刷法、浸泡法、热浸法等。处理前应将木材烤干，使防腐剂容易吸附和渗入木材体内。

木闸门通过防腐剂处理以后，为了彻底封闭木材空隙，隔绝木材与外界的接触，常在木闸门表面涂上油性调和漆、生桐油、沥青等，以杜绝发生腐蚀各种条件。

第六节　险情抢护

一、涵闸与土堤结合部出险

（一）出险原因

土料回填不实；闸体或土堤所承受的荷载不均匀，引起不均匀沉陷、错缝、裂缝，遇到降雨地面径流进入，冲蚀形成陷坑，或使岸墙、护坡失去依托而蛰裂、塌陷；洪水顺裂缝造成集中绕渗，严重时在闸下游侧造成管涌、流土，危及涵闸及堤防的安全。

（二）抢护原则与方法

堵塞漏洞的原则是：临水堵塞漏洞进水口，背水反滤导渗；抢护渗水的原则是：临河截渗，背河导渗。常用的抢护方法有以下几种：

1. 堵塞漏洞进口

（1）布蓬覆盖

一般适用于涵洞式水闸闸前堤坡上漏洞的抢护。布篷长度要能从堤顶向下铺放将洞口严密覆盖，并留一定宽裕度，用直径 10 ~ 20cm 钢管一根，长度大于布宽约 0.6m，长竹竿数根以及拉绳、木桩等。将篷布两端各缝一套筒，上端套上竹竿，下端套上钢管，绑扎牢固，把篷布套在钢管上，在堤顶肩部打木桩数根，将卷好的篷布上端固定，下端钢管两头各拴一根拉绳，然后用竹竿顶推将布篷卷顺堤坡滚下，直到铺盖住漏洞进口，为提高封堵效果，在篷布上面抛压土袋。

（2）草捆或棉絮堵塞

当漏洞口尺寸不大，且水深在 2.5m 以内的情况，用草捆（棉絮）堵塞，并在上压盖土袋，以使闭气。

（3）草泥袋网袋堵塞

当洞口不大，水深 2m 以内，可用草泥装入尼龙网袋。用网袋将漏洞进口堵塞。

2. 背河反滤导渗

如果渗漏已在涵闸下游堤坡出逸，为防止流土或管涌等渗透破坏，导致险情扩大，

需在出渗处采取导渗反滤措施。

（1）砂石反滤导渗

在渗水处按要求填筑反滤结构，滤水体汇集的水流，会通过导管或明沟流入涵闸下游排走。

（2）土工织物滤层

铺设前将坡面进行平整并清除杂物，使土工织物与土面接触良好，铺放时要避免尖锐物体扎破织物。织物幅与幅之间可采用搭接，搭接宽度一般不小于0.2m。为固定土工织物，每隔2m左右用“Ⅱ”型钉将织物固定在堤坡上。

（3）柴草反滤

在背水坡用柴草修做反滤设施，第一层铺麦秸厚约5cm，第二层铺秸料（或苇帘等）约20cm，第三层铺细柳枝厚约20cm。铺放时注意秸料均顺水流向铺放，以利排出渗水。为防止大风将柴草刮走，在柴草上压一层土袋。

3. 中堵截渗

在临河堵塞与背河导渗反滤之后，为彻底截断渗流通道，可从堤顶偏下游侧，在涵闸岸墙与土堤接合部开挖3 ~ 5m的沟槽，开挖至渗流通道，可用含水量较低的粘性土或灰土分层将沟槽回填并夯实（大水时此法应慎重使用）。

二、涵闸滑动抢险

（一）出险原因

上游挡水位超过设计挡水位，使水平水压力增加，同时渗透压力和上浮力也增大，使水平方向的滑动力超过抗滑摩阻力。防渗、止水设施破坏，使渗径变短，造成地基土壤渗透破坏甚至冲蚀，地基摩阻力降低；其他附加荷载超过设计值，如地震力等。

（二）抢护原则与方法

抢护的原则是增加摩阻力，减小滑动力，以稳固工程基础。常用的方法有以下几种:

1. 加载增加摩阻力

适用于平面缓慢滑动险情的抢护。其具体做法是在水闸的闸墩、公路桥面等部位堆放块石、土袋或钢铁等重物，需加载量由稳定核算确定。注意事项：加载不得超过地基许可应力，否则会造成地基大幅度沉陷。具体加载部位的加载量不能超过该构件允许的承载限度。一般不要向闸室内抛物增压，以免压坏闸底板或损坏闸门构件。险情解除后要及时卸载，进行善后处理。

2. 下游堆重阻滑

适用对圆弧滑动和混合滑动两种缓滑险情的抢护。在水闸出现的滑动面下端，堆放土袋、块石等重物，以防滑动，重物堆放位置和数量由阻滑稳定计算确定。

3. 下游蓄水平压

在水闸下游一定范围内用土袋或土筑成围堤，以壅高水位，减小上下游水头差，抵消部分水平推力。围堤高度根据壅水需要而定。如果水闸下游渠道上建有节制闸，

且距离较近时，可关闭壅高水位，亦能起到同样的作用。

4. 圈堤围堵

一般适用于闸前有较宽的滩地的情况，临河侧可堆筑土袋，背水侧填筑土俄，或两侧均堆筑土袋，中间填土夯实，由此来减少土方量。

三、闸顶漫溢抢护

（一）出险原因

设计洪水水位标准偏低或河道淤积，洪水位超过闸门或胸墙顶高程。

（二）抢护方法

涵洞式水闸因埋设于堤内，其抢护方法与堤防的防漫溢措施基本相同，对开敞式水闸的防漫溢措施如下：

1. 无胸墙开敞式水闸

当闸跨度不大时，可焊一个平面钢架，可将钢架吊入闸门槽内，放置于关闭的闸门顶上，紧靠闸门的下游侧，然后在钢架前部的闸门顶部，分层叠放土袋，迎水面放置土工膜（布）或布篷挡水，宽度不足时可以搭接，搭接长不小于0.2m。亦可用2～4cm厚的木板，严密拼接紧靠在钢架上，在木板前放一排土袋作前俄，压紧木板防止漂浮。

2. 有胸墙开敞式水闸

利用闸前工作桥在胸墙顶部堆放土袋，迎水面压放土工膜（布）或篷布挡水。上述堆放土袋应与两侧大堤衔接，共同挡御洪水。为防闸顶漫溢抢筑的土袋高度不易过高，若洪水位超高过多，应考虑抢筑围堤挡水，保证闸的安全。

四、闸基渗水、管涌抢险

（一）出险原因

水闸地下轮廓渗径不足，渗透比降大于地基土壤允许比降，地基下埋藏有强透水层，承压水与河水相通，当闸下游出逸渗透比降大于土壤允许值时，可能发生流土或管涌、冒水冒砂，形成渗漏通道。

（二）抢护原则与方法

抢护的原则是：上游截渗，下游导渗和蓄水平压减小水位差。具体措施如下：

1. 闸上游落淤阻渗

先关闭闸门，在渗漏进口处，用船载粘土袋由潜水人员下水填堵进口，再加抛散粘土落淤封闭，或利用洪水挟带的泥沙，在闸前落淤阻渗，或者用船在渗漏区抛填粘土形成铺盖层防止渗漏；闸下游管涌或冒水冒沙区修筑反滤围井；下游围堤蓄水平压，减小上下游水头差。

2. 闸下游滤水导渗

当闸下游冒水冒沙面积较大或管涌成片，会在渗流破坏区采用分层铺填中粗砂、

石屑、碎石反滤层，下细上粗，每层厚 20 ~ 30cm，上面压块石或土袋，如果缺乏砂石料，亦可用秸料或细柳枝做成柴排（厚 15 ~ 30cm），上铺草帘或苇席（厚 5 ~ 10cm），再压块石或砂土袋，注意不要将柴草压得过紧，同时不可将水抽干再铺填滤料，以免使险情恶化。

第五章 施工导流

第一节 施工导流

施工导流是指在水利水电工程中为保证河床中水工建筑物干地施工而利用围堰围护基坑，并将天然河道河水导向预定的泄水道，向下游宣泄工程措施。

一、全段围堰法导流

全段围堰法导流，就是在河床主体工程的上、下游各建一道断流围堰，使水流经河床以外的临时或永久泄水道下泄。在坡降很陡的山区河道上，若泄水建筑物出口处的水位低于基坑处河床高程时，也可不修建下游围堰。主体工程建成或接近建成时，再将临时泄水道封堵。这种导流方式又称为河床外导流或一次拦断法导流。

按照泄水建筑物的不同，全段围堰法一般又可划分为明渠导流、隧洞导流和涵管导流。

（一）明渠导流

明渠导流是在河岸或滩地上开挖渠道，在基坑上、下游修建围堰，使河水经渠道向下游宣泄。一般适用于河流流量较大、岸坡平缓或有宽阔滩地的平原河道。在规划时，应尽量利用有利条件以取得经济合理的效果。如利用当地老河道，或利用裁弯取直开挖明渠，或与永久建筑物相结合，埃及的阿斯旺坝就是利用了水电站的引水渠和尾水渠进行施工导流。目前导流流量最大的明渠为中国三峡工程导流明渠，其轴线长 3410.3m，断面为高低渠相结合的复式断面，最小底宽 350m，设计导流流量为 $79000m^3/s$，通航流量为 20000 ~ $35000m^3/s$。

导流明渠的布置设计，一定要以保证水流顺畅、泄水安全、施工方便、缩短轴线及减少工程量为原则。明渠进、出口应与上下游水流平顺衔接，与河道主流的交角以30。左右为宜；为保证水流畅通，明渠转弯半径应大于 5b（b 为渠底宽度）；明渠进

出上下游围堰之间要有适当的距离，一般以 50 ~ 100m 为宜，以防明渠进出口水流冲刷围堰的迎水面。此外，为减少渠中水流向基坑内入渗，明渠水面到基坑水面之间的最短距离宜大于（2.5 ~ 3.0）H（H 为明渠水面与基坑水面的高差，以 m 计）。同时，为避免水流紊乱和影响交通运输，导流明渠一般单侧布置。

此外，对于要求施工期通航的水利工程，导流明渠还要考虑通航所需的宽度、深度和长度的要求。

（二）隧洞导流

隧洞导流是在河岸山体中开挖隧洞，在基坑的上下游修筑围堰，一次性拦断河床形成基坑，保护主体建筑物干地施工，天然河道水流全部或部分由导流隧洞下泄的导流方式。这种导流方法适用于河谷狭窄、两岸地形陡峻、山岩坚实山区河流。

导流隧洞的布置，取决于地形、地质、枢纽布置以及水流条件等因素，具体要求与水工隧洞类似° 但必须指出，为了提高隧洞单位面积的泄流能力、减小洞径，应注意改善隧洞的过流条件。隧洞进出口应与上下游水流平顺衔接，与河道主流的交角以 30。左右为宜；有条件时，隧洞最好布置成直线，若有弯道，其转弯半径以大于 5b（b 为洞宽）为宜；否则，因离心力作用会产生横波，或因流线折断而产生局部真空，影响隧洞泄流，严重时还会危及隧洞安全。隧洞进出口与上下游围堰之间要有适当距离，一般宜大于 50m，以防隧洞进出口水流冲刷围堰的迎水面。

隧洞断面形式可采用方圆形、圆形或马蹄形，以方圆形居多。一般导流临时隧洞，若地质条件良好，可不做专门衬砌。为降低糙率，要进行光面爆破，以提高泄量，降低隧洞造价。

（三）涵管导流

涵管一般为钢筋混凝土结构。河水通过埋设在坝下的涵管向下游宣泄。

涵管导流适用于导流流量较小的河流或只用来负担枯水期的导流。一般在修筑土坝、堆石坝等工程中采用。涵管通常布置在河岸滩地上，其位置常在枯水位以上，这样可在枯水期不修围堰或只修小围堰而先将涵管筑好，然后再修上、下游断流围堰，将河水经涵管下泄。

涌管外壁和坝身防渗体之间易发生接触渗流，通常叮在涵管外壁每隔一定距离设置截流环，以延长渗径，降低渗透坡降，减少渗流的破坏作用。此外，必须严格控制涵管外壁防渗体填料的压实质量。涵管管身的温度缝或沉陷缝中的止水也必须认真对待。

二、分段围堰法导流

分段围堰法导流，也称分期围堰导流，就是用围堰将水工建筑物分段分期围护起来进行施工的方法。分段就是将河床围成若干个干地施工基坑，分段进行施工。分期就是从时间上按导流过程划分施工阶段。段数分得越多，围堰工程量越大，施工也越复杂；同样，期数分得越多，工期有可能拖得越长。因此，在具体工程实践中，两段

两期导流采用的最多。

三、导流方式的选择

（一）选择导流方式的一般原则

导流方式的选择，应当是工程施工组织总设计的一部分。导流方式选择的是否得当，不仅对于导流费用有重大影响，而且对整个工程设计、施工总进度和总造价都有重大影响。导流方式的选择一般遵循以下原则：

（1）导流方式应保证整个枢纽施工进度最快、造价最低。（2）因地制宜，充分利用地形、地质、水文及水工布置特点选择合适的导流方式。（3）应使整个工程施工有足够的安全度和灵活性。（4）尽可能满足施工期国民经济各部门的综合利用要求，如通航、过鱼、供水等。（5）施工方便，干扰小，技术上安全可靠。

（二）影响导流方案选择的主要因素

水利水电枢纽工程施工，从开工到完工往往不是采用单一的导流方式，而是几种导流方式组合起来配合运用，以取得最佳的技术经济效果。这种不同导流时段、不同导流方式的组合，通常称为导流方案。选择导流方案时应考虑的主要因素包括以下几种：

1. 水文条件

河流的水文特性，在很大程度上影响着导流方式的选择。每种导流方式均有适用的流量范围。除了流量大小外，流量过程线的特征、冰情与泥沙也影响着导流方式的选择。

2. 地形、地质条件

前面已叙述过每种导流方式适用于不同的地形地质条件，如宽阔的平原河道，宜用分期或导流明渠导流，河谷狭窄的山区河道，常用隧洞导流。当河床中有天然石岛或沙洲时，采用分段围堰法导流，更有利于导流围堰的布置，特别是纵向围堰的布置。在河床狭窄、岸坡陡峻、山岩坚实的地区，宜采用隧洞导流。至于平原河道、河流的两岸或一岸比较平坦，或有河湾、老河道可资利用，则宜采用明渠导流。

3. 枢纽类型及布置

水工建筑物的形式和布置与导流方案的选择相互影响，因此，其在决定水工建筑物型式和布置时，应该同时考虑并初步拟定导流方案，应充分考虑施工导流的要求。

分期导流方式适用于混凝土坝枢纽；而土坝枢纽因不宜分段填筑，且一般不允许溢流，故多采用全段围堰法。高水头水利枢纽的后期导流常需多种导流方式的组合，导流程序也较复杂。例如，狭窄处高水头混凝土坝前期导流可用隧洞，但后期导流则常利用布置在坝体不同高程的泄水孔过流；高水头土石坝的前后期导流，一般采用布置在两岸不同高程上的多层隧洞；如果枢纽中有永久泄水建筑物，如泄水闸、溢洪坝段、隧洞、涵管、底孔、引水渠等，应尽量加以利用。

4. 河流综合利用要求

施工期间，为了满足通航、筏运、供水、灌溉、生态保护或水电站运行等的要求，导流问题的解决更加复杂。在通航河道上，大都采用分段围堰法导流，要求河流在束窄以后，河宽仍能便于船只的通行，水深要与船只吃水深度相适应，束窄断面的最大流速一般不应超过 2.0m3/s，特殊情况需与当地航运部门协商研究确定。

分期导流和明渠导流易满足通航、过木、过鱼、供水等要求。某些峡谷地区的工程，为了满足过水要求，用明渠导流代替隧洞导流，这样又遇到了高边坡开挖和导流程序复杂化的问题，这就往往需要多方面比较各种导流方案的优缺点再选择。在施工中、后期，水库拦洪蓄水时要注意满足下游供水、灌溉用水和水电站运行的要求。而某些工程为了满足过鱼需要，还需建造专门的鱼道、鱼类增殖站或设置集鱼装置等。

5. 施工进度、施工方法及施工场地布置

水利水电工程的施工进度与导流方案密切相关。通常是根据导流方案安排控制性进度计划。在水利水电枢纽施工导流过程中，对施工进度起控制作用的关键性时段主要有导流建筑物的完工工期、截断河床水流的时间、坝体拦洪的期限、封堵临时泄水建筑物的时间以及水库蓄水发电的时间等，各项工程的施工方法和施工进度之间影响到各时段中导流任务的合理性和可能性。例如，在混凝土坝枢纽中，采用分段围堰法施工时若导流底孔没有建成，就不能截断河床水流和全面修建第二期围堰；若坝体没有达到一定高程和没有完成基础及坝身纵缝的接缝灌浆，就不能封堵底孔，水库也不能蓄水。因此，施工方法、施工进度与导流方案是密切相关的。

此外，导流方案的选择与施工场地的布置也相互影响。例如，在混凝土坝施工中，当混凝土生产系统布置在一岸时，宜采用全段围堰法导流。若采用分段围堰法导流，则应以混凝土生产系统所在的一岸作为第一期工程，这因为这样两岸施工交通运输问题比较容易解决。

导流方案的选择受多种因素的影响一个合理的导流方案，必须在周密研究各种影响因素的基础上，拟定几个可能的方案，并进行技术经济比较，从中选择技术经济指标优越的方案。

第二节 施工截流

一、截流方法

当泄水建筑物完成时，抓住有利时机，迅速实现围堰合龙，迫使水流经泄水建筑物下泄，称为截流。

截流工程是指在泄水建筑物接近完工时，即以进占方式自两岸或一岸建筑戗堤（作为围堰的一部分）形成龙口，并将龙口防护起来，待其他泄水建筑物完工以后，在有利时机，全力以最短时间将龙口堵住，截断河流。接着在围堰迎水面投抛防渗材料闭气，水即全部经泄水道下泄。在闭气同时，为使围堰能挡住当时可能出现的洪水，必须立即加高培厚围堰，使之迅速达到相应设计水位的高程以上。

截流工程是整个水利枢纽施工的关键，其成败直接影响工程进度。如失败了，就可能使进度推迟一年。截流工程的难易程度取决于河道流量、泄水条件；龙口的落差、流速、地形地质条件；材料供应情况及施工方法、施工设备等因素。因此事先必须经过充分的分析研究，采取适当措施，才能保证截流施工中争取主动，顺利完成截流任务。

河道截流工程在我国已有千年以上的历史。在黄河防汛、海塘工程和灌溉工程上积累了丰富的经验，如利用捆厢帚、柴石枕、柴土枕、杩杈、排桩填帚截流，不仅施工方便速度快，而且就地取材，因地制宜，经济适用。新中国成立后，我国水利建设发展很快，江淮平原和黄河流域的不少截流堵口、导流堰工程也多是采用这些传统方法完成的。此外，还广泛采用了高度机械化投块料截流的方法。

选择截流方式应充分分析水力学参数、施工条件和难度、抛投物数量和性质，并进行技术经济比较。截流方法包括以下几种。

1. 单戗立堵截流

简单易行，辅助设备少，较经济，适用于截流落差不超过 3.5m，但龙口水流能量相对较大，流速较高，需制备较多的重大抛投物料。

2. 双戗和多戗立堵截流

可分担总落差，改善截流难度，适用于截流落差大于 3.5m。

3. 建造浮桥或栈桥平堵截流

水力学条件相对较好，但造价高，技术复杂，一般不常用。

4. 定向爆破截流、建闸截流等

只有在条件特殊、充分论证后方宜选用。

二、投抛块料截流

投抛块料截流是目前国内外最常用的截流方法，适用于各种情况，特别适用于大流量、大落差的河道上的截流。该法是在龙口投抛石块或人工块体（混凝土方块、混凝土四面体、铅丝笼、柳石枕、串石等）堵截水流，迫使河水经导流建筑物下泄。采用投抛块料截流，按不同的投抛合龙方法，截流可分为立堵、平堵、混合堵三种方法。

（一）立堵法

先在河床的一侧或两侧向河床中填筑截流戗堤，逐步缩窄河床，即进占；当河床束窄到一定的过水断面时即行停止（这个断面称为龙口），对河床及龙口戗堤端部进行防冲加固（护底及裹头）；然后掌握时机封堵龙口，使戗堤合龙；最后为了解决戗堤的漏水，必须即时在戗堤迎水面设置防渗设施（闭气）。

（二）平堵法

平堵法截流是沿整个龙口宽度全线抛投，抛投料堆筑体全面上升，直至露出水面。为此，合龙前必须在龙口架设浮桥。由于它是沿龙口全宽均匀平层抛投，所以其单宽流量较小，出现的流速也较小，所需要的单个抛投材料重量也较轻，抛投强度较大，施工速度较快，但有碍通航。

（三）混合堵

混合堵是指立堵结合平堵的方法。在截流设计过程，可根据具体情况采用立堵与平堵相结合的截流方法，如先用立堵法进占，然后在龙口小范围内用平堵法截流；或先用船抛土石材料平堵法进占，然后再用立堵法截流。用得比较多的是首先从龙口两端下料保护戗堤头部，同时进行护底工程并抬高龙口底槛高程到一定高度，最后用立堵截断河流。平堵可以采用船抛，之后用汽车立堵截流。

三、爆破截流

（一）定向爆破截流

如果坝址处于峡谷地区，而且岩石坚硬，交通不便，岸坡陡峻，缺乏运输设备时，可利用定向爆破截流。我国某个水电站的截流就利用左岸陡峻岸坡设计设置了三个药包，一次定向爆破成功，堆筑方量6800m3，堆积高度平均10m，封堵预留的20m宽龙口，有效抛掷率为68%。

（二）预制混凝土爆破体截流

为了在合龙关键时刻瞬间抛入龙口大量材料封闭龙口，除了用定向爆破岩石外，还可在河床上预先浇筑巨大的混凝土块体，合龙时将其支撑体用爆破法炸断，使块体落入水中，将龙口封闭。

采用爆破截流，虽然可以利用瞬时的巨大抛投强度截断水流，但因瞬间抛投强度很大，材料入水时会产生很大的挤压波，巨大的波浪可能使已修好的戗堤遭到破坏，并会造成下游河道瞬间断流。此外，定向爆破岩石时，还需校核个别飞石距离，空气冲击波和地震安全影响距离。

四、下闸截流

人工泄水道的截流，常在泄水道中预先修建闸墩，最后采用下闸截流。天然河道中，有条件时也可设截流闸，最后下闸截流，三门峡鬼门河泄流道就曾采用这种方式，下闸时最大落差达 7.08m，历时 30 余小时；神门岛泄水道也曾考虑下闸截流，但闸墩在汛期被冲倒，后来改为管柱拦石栅截流。

除以上方法外，还有一些特殊的截流合龙方法，如木笼、钢板桩、草土、水力冲填法截流等。

综上所述，截流方式虽多，然通常多采用立堵、平堵或混合堵截流方式。截流设计中，应充分考虑影响截流方式选择的条件，拟定几种可行的截流方式，通过对水文气象条件、地形地质条件、综合利用条件、设备供应条件、经济指标等进行全面分析，经技术比较选定最优方案。

五、截流时间和设计流量的确定

（一）截流时间的选择

截流时间应根据枢纽工程施工控制性进度计划或总进度计划决定，至于时段选择，一般应考虑以下原则，经过全面分析比较而定。

（1）尽可能在较小流量时截流，但必须全面考虑河道水文特性和截流应完成的各项控制工程量，合理使用枯水期。（2）对于具有通航、灌溉、供水、过木等特殊要求的河道，应全面兼顾这些要求，尽量使截流对河道的综合利用的影响最小。（3）有冰冻河流，一般不在流冰期截流，避免截流和闭气工作复杂化，例如特殊情况必须在流冰期截流时应有充分论证，并有周密的安全措施。

（二）截流设计流量的确定

一般设计流量按频率法确定，根据已选定截流时段，采用该时段内一定频率的流量作为设计流量。当水文资料系列较长，河道水文特性稳定时，可应用这种方法。至于预报法，因当前的可靠预报期较短，一般不能在初步设计中应用，但在截流前夕有可能根据预报流量适当修改设计。在大型工程截流设计中，通常多以选取一个流量为主，再考虑较大、较小流量出现的可能性，用几个流量进行截流计算和模型试验研究。对于有深槽和浅滩的河道，如分流建筑物布置在浅滩上，对截流的不利条件，要特别进行研究。

六、截流戗堤轴线和龙口位置的选择方法

（一）戗堤轴线位置选择

通常截流戗堤是土石横向围堰的一部分，应结合围堰结构和围堰布置统一考虑。单戗截流的戗堤可布置在上游围堰或下游围堰中非防渗体的位置。如果戗堤靠近防渗体，在二者之间应留足闭气料或过渡带的厚度，同时应防止合龙时的流失料进入防渗体部位，以免在防渗体底部形成集中漏水通道。为在合龙后能迅速闭气并进行基坑抽水，一般情况下将单戗堤布置在上游围堰内。

当采用双钱多戗截流时，戗堤间距满足一定要求，才能发挥每条戗堤分担落差的作用。如果围堰底宽不太大，上、下游围堰间距也不太大时，可将两条戗堤分别布置在上、下游围堰内，大多数双戗截流工程都是这样做的。如果围堰底宽很大，上、下游间距也很大，可考虑将双戗布置在一个围堰内。当采用多戗时，一个围堰内通常也需布置两条戗堤，此时，两戗堤间均应有适当间距。

在采用土石围堰的一般情况下，均将截戗堤布置在围堰范围内。但是也有戗堤不与围堰相结合的，戗堤轴线位置选择应与龙口位置相一致。如果围堰所在处的地质、地形条件不利于布置戗堤和龙口，而戗堤工程量又很小，则可能将截流戗堤布置在围堰以外。龚嘴工程的截流戗就布置在上、下游围堰之间，而不与围堰相结合。由于这种戗堤多数均需拆除，因此，采用这种布置时应有专门论证。可选择平堵截流戗堤轴

线的位置时，应考虑便于抛石桥的架设。

（二）龙口位置选择

选择龙口位置时，应着重考虑地质、地形条件及水力条件。从地质条件分析，龙口应尽量选在河床抗冲刷能力强的地方，如岩基裸露或覆盖层较薄处，这样可避免合龙过程中的过大冲刷，防止戗堤突然塌方失事。从地形条件来看，龙口河底不宜有顺流流向陡坡和深坑。如果龙口能选在底部基岩面粗糙、参差不齐的地方，则有利于抛投料的稳定。另外，龙口周围应有比较宽阔的场地，离料场和特殊截流材料堆场的距离近，便于布置交通道路和组织高强度施工，这一点也是十分重要的。从水力条件来看，对于有通航要求的河流，预留龙口一般均布置在深槽主航道处，有利于合龙前的通航，至于对龙口的上、下源水流条件的要求，以往的工程设计中有两种不同的见解：一种认为龙口应布置在浅滩，并尽量造成水流进出龙口折冲和碰撞，以增大附加壅水作用；另一种认为进出龙口的水流应平直顺畅，因此可将龙口设在深槽中。实际上，这两种布置各有利弊，前者进口处的强烈侧向水流对戗堤端部抛投料的稳定不利，由龙口下泄的折冲水流易对下游河床和河岸造成冲刷。后者的主要问题是合龙段戗堤高度大，进占速度慢，而且深槽中水流集中，不会轻易创造较好的分流条件。

（三）龙口宽度

龙口宽度主要根据水力计算而定，对于通航河流，决定龙口宽度时应着重考虑通航要求，对于无通航要求的河流，主要考虑戗堤预进占所使用的材料及合龙工程量的大小。形成预留龙口前，通常均使用一般石渣进占，根据其抗冲流速可计算出相应的龙口宽度。另一方面，合龙是高强度施工，一般合龙时间不宜过长，工程量: 不宜过大。当此要求与预进占材料允许的束窄度有矛盾时，可考虑提前使用部分大石块，或者尽量提前分流。

（四）龙口护底

对于非岩基河床，当覆盖层较深，抗冲能力小，截流过程中为防止覆盖层被冲刷，一般在整个龙口部位或困难区段进行平抛护底，防止截流料物流失量过大。对于岩基河床，有时为了减轻截流难度，增大河床糙率，也抛投一些料物护底并形成拦石坎。计算最大块体时应按护底条件选择稳定系数。

以葛洲坝工程为例，预先对龙口进行护底，保护河床覆盖层免受冲刷，减少合龙工程量。护底的作用还可增大糙率，改善抛投的稳定条件，减少龙口水深。根据水工模型试验，经护底后，25t 混凝土四面体有 97% 稳定在戗堤轴线上游，如不护底，则仅有 62% 稳定。此外，通过护底还可以增加戗堤端部下游坡脚的稳定，防止塌坡等事故的发生。对护底的结构型式，曾比较了块石护底、块石与混凝土块组合护底及混凝土块拦石坎护底三个方案。块石护底主要用粒径 0.4 ~ 1.0m 的块石，模型试验表明，此方案护底下面的覆盖层有掏刷，护底结构本身也不稳定；块石与混凝土块组合护底是由 0.4 ~ 0.7m 的块石和 15t 混凝土四面体组成，这种组合结构是稳定的，但水下抛投工程量大；混凝土块拦石坎护底多是在龙口困难区段一定范围内预抛大型块体形成

潜坝，从而起到拦阻截流抛投料物流失的作用。混凝土块拦石坎护底，工程量小而效果显著，影响航运较少，且施工简单，经比较选用钢架石笼与混凝土预制块石的拦石坎护底。在龙口120m困难段范围内，以17t混凝土五面体在龙口上侧形成拦石坎，然后用石笼抛投下游侧形成压脚坎，用以保护拦石坎。龙口护底长度视截流方式而定对平堵截流，一般经验认为紊流段均需防护，护底长度可取相应于最大流速时最大水深的3倍。

对于立堵截流护底长度主要视水跃特性而定。根据苏联经验，在水深20m以内戗堤线以下护底长度一般可取最大水深的3～4倍，轴线以上可取2倍，即总护底长度可取最大水深的5～6倍。葛洲坝工程上、下游护底长度各为25m，约相当于2.5倍的最大水深，即总长度约相当于5倍最大水深。

龙口护底作为一种保护覆盖层免受冲刷，降低截流难度，提高抛投料稳定性及防止戗堤头部坍塌的行之有效的措施。

第三节　施工排水

一、基坑排水

基坑排水工作按排水时间及性质，一般可分为：①基坑开挖前的排水，包括基坑积水、基坑积水排除过程中围堰及基坑的渗水和降水的排除；②基坑开挖及建筑物施工过程中的经常性排水，包括围堰和基坑的渗水、降水、地基岩石冲洗以及混凝土养护用废水的排除等。

（一）初期排水

基坑积水主要是指围堰闭气后存于基坑内的水体，还要考虑排除积水过程中从围堰及地基渗入基坑的水量和降雨。初期排水的流量是选择水泵数量的主要依据，应根据地质情况、工期长短、施工条件等因素确定。

初期排水时间与积水深度和允许的水位下降速度有关。如果水位下降太快，围堰边坡土体的动水压力过大，容易引起坍坡；如水位下降太慢，则影响基坑开挖工期。基坑水位下降的速度一般控制在0.5～1.5m/d为宜。在实际工程中，应综合考虑围堰型式、地基特性及基坑内水深等因素而定。对于土围堰，水位下降速度应小于0.5m/d。

根据初期排水流量即可确定水泵工作台数，并考虑一定的备用量。水利水电工地常用离心泵或潜水泵。为了运用方便，可选择容量不同的水泵，组合使用。水泵站一般布置成固定式或移动式两种，当基坑水深较大时，采用移动式。

（二）经常性排水

当基坑积水排除后，立即转入经常性排水。对于经常性排水，其主要是计算基坑渗流量，确定水泵工作台数，布置排水系统。

1. 排水系统布置

经常性排水通常采用明式排水，排水系统包括排水干沟、支沟与集水井等。一般情况下，排水系统分为两种情况，一种是基坑开挖中的排水，另一种是建筑物施工过程中的排水。前者是根据土方分层开挖的要求，分次下降水位，通过不断降低排水沟高程，使每一个开挖土层呈干燥状态。排水系统排水沟通常布置在基坑中部，以利两侧出土；当基坑较窄时，将排水干沟布置在基坑上游侧，以利于截断渗水。沿干沟垂直方向设置若干排水支沟。基础范围外布置集水井，井内安设水泵，渗水进入支沟后汇入干沟，再流入集水井，由水泵抽出坑外。后者排水目的是控制水位低于坑底高程，保证施

工在干地条件下进行。排水沟通常布置在基坑四周，离开基础轮廓线不小于 0.3 ~ 1.0m。集水井离基坑外缘之距离必须大于集水井深度。排水沟的底坡一般不小于 0.002，底宽不小于 0.3m，沟深为：干沟 1.0 ~ 1.5m，支沟为 0.3 ~ 0.5m。集水井的容积应保证当水泵停止运转 10 ~ 15min 井内的水量不致漫溢。井底应低于排水干沟底 1 ~ 2m。

2. 经常性排水流量

经常性排水主要排除基坑和围堰的渗水，还应考虑排水期间的降雨、地基冲洗及混凝土养护弃水等。这里仅介绍渗流量估算方法。

（1）围堰渗流量

透水地基上均匀土围堰，每 m 堰长渗流量 q 的计算按水工建筑物均质土坝渗流计算方法。

（2）基坑渗流量

由于基坑情况复杂，计算结果不一定符合实际情况，应用试抽法确定。

降雨最按在抽水时段最大日降水量在当天抽干计算；施工弃水包括基岩冲洗与混凝土养护用水，两者不同时发生，按实际情况计算。

排水水泵根据流量及扬程选择，并考虑一定的备用量。

（三）人工降低地下水位

在经常性排水中，采用明排法，由于多次降低排水沟和集水井高程，变换水泵站位置，不仅影响开挖工作正常进行，还会在细砂、粉砂及沙壤土地基开挖中，因渗透压力过大而引起流沙、滑坡和地基隆起等事故，这对开挖工作产生不利影响。采用人工降低地下水位措施可以克服上述缺点。人工降低地下水位，就是在基坑周围钻井，地下水渗入井中，随即被抽走，使地下水位降至基坑底部以下，整个开挖部分土壤呈干燥状态，开挖条件大为改善。

人工降低地下水位方法，按排水原理分为管井法和井点法两种。

1. 管井法

管井法就是在基坑周围或上下游两侧按一定间距布置若干单独工作的井管，地下水在重力作用下流入井内，各井管布置一台抽水设备，使水面降至坑底以下。

管井法适用于基坑面积较小，土的渗透系数较大（K=10 ~ 250m/d）土层。当要

求水位下降不超过7m时，采用普通离心泵；在要求大幅度降低地下水位深井中抽水时，最好采用专用的离心式深井水泵。

管井由井管、滤水管、沉淀管及周围反滤层组成。地下水从滤水管进入井管，水中泥沙沉淀在沉淀管中。滤水管可采用带孔的钢管，外包滤网；井管可采用钢管或无砂混凝土管，后者采用分节预制，套接而成。每节长1m，壁厚为4 ~ 6cm，直径一般为30 ~ 40cm。管井间距应满足在群井共同抽水时，地下水位最高点低于坑底，一般取15 ~ 25m。

2. 井点法

当土壤的渗透系数k < 1m/d时，用管井法排水，井内水会很快被抽干，水泵经常中断运行，既不经济，抽水效果又差，这种情况下，采用井点法较为合适。井点法适宜于渗透系数为0.1 ~ 50m/d的土壤。井点的类型的轻型井点、喷射井点与电渗井点三种，比较常用的是轻型井点。

轻型井点由井管、集水管、普通离心泵、真空泵和集水箱等设备组成的排水系统。

轻型井点的井管直径为38 ~ 50mm，采用无缝钢管，管的间距为0.8 ~ 1.6m，最大可达3.0m。地下水从井管底部的滤水管内借真空泵和水泵的抽吸作用流入管内，沿井管上升汇入集水管，再流入集水箱，由水泵抽出。

轻型井点系统开始工作时，先开动真空泵排出系统内的空气，待集水箱内

水面上升到一定高度时，再启动水泵抽水。如果系统内真空不够，仍需真空泵配合工作。

井点排水时，地下水位下降的深度取决于集水箱内的真空值和水头损失。一般集水箱的真空值为400 ~ 500mmHg柱。

当地下水位要求降低值大于4 ~ 5m时，则需分层降落，每层井点控制3 ~ 4m。但分层数应小于三层为宜。因层数太多，坑内管路纵横交错，妨碍交通，影响施工；且当上层井点发生故障时，由于下层水泵能力有限，造成地下水位回升，在严重时导致基坑淹没。

第四节　导流验收

根据《水利水电建设工程验收规程》，枢纽工程在导（截）流前，应由项目法人提出验收申请，竣工验收主持单位或其委托单位主持对其进行阶段验收。

阶段验收委员会由验收主持单位、质量和安全监督机构、工程项目所在水利（务）机构、运行管理单位的代表以及有关专家组成，可邀请地方人民政府以及有关部门参加。

大型工程在阶段验收前，验收主持单位根据工程建设需要，成立专家组，先进行技术预验收。如工程实施分期导（截）流时，可分期进行导（截）流验收。

一、验收条件

（1）导流工程已基本完成，具备过流条件，其投入使用（包括采取措施后）不影

响其他未完工程继续施工。（2）满足截流要求的水下隐蔽工程已完成。（3）截流设计已获批准，截流方案已编制完成，并做好各项准备工作。（4）工程度汛方案已经有管辖权的防汛指挥部门批准，相关措施已落实。（5）截流后壅高水位以下的移民搬迁安置和库底清理已完成并通过验收。（6）有航运功能的河道，碍航问题得到解决。

二、验收内容

（1）检查已完成的水下工程、隐蔽工程、导（截）流工程是否满足导（截）流要求。（2）检查建设征地、移民搬迁安置和库底清理完成情况。（3）审查导（截）流方案，检查导（截）流措施和准备工作落实情况。（4）检查为解决碍航等问题而采取的工程措施落实情况。（5）鉴定与截流有关已完工程施工质量。（6）对验收中发现的问题提出处理意见。（7）讨论通过阶段验收鉴定书。

三、验收程序

（1）现场检查工程建设情况及查阅有关资料。（2）召开大会：宣布验收委员会组成人员名单；检查已完工程的形象面貌和工程质量；检查在建工程的建设情况；检查后续工程的计划安排和主要技术措施落实情况，以及是否具备施工条件；检查拟投入使用工程是否具备运行条件；检查历次验收遗留问题的处理情况；鉴定已完工程施工质量；对验收中发现的问题提出处理意见；讨论通过阶段验收鉴定书；验收委员会委员和被验收单位代表在验收鉴定书上签字。

四、验收鉴定书

导（截）流验收的成果文件是主体工程投入使用验收鉴定书，它是主体工程投入使用运行的依据，也是施工单位向项目法人交接、项目法人向运行管理单位移交的依据。

自验收鉴定书通过之日起30个工作日内，验收主持单位发送到各参验单位。

第五节 围堰拆除

围堰是临时建筑物，导流任务完成后，应按设计要求拆除，以免影响永久建筑物的施工及运转。如在采用分段围堰法导流时，第一期横向围堰的拆除，如果不合要求，势必会增加上、下游水位差，从而增加截流工作的难度，增大截流料物的质量及数量。这类教训在国内外有不少，如苏联的伏尔谢水电站截流时，上、下游水位差是1.88m，其中由于引渠和围堰没有拆除干净造成的水位差就有L73m。又如下游围堰拆除不干净，会抬高尾水位，影响水轮机的利用水头，如浙江省富春江水电站曾受此影响，降低了水轮机出力，造成不应有的损失。

土石围堰相对来说断面较大，拆除工作一般是在运行期限的最后一个汛期过后，随上游水位的下降，逐层拆除围堰的背水坡以及水上部分。

钢板桩格型围堰的拆除，首先要用抓斗或吸石器将填料清除，然后用拔桩机起拔钢板桩。混凝土围堰的拆除，一般只能用爆破法炸除，但要注意，必须使主体建筑物或其他设施不受爆破危害。

一、控制爆破

控制爆破是为达到一定预期目的的爆破。如定向爆破、预裂爆破、光面爆破、岩塞爆破、微差控制爆破、拆除爆破、静态爆破、燃烧剂爆破等。

（一）定向爆破

定向爆破是一种加强抛掷爆破技术，它利用炸药爆炸能量的作用，在一定的条件下，可将一定数量的土岩经破碎后按预定的方向抛掷到预定地点，形成具有一定质量和形状的建筑物或开挖成一定断面的渠道。

在水利水电工程建设中，可以用定向爆破技术修筑土石坝、围堰、截流戗堤以及开挖渠道、溢洪道等。在一定条件下，采用定向爆破方法修建上述建筑物，较之用常规方法可缩短施工工期、节约劳力和资金。

定向爆破主要是使抛掷爆破最小抵抗线方向符合预定的抛掷方向，并且在最小抵抗线方向事先造成定向坑，利用空穴聚能效应集中抛掷，这是保证定向的主要手段。造成定向坑的方法，在大多数情况下，都是利用辅助药包，让它在主药包起爆前先爆，形成一个起走向坑作用的爆破漏斗。若地形有天然的凹面可以利用，也可不用辅助药包。

（二）预列爆破

进行石方开挖时，在主爆区爆破之前沿设计轮廓线先爆出一条具有一定宽度的贯穿裂缝，以缓冲、反射开挖爆破的振动波，控制其对保留岩体的破坏影响，使之获得较平整的开挖轮廓，此种爆破技术为预裂爆破。预烈爆破布置

在水利水电工程施工中，预裂爆破不仅在垂直、倾斜开挖壁面上得到广泛应用；在规则的曲面、扭曲面以及水平建基面等也采用预裂爆破。

1. 预裂爆破要求

（1）预裂缝要贯通且在地表有一定开裂宽度。对于中等坚硬岩石，缝宽不宜小于1.0cm；坚硬岩石缝宽应达到0.5cm左右；但在松软岩石上缝宽达到1.0cm以上时，减振作用并未显著提高，应多做些现场试验，以利总结经验。（2）预裂面开挖后的不平整度不宜大于15cm。预裂面不平整度通常是指预裂孔所形成之预裂面的凹凸程度，它是衡量钻孔和爆破参数合理性的重要指标，可依此验证、调整设计数据。（3）预裂面上的炮孔痕迹保留率应不低于80%，且炮孔附近岩石不出现严重的爆破裂隙。

2. 预裂爆破主要技术措施

（1）炮孔直径一般为50 ~ 200mm，对深孔宜采用较大的孔径。（2）炮孔间距宜为孔径的8 ~ 12倍，坚硬岩石取小值。（3）不耦合系数建议取2 ~ 4，坚硬岩石取小值。（4）线装药密度一般取250 ~ 400g/m。（5）药包结构形式，当前较多的是

将药卷分散绑扎在传爆线上。分散药卷的相邻间距不宜大于 50cm，且不大于药卷的殉爆距离。考虑到孔底的夹制作用较大，底部药包应加强，约为线装药密度的 2 ~ 5 倍。(6)装药时距孔口 1m 左右的深度内不要装药，可用粗砂填塞，不必捣实。填塞段过短，容易形成漏斗，过长则不能出现裂缝。

（三）光面爆破

光面爆破也是控制开挖轮廓的爆破方法之一。它与预裂爆破的不同之处则在于光面爆孔的爆破是在开挖主爆孔的药包爆破之后进行。它可以使爆裂面光滑平顺，超欠挖均很少，能近似形成设计轮廓要求的爆破。光面爆破一般多用于地下工程的开挖，露天开挖工程中用得比较少，只是在一些有特殊要求或者条件有利的地方使用。光面爆破的要领是孔径小、孔距密、装药少、同时爆。

（四）岩塞爆破

岩塞爆破系一种水下控制爆破。在已成水库或天然湖泊内取水发电、灌溉、供水或泄洪时，为修建隧洞的取水工程，避免在深水中建造围堰，采用岩塞爆破是一种经济而有效的方法。它的施工特点是先从引水隧洞出口开挖，直到掌子面到达库底或湖底邻近，然后预留一定厚度的岩塞，待隧洞和进口控制闸门井全部建完后，一次将岩塞炸除，使隧洞和水库连通。

岩塞的布置应根据隧洞的使用要求、地形、地质因素来确定。岩塞宜选择在覆盖层薄、岩石坚硬完整，且层面与进口中线交角大的部位，特别应避开节理、裂隙、构造发育的部位。岩塞的开口尺寸应满足进水流量的要求。岩塞厚度应为开口直径的 1 ~ 1.5 倍。太厚难于一次爆通，太薄则不安全。

水下岩塞爆破装药量计算，应考虑岩塞上静水压力的阻抗，用药量应比常规抛掷爆破药量增大 20% ~ 30%。为了控制进口形状，岩塞周边采用预裂爆破以减震防裂。

（五）微差控制爆破

微差控制爆破是一种应用特制的毫秒延期雷管，并以毫秒级时差顺序起爆各个(组)药包的爆破技术。其原理是把普通齐发爆破的总炸药能最分割为多数较小的能量，采取合理的装药结构，最佳的微差间隔时间和起爆顺序，为每个药包创造多面临空条件，将齐发药包产生的地震波变成一长串小幅值的地震波，同时各药包产生的地震波相互干涉，从而降低地震效应，把爆破震动控制在给定水平之下。爆破布孔和起爆顺序有成排顺序式、排内间隔式（又称 V 形式）、对角式、波浪式、径向式等，或由它组合变换成的其他形式，其中以对角式效果最好，成排顺序式最差。采用对角式时，应使实际孔距与抵抗线比大于 2.5 以上，对软石可为 6 ~ 8；相同段爆破孔数根据现场情况和一次起爆的允许炸药量而确定装药结构，一般采用空气间隔装药或孔底留空气柱的方式，所留空气间隔的长度通常为药柱长度的 20% ~ 35% 左右。间隔装药可用导爆索或电雷管齐发或孔内微差引爆，后者能更有效降震，爆破采用毫秒延迟雷管。最佳微差间隔时间一般取（3 ~ 6）版，刚性大的岩石取下限。

一般相邻两炮孔爆破时间间隔宜控制在 20 ~ 30ms，不宜过大或过小；爆破网络

宜采取可靠的导爆索与继爆管相结合的爆破网络，每孔至少一根导爆索，确保安全起爆；非电爆管网络要设复线，孔内线脚要设有保护措施，避免装填时把线脚拉断；导爆索网络联结要注意搭接长度、拐弯角度、接头方向，并捆扎牢固，不得松动。

微差控制爆破能有效地控制爆破冲击波、震动、噪音和飞石；操作简单、安全、迅速；可近火爆破而不造成伤害；破碎程度好，可提高爆破效率和技术经济效益。但该网络设计较为复杂；需特殊的毫秒延期雷管及导爆材料。微差控制爆破适用于开挖岩石地基、挖掘沟渠、拆除建筑物和基础，以及用于工程量与爆破面积较大，并对截面形状、规格、减震、飞石、边坡后面有严格要求的控制爆破工程。

第六章　爆破工程施工技术

第一节　工程爆破基本理论

一、爆破的基本理论

（一）爆炸与爆破

1. 基本定义

炸药爆炸属于化学反应，其指炸药在一定起爆能（撞击、点火、高温等）的作用下，在瞬时发生化学分解，产生高温、高压气体，对相邻的介质产生极大的冲击压力，并以波的形式向四周传播。若在空气中传播，称为空气冲击波；若在岩土中传播，则称为地震波。

爆破是一种有目的的爆炸。它主要利用炸药爆炸瞬时释放的能量，使介质压缩、松动、破碎或抛掷等，以达到开挖或拆毁的目的。冲击波通过介质产生应力波，如果介质为岩土，当产生的压应力大于岩土的抗压极限强度时，岩土被粉碎或压缩，当产生的拉应力大于岩土的抗拉极限强度时，岩土产生裂缝，爆炸气体的气刃效应则产生扩缝作用。

2. 炸药爆炸的基本条件

炸药爆炸必须满足三个基本条件，即变化过程释放大量的热、反应过程的高速度和生成大量气体产物。这是构成炸药爆炸的必要条件，缺一不可，也称为炸药爆炸的三要素。

（1）变化过程释放大量的热

爆炸变化过程释放出大量的热能是产生炸药爆炸的首要条件。热量是炸药做功的能源，同时，如果没有足够的热量放出，化学变化本身不能供给继续变化所需的能量，化学变化就不可能自行传播，爆炸也就不能产生。例如硝酸铵的分解反应，在常温下

的分解是吸热反应，不能发生爆炸；但加热到200℃左右时，分解则是放热反应，如果放出的热量不能及时散发，温度就会不断上升，促使反应速度不断加快和放出更多的热量，最终就会引起硝酸铵的燃烧和爆炸。

（2）变化过程必须是高速的

爆炸反应过程与通常化学反应过程的一个突出区别就是它的高速度只有高速的化学反应，才能在极短的时间内，形成大量的高温高压气体，且使高温高压气体迅速向四周膨胀做功，产生爆炸现象。

（3）变化过程生成大量气体产物

爆炸产生的气体，在爆炸瞬间处于强烈的压缩状态，由此形成很高的势能该势能在气体膨胀过程中对周围介质做功，迅速转变为机械能，使得周围介质（如岩石）破碎并运动。如果反应产物不是气体而是液体或固体，即使是放热反应，也不会形成爆炸现象。

3. 炸药化学变化的基本形式

在外界能量的作用下，炸药化学变化可能以不同速度进行传播，同时在其变化性质上也有很大的区别。按照其传播性质和速度的不同，可将炸药化学变化的基本形式分为四种，即热分解、燃烧、爆炸和爆轰。

（1）热分解

炸药和其他物质一样，在常温下也会进行分解作用，但它是一种缓慢的化学变化，不会形成爆炸。其特点是化学变化的反应速度与环境温度有关：当温度升高时，分解速度加快，温度继续升高到某一定值（爆发点）时，热分解就能转化为爆炸心。

（2）燃烧

燃烧是伴随有发光、发热的一种剧烈氧化反应。与其他可燃物一样，炸药在一定条件下也会燃烧，不同的是炸药的燃烧不需要外界提供氧，炸药可以在无氧环境中正常燃烧与缓慢分解不同，炸药的燃烧过程只是在炸药局部区域内进行并在炸药内传播在一定条件下，绝大多数炸药能够稳定地燃烧而不爆炸。若燃烧速度保持定值，不发生波动，称为稳定燃烧，否则称为不稳定燃烧。不稳定燃烧会导致燃烧的熄灭、振荡或转变为爆炸。

（3）爆炸

与燃烧相比较，爆炸在传播形态上有着本质区别。燃烧通过热传导来传递能量和激起化学反应，受环境条件影响较大。爆炸则是借助于压缩冲击波的作用来传递能量和激起化学反应，受环境影响较小。一般来说，爆炸过程很不稳定，不是过渡到更大爆速的爆轰，就是衰减到很小爆速的爆燃直至熄灭。爆炸是炸药化学反应过程中的一种过渡形式。

（4）爆轰

炸药以最大稳定的爆速进行传播的过程叫作爆轰。它是炸药所特有的化学变化形式，与外界的压力、温度等条件无关。爆轰是炸药爆炸的最高形式，在给定的条件下，爆轰速度为常数。在爆轰条件下，炸药具有最大的破坏作用。

爆炸与爆轰并无本质的区别，只是传播速度不同而已。爆轰的传播速度是恒定，

爆炸的传播速度是可变的。

炸药化学变化的四种基本形式在性质上虽有不同之处，但它们之间却有着密切的联系，在一定条件下可以互相转化。

炸药的热分解在一定条件下可以转变为燃烧，而炸药的燃烧随温度和压力的增加又可能转变为爆炸，直至过渡到稳定的爆轰。这种转变所需的外界条件是至关重要的，因此分析了解炸药化学变化的不同形式，针对各种不同的实际情况，而有目的地控制外界条件，充分利用炸药能量，使其发挥最大作用。

（二）炸药的起爆与感度

1. 炸药的起爆与起爆能

炸药是一种相对稳定的平衡系统，要使其发生爆炸变化必须要由外界施加一定的能量。通常将外界施加给炸药某一局部而引起炸药爆炸的能量称为起爆能，而引起炸药发生爆炸的过程称为起爆。

引起炸药爆炸的原因可以归纳为两个方面——内因与外因。从内因看，是由于炸药分子结构的不同所引起的，也就是说，炸药本身的化学性质和物理性质决定着该炸药对外界作用的选择能力。吸收外界作用能量比较强、分子结构比较脆弱的炸药就容易起爆，否则起爆就比较困难。例如，碘化氮只要用羽毛轻轻触及就可以引起爆炸，而硝酸铵要用几十克甚至数百克梯恩梯才能引爆。

所谓外因系指起爆能。由于外部作用的形式不同，起爆能通常有以下三种形式：

（1）热能

利用加热的形式使炸药形成爆炸。能够引起炸药爆炸的加热温度，称为起爆温度。热能是最基本的一种起爆能，在以往的爆破作业中，利用导火索引爆火雷管，就是热能引爆的一个例子。

（2）机械能

通过机械作用使炸药爆炸，其机械作用的方式一般有撞击、摩擦、针刺、枪击等。机械作用引起爆炸的实质是在瞬间将机械能转化为热能，从而使局部炸药达到起爆温度而爆炸。

在工程爆破中，很少利用机械能进行起爆，但是在炸药生产、储存、运输和使用过程中，应该注意防止因机械能引起意外的爆炸事故。

（3）爆炸能

这是工程爆破中最广泛应用的一种起爆能。顾名思义，它是利用某些炸药的爆炸能来起爆另外一些炸药。例如：在爆破作业中，利用雷管爆炸、导爆索爆炸和中继起爆药包爆炸来起爆炸药包等。

2. 炸药的感度

炸药在外界能量作用下，发生爆炸反应的难易程度称为炸药感度。炸药感度与所需的起爆能成反比，即炸药爆炸所需的起爆能愈小，该炸药的感度愈大，按照外部作用形式，炸药的感度有热感度、机械感度和爆轰感度区分。

（1）炸药的热感度

炸药在热能的作用下发生爆炸的难易程度称为热感度，通常以爆发点与火焰感度等表示。

①炸药的爆发点

炸药的爆发点是指使炸药在一定的受热条件下，经过一定的延滞期（5 min），发生爆炸时加热介质的最低温度。这一温度并不是炸药爆炸时炸药本身的温度，也不是炸药开始分解时本身的温度，而是指炸药分解自行加速开始时的环境温度。爆发点越高，则表示炸药的热感度越低。通常采用爆发点测定器来测定炸药的爆发点。

②炸药的火焰感度

炸药在明火（火焰、火星）作用下，发生爆炸变化的能力称为炸药的火焰感度。实践表明，在非密闭状态下，黑火药与猛炸药用火焰点燃时通常只能发生不同程度的燃烧变化，而起爆药却往往表现为爆炸。根据火焰感度的不同，使人们据此选择使用不同炸药，以满足不同的需要。

（2）炸药的机械感度

炸药的机械感度是指炸药在撞击、摩擦等机械作用下发生爆炸的难易程度，包括撞击感度和摩擦感度。它通常用爆炸概率法来测定。

①炸药的撞击感度

是指炸药在机械撞击作用下发生爆炸的难易程度，其是炸药最重要的感度指标之一。测定撞击感度最常用的仪器是立式落锤仪。

②炸药的摩擦感度

炸药的摩擦感度系指在机械摩擦作用下炸药发生爆炸的难易程度。测定炸药摩擦感度常用的仪器是摆式摩擦仪。

（3）炸药的爆轰感度

炸药的爆轰感度系用来表示一种炸药在其他炸药的爆炸作用下发生爆炸的难易程度。它一般用极限起爆药量表示。所谓极限起爆药量，系指引起炸药完全爆炸的最小起爆药量。

毋庸置疑，炸药的感度是一个很重要的问题，在炸药的生产、运输、储存和使用过程中要给予足够的重视。对于敏感度高的炸药，要有针对性地采取预防措施；而对于敏感度低的炸药，特别是起爆感度低的炸药，在工程爆破使用中要注意选用合适的起爆药包。

（三）炸药的氧平衡

从元素组成来说，炸药通常是由碳（C）、氢（H）、氧（O）、氮（N）四种元素组成的。其中碳、氢是可燃元素，氧是助燃元素，炸药是一种载氧体。炸药的爆炸过程实质上是可燃元素与助燃元素发生极其迅速和猛烈的氧化还原反应的过程。反应结果是氧和碳化合生成二氧化碳（C02）或一氧化碳（CO），氢和氧化合生成水（H20），这两种反应都放出了大量的热。每种炸药里都含有一定数量的碳、氢原子，也含有一定数量的氧原子，发生反应时就会出现碳、氢、氧数量不完全匹配的情况。氧平衡就是衡量炸药中所含的氧与将可燃元素完全氧化所需要的氧两者是否平衡。所谓完全氧化，即碳原子完全氧化生成二氧化碳，氢原子完全氧化生成水。根据所含氧的多少，可以将炸药的氧平衡分为下列三种不同的情况：

1. 零氧平衡

指炸药中所含的氧刚好够将可燃元素完全氧化。

2. 正氧平衡

指炸药中所含的氧将可燃元素完全氧化后还有剩余。

3. 负氧平衡

指炸药中所含的氧不足以将可燃元素完全氧化。

实践表明，只有当炸药中的碳和氢都被氧化成CO_2和H_2O时，其放出的热量才最大。零氧平衡一般接近于这种情况。负氧平衡的炸药，爆炸产物中就会有CO、H_2，甚至会出现固体碳；而正氧平衡炸药的爆炸产物，则会出现NO、NO_2等气体。后两种情况都不利于发挥炸药的最大威力，同时会生成有毒气体。如果把它们用于地下工程爆破作业，特别是含有矿尘和瓦斯爆炸危险的矿井，就更应引起注意。因为CO、NO、NxOy不仅都是有毒气体，而且能对瓦斯爆炸反应起催化作用，因此这样的炸药就不应用于地下矿井的爆破作业。

炸药的氧平衡不仅具有理论意义，而且是设计混合炸药配方、确定炸药使用范围和条件的重要依据。

（四）炸药的爆炸性能

有关炸药爆炸性能方面的内容是很多的，这里只讨论与工程爆破关系密切的一些性能，如炸药的爆速、做功能力、猛度、殉爆距离以及与其有关的沟槽效应、聚能效应等。

1. 爆速

爆轰波在炸药药柱中的传播速度称为爆轰速度，简称为爆速，通常以m/s或km/s表示。

炸药的爆速与炸药爆炸化学反应速度是本质不同的两个概念。爆速是爆轰波阵面一层一层地沿炸药柱传播的速度，而爆炸化学反应速度是指单位时间内反应完了的物质的质量，其度量单位是g/s。

2. 猛度

炸药的猛度系指爆炸瞬间爆轰波和爆炸气体产物直接对与之接触的固体介质局部产生破碎的能力。猛度的大小主要取决于爆速，爆速愈高，猛度愈大，岩石被粉碎得越厉害。炸药猛度的实测方法一般采用铅柱压缩法。

3. 殉爆距离

一个药包（卷）爆炸后，引起与它不相接触的邻近药包（卷）爆炸现象，称为殉爆。殉爆在一定程度上反映了炸药对冲击波的敏感度。通常将先爆炸的药包称为主发药包，被引爆的后一个药包称为被发药包。前者引爆后者的最大距离叫作殉爆距离，它表示一种炸药的殉爆能力。在工程爆破中，殉爆距离对于检验炸药质量和合理布置孔网参数等都具有指导意义。在炸药厂和危险品库房的设计中，它又是确定安全距离的重要

依据。

4. 沟槽效应

沟槽效应，也称管道效应、间隙效应，即当药卷与炮孔壁间存有月牙形间隙时，炸药药柱所出现的自抑制——能量逐渐衰减直至拒爆的现象。实践表明，在小直径炮孔爆破作业中尤其是地下爆破中，这种效应普遍存在，是影响爆破质量的重要因素之一。

研究结果表明，采用下列技术措施可以减小或消除沟槽效应，以便改善爆破效果：①采用耦合散装炸药消除径向间隙，可以从根本上克服沟槽效应。②沿药卷全长布设导爆索，可以有效地起爆炮眼内的细长排列的所有药卷。③每装数个药包后，装一个能填实炮孔的大直径药包，以阻止空气冲击波或等离子体的超前传播。④给药卷套上由硬纸板或其他材料做成的隔环，将间隙隔断，以阻止间隙内空气冲击波的传播或削弱其强度。⑤采用化学技术，选用不同的药卷包装涂覆物，如柏油沥青、石蜡、蜂蜡等，可以削弱或消除沟槽效应。⑥采用散装技术，使炸药全部充填炮孔不留间隙，或采用临界值小的炸药。

5. 聚能效应

炸药爆炸后其爆轰产物运动方向具有与药包外表面垂直或大致垂直这一基本规律，利用这一规律将药包制成特殊形状（如半球面空穴状、锥形空穴状等），炸药爆炸后，爆轰产物向空穴的轴线方向上汇集，并产生增强破坏作用的效应称之为聚能效应。能产生聚能效应的装药称为聚能装药。

二、岩土爆破作用机理

（一）炸药在岩石中的爆炸作用范围

装药中心距固体介质自由表面的最短距离称为最小抵抗线，通常用W来表示。对一定量的装药来说，若其W超过某一临界值W_c，即$W > W_c$，则当装药爆炸后，在自由表面上不会看到爆破的迹象，也就是说，装药的破坏作用仅限于固体介质内部，未能到达自由面此种情况可视为装药在无限介质中爆炸。

假设岩石为均匀介质，当爆破在无限均匀的理想介质中进行时，冲击波以药包中心为球心，呈同心球向四周传播。由于各向同性介质的阻尼作用，随着距球心距离的增大，冲击压力波逐渐衰退，直至全部消逝。若用一平面沿爆心剖切，可将爆破作用的影响范围划分为如图 6-1 所示的三个作用圈。

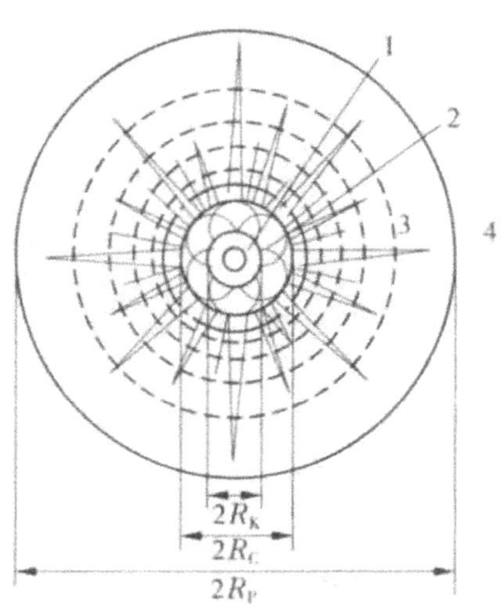

图 6-1 炸药爆炸作用圈示意图

R_K - 空腔半径；R_C - 压碎区半径；R_P - 裂隙区半径；1- 扩大空腔（压缩区）；6- 压碎区；3- 裂隙区；4- 震动区

1. 压碎圈（粉碎圈）

爆炸冲击波产生的压应力大于岩土的压限时，紧邻药包的介质若为塑性体（土体），将受到压缩，形成一空腔；若为脆性体（岩体），将遭粉碎，形成粉碎圈，相应半径为压缩半径或粉碎半径在压碎区内，岩石被强烈粉碎并产生较大塑性变形。

2. 破坏圈（裂隙圈）

当冲击波通过压碎区后，继续向外层岩石中传播。由于冲击波逐渐衰减，该圈爆炸冲击波产生的压应力小于岩土的压限，但爆炸冲击波产生的环向拉应力和在波阵面上产生的切向拉应力大于岩土的拉限时，将分别引起径向裂缝和弧状裂缝，紧随其后的爆炸气体产生扩缝作用，岩土被破坏。裂隙圈半径为治，破坏圈包括抛掷圈和松动圈。

3. 震动圈

震动圈内的岩石介质没有任何破坏，只发生震动，强度随距爆炸中心的距离增大而逐渐减弱，以致完全消失。

以上各圈只是为说明爆破作用而划分的，并无明显界限，其作用半径的大小与炸药特性、炸药用量、药包结构、爆炸方式以及介质特性等密切相关。

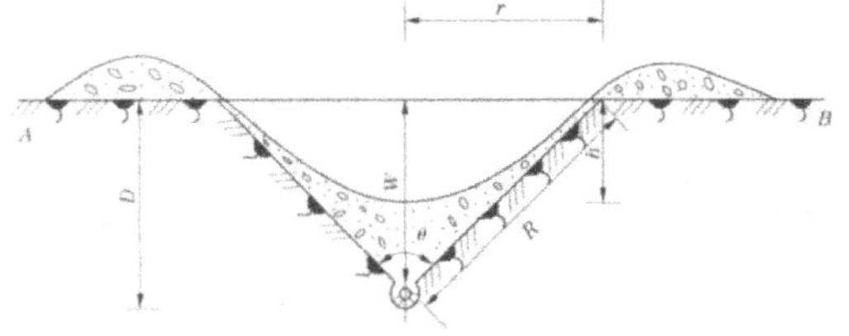

图 6-2 爆破漏斗图

如果$W < W_C$，此种情况视为装药在半无限介质中爆炸。装药爆炸后，除在装药下方固体介质内形成压碎区、破坏区和震动区外（假定介质自由表面在装药上方且为水平的），装药上方一部分岩石将被破碎，脱离原介质，在地表面形成一个倒立圆锥形的爆破坑形如漏斗，这个坑称为爆破漏斗，如图 6–2 所示。

（1）爆破漏斗的几何参数

①自由面

被爆破的岩面与空气的接触面称为自由面，又称临空面。又如图 6–2 中的 AB 面。

②最小抵抗线

自药包中心到自由面的最短距离，即表示爆破时岩石阻力的最小方向因此，最小抵抗线是爆破作用和岩石移动的主导方向。

③爆破漏斗半径r

爆破漏斗的底圆半径。

④爆破漏斗作用半径R

药包中心到爆破漏斗底圆圆周上任一点的距离，简称破裂半径。

⑤爆破漏斗深度D

自爆破漏斗尖顶至自由面的最短距离。

⑥爆破漏斗的可见深度h

如自爆破漏斗中岩堆表面最低洼点到自由面的最短距离。

⑦爆破漏斗张开角θ

爆破漏斗顶角。

在爆破工程中，还有一个经常使用的参数，称之为爆破作用指数(n)。它是爆破漏斗半径r和最小抵抗线W的比值，即：

$$n = r/W$$

（2）爆破漏斗的基本形式

根据爆破作用指数n值的不同，爆破漏斗有以下四种不同基本形式：

①当$n = r/W = 1.0$时

称为标准抛掷爆破漏斗。

②当$n = r/W > 1.0$时

称为加强抛掷爆破漏斗。

③当$0.75 < n < 1.0$时

称为减弱抛掷爆破漏斗（又称加强松动爆破漏斗）。

④当$n = r/W \leqslant 0.75$时

称为松动爆破漏斗。

第二节 爆破器材与起爆方法

一、爆破器材

我们通常所讲的爆破器材是指民用爆破器材——多用于非军事目的的各种炸药及其制品和火工品的总称，包括炸药、雷管、导爆索、导爆管和辅助器材（如起爆器、导通器等）

（一）工业炸药

在一定条件下，能够发生快速化学反应，放出能量，生成大量气体产物，显示爆炸效应的化合物或混合物称为炸药。它不仅用于军事目的，而且广泛应用于国民经济的各个部门，通常将前者称为军用炸药，后者称为工业炸药，也称为民用炸药：它是由氧化剂、可燃剂和其他添加剂等组分按照氧平衡的原理配制，均匀混合制成的爆炸物。

1. 工业炸药的分类

炸药分类的方法很多，没有一个完全统一的标准，一般按照炸药的组成、用途等分类。

（1）按炸药的组成分类

①单质炸药

单质炸药指化学成分为单一化合物的炸药，如TNT、黑索金、泰安、雷汞、硝化甘油等。单质炸药常用作雷管的加强药、导爆索和导爆管药芯以及混合炸药的组成等。

②混合炸药

由两种或两种以上独立的化学成分组成的爆炸性混合物。通常由硝酸铵作为主要成分与可燃物混合而成。混合炸药是目前水利水电工程开挖爆破中应用最广、品种最多的一类炸药。

（2）按炸药的用途分类

①起爆药

主要用于制造雷管和导爆索，用以起爆其他工业炸药。起爆药的特点是极其敏感，受外界较小能量作用即发生爆炸。常用的起爆药有叠氮化铅、雷汞、二硝基重氮酚等。

②猛炸药

具有较大的稳定性，其机械感度较低，需要足够的能量才能将其引爆。工程爆破中多用雷管、导爆索等起爆器材将其引爆。常用的猛炸药有混合型工业炸药、TNT、黑索金、奥克托金等。

③发射药

又称为火药，发射药的特点是对火焰极其敏感，常用发射药有黑火药等。

④烟火剂

基本上也是由氧化剂与可燃剂组成的混合物，主要变化过程是燃烧。一般用来装填照明弹、信号弹、燃烧弹等。

2. 常用工业炸药

常用工业炸药有铵油炸药、乳化炸药、水胶炸药、膨化硝铵炸药和其他工业炸药等。

（1）铵油炸药

铵油炸药是由硝酸铵和轻柴油等组成的混合炸药。它分为粉状铵油炸药、多孔粒状铵油炸药和改性铵油炸药等。粉状铵油炸药是由硝酸铵、柴油、木粉按照炸药爆炸零氧平衡原则配制。多孔粒状铵油炸药中，多孔粒状硝铵和轻柴油的配比为94.5%：5.5%。改性铵油炸药与铵油炸药配方基本相同，主要区别在于组分中的硝酸铵、燃料油和木粉进行了改性，使炸药的爆炸性能和储存性能明显提高。铵油炸药的主要特点如下：①成分简单，原料来源充足，成本低，制造使用安全。②感度低，起爆较困难。③铵油炸药吸潮及固结的趋势较为强烈。

（2）乳化炸药

乳化炸药指采用乳化技术制备的油包水乳胶型抗水工业炸药。乳化炸药的主要特点：①密度可调范围较宽（0.8 ~ 1.45 g/cm3），会根据工程实际需要制成不同密度的品种。②爆速和猛度较高，爆速可达4 000 ~ 5 200 m/s，猛度可达17 ~ 20 mm。③抗水性能强。④起爆感度高，乳化炸药通常可用8号雷管起爆。

（3）水胶炸药

水胶炸药是一种凝胶状含水炸药。它的优点是：爆破反应较安全；能量释放系数高，威力大；抗水性好；爆炸后有毒气体生成量少；储存稳定性好；规格品种多。缺点是：不耐压、不耐冻；易受外界条件影响而失水解体，影响炸药性能；原材料成本较高，炸药价格较贵。

（4）膨化硝铵炸药

膨化硝铵炸药是指用膨化硝酸铵作为炸药氧化剂的一系列粉状硝铵炸药。它的关键技术是硝酸铵的膨化、敏化改性。它有岩石膨化硝酸铵炸药、露天膨化硝酸铵炸药、煤矿膨化硝酸铵炸药、抗水膨化硝酸铵炸药等。

（5）其他工业炸药

单质炸药：梯恩梯、黑索金、泰安、奥克托金。

低爆速炸药：爆速在1 500 ~ 2 000 m/s，用于爆炸加工等。

（二）起爆器材

工程爆破所使用的炸药均是由起爆器材引爆的，合理选择起爆器材，才能获得满意的爆破效果。随着科学技术的不断进步和从劳动保护、安全等要求考虑，我国已经淘汰导火索和火雷管，这里只介绍水利水电工程中常用起爆器材

1. 工业雷管

工业雷管按其每发装药量多少分为10个等级，号数越大，其雷管内装药越多，雷管的起爆能力越强。工程爆破中常采用8号雷管，其装药量为0.8 g。

工程爆破中常用的工业雷管有电雷管、导爆管雷管等。电雷管又有普通电雷管、

磁电雷管、数码电雷管。在普通电雷管中又有瞬发电雷管、秒与半秒延期电雷管、毫秒延期电雷管等品种数码电子雷管和磁电雷管是新近发展起来的新品种，代表着工业雷管的发展方向。

（1）电雷管

电雷管是指利用电能发火引爆的一种工业雷管。电雷管按通电后起爆时间不同以及是否允许用于有瓦斯或煤尘爆炸危险的作业面分为好多种类，电雷管结构主要由管壳、电点火系统、加强帽、起爆药和猛炸药五部分组成延期电雷管还有延期体原件。电雷管结构简图如图 6-3 所示。

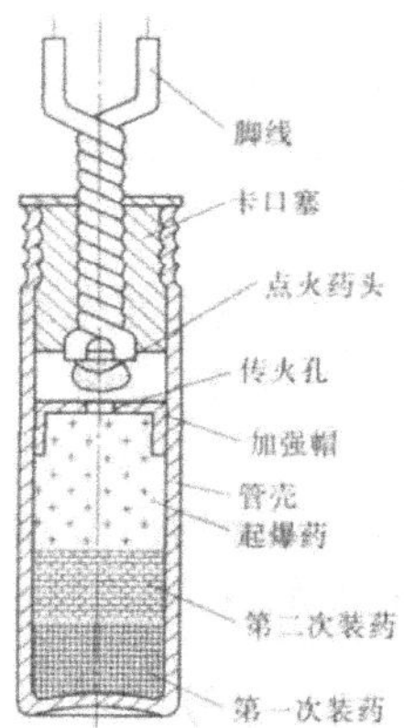

（a）瞬发电雷管结构图

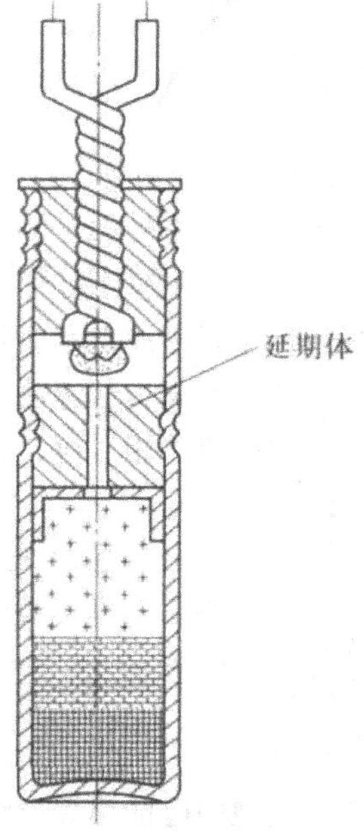

（b）延期电雷管结构图

图 6-3 电雷管结构示意图

（2）导爆管雷管

导爆管雷管是指利用塑料导爆管传递的冲击波能直接起爆的雷管——由导爆管和雷管组装而成。导爆管雷管具有抗静电、抗雷电、抗射频、抗水、抗杂散电流的能力，使用安全可靠，简单易行，在水利水电工程中广泛应用。一般按延期时间分为毫秒延期导爆管、1/4秒延期导爆管、半秒延期导爆管、秒延期导爆管等，工程中应用最广的是毫秒延期导爆管。

（3）数码电子雷管

数码电子雷管是指在原有雷管装药的基础上，采用具有电子延时功能的专用集成电路芯片实现延时的电子雷管。利用电子延期精准可靠、可校准的特点，使雷管延期精度和可靠性极大提高，数码电子雷管的延期误差可控制到 ±1 ms，且延期时间可在爆破现场由爆破技术人员对爆破系统实施编程设定和检测。

2. 导爆索

导爆索又称传爆线，是指用单质炸药黑索金或泰安炸药作为药芯，用棉麻、纤维及防潮材料包缠成索装的起爆及传爆材料，工业导爆索外观颜色一般为红色。经雷管引爆后，导爆索可直接引爆炸药、塑料导爆管及其他导爆索，其也可作为单独的爆破能源。水利水电工程中的预裂及光面爆破均采用导爆索来传爆炸药。

二、起爆方法

在工程爆破施工中，引爆药包中的工业炸药有两种方法：一种是通过雷管的爆炸起爆工业炸药，一种是用导爆索爆炸产生的能量去引爆工业炸药，而导爆索本身需要先用雷管将其引爆。

按雷管的点燃方法不同，起爆方法包括火雷管起爆法、电雷管起爆法、导爆管雷管起爆法。

火雷管起爆法由导火索传递火焰点燃火雷管，是工程爆破中最早使用的起爆方法。火雷管起爆法由于需要在工作面点火，安全性差，一次起爆能力小，无法精确控制起爆时间，因此我国已决定停止生产民用导火索及火雷管。

导爆管雷管起爆法利用导爆管传递爆轰波点燃雷管，也称导爆管起爆法；电雷管起爆法采用电引火装置点燃雷管，故也称电力起爆法；与雷管起爆法相对应，导爆索起爆炸药称为导爆索起爆法；与电力起爆法相对应，将导爆管起爆法和导爆索起爆法又统称为非电起爆法。

根据起爆方法的不同，起爆网路分为电力起爆网路、导爆管起爆网路、导爆索起爆网路三种，后两种又称为非电起爆网路。工程实践中，有时根据施工条件和要求采用由上述不同起爆网路组成的混合起爆网路。

（一）电力起爆法与电爆网路

电力起爆法（俗称电起爆法）是利用电能引爆电雷管进而直接起爆工业炸药的起爆方法。构成电起爆法的器材有电雷管、导线、起爆电源与测量仪表。

1. 电雷管的主要参数

（1）电雷管电阻

电雷管电阻是指桥丝电阻和导线电阻之和。电雷管在使用前，应该测定每发电雷管的电阻值。同一电爆网路中应使用同厂、同批、同型号的电雷管，电雷管的电阻值差不得大于说明书的规定。

电雷管电阻值测量和电爆网路导通，其只能使用专用爆破电桥或导通器，电阻测量仪的测量电流不得大于 30 mA。

（2）安全电流

安全电流指给单发电雷管通以恒定直流电，通电时间 5 min，受试电雷管均不会起爆的电流值当直流电值超过安全电流时，雷管就可能爆炸，故安全电流也称最高安全电流。

（3）最小发火电流

试验中按通电时间为 30 ms 时发火概率为 99.99% 的电流值作为最小发火电流，也称为最低准爆电流，它反映了电雷管在引爆时的敏感度指标。国产电雷管的最小发火电流不大于 0.45 A。

2. 电力起爆网路

电爆网路设计时，要根据需要起爆的电雷管数目和爆破作用类型，选择正确的电爆网路形式，确定所需起爆电源的电压或功率，使得流经每个电雷管的电流值不得小于爆破安全规程规定的准爆电流值。在工程实践中，规定电爆网路中通过每发电雷管的电流值，对一般爆破，直流电不小于 2 A，交流电不小于 2.5 A；对洞室爆破，直流电不小于 2.5 A，交流电不小于 4 A。

电爆网路包括串联、并联和混合联三种基本形式。一般来讲，串联网路用于电雷管数目少的小规模爆破；并联网路仅用于某些特殊情况；混合联网路使用于雷管数目很大的爆破。

（1）串联电爆网路

串联电爆网路与串联电路一样，它是将所有要起爆的电雷管脚线依次连接。串联网路的总电阻等于所有电雷管电阻值之和加上母线和连接线的电阻，则：

$$R = R_1 + R_2 + nr$$

式中：

R —— 总电阻，Ω。

R_1、R_2 —— 母线和连接线电阻值，Ω。

n —— 电雷管个数。

r —— 单个电雷管的电阻值，Ω。

利用欧姆定律，确定所需最小起爆电压：

$$U = i_{准}R$$

式中：

U —— 最小起爆电压，V。

$i_{准}$ —— 准爆电流，A。

串联电爆网路操作简便，用仪表检查也很方便，容易检测网路故障，整个网路所需总电流小，在小规模爆破中被广泛应用。但在串联网路中，一旦其中任何一个雷管发生故障，则整个网路拒爆；受电源电压的限制，一次起爆的雷管数不多。

（2）并联起爆网路

并联起爆网路连接简单，不易造成混乱。并联电爆网路的最大优点是网路中每个雷管都能获得较大的电流，起爆可靠性较高。但并联起爆网路所需的电流强度较大，雷管数量多时，往往超过电源的容许能量。此外，并联网路用仪表检查漏接比较困难。

（3）混合联电爆网路

混合联电爆网路有串并联和并串联两种基本形式。串并联就是将若干电雷管先串联成组，再将各串联组并联的网路；并串联是将若干电雷管并联成组，然后串联的网路。混合联网路常常在规模较大的爆破中使用。

（二）导爆索起爆法

导爆索起爆法是利用导爆索爆炸产生的能量引爆炸药的起爆方法。可用导爆索组成的起爆网路可以起爆群药包，但导爆索本身需要雷管先将其引爆。

1. 导爆索的连接方法

导爆索起爆网路的形式比较简单，无须计算，只要合理安排起爆顺序即可。导爆索传递爆轰波的能力具有方向性，因此在连接网路时必须使每一支线的接头迎着主线的传播方向，支线与主线传播方向的夹角应小于90。。支线与主干线的连接一般采用搭接法。搭接时，两根导爆索的长度不得小于15 cm，中间不得加有异物和炸药卷，绑扎应牢固；导爆索本身的接长，可采用扭结或顺手结；为使支线导爆索可同时接受两个方向传来的爆轰波，支线与主线间采用三角形接法。

2. 导爆索起爆网路

导爆索起爆网路由主干线、支线和继爆管（或导爆管雷管）等组成。常用的导爆索起爆网路可分为齐发起爆网路和微差起爆网路。

（1）齐发起爆网路

齐发起爆网路是指采用一条主干线同时起爆的网路。一般在规模较小、不存在爆破振动要求及一些地质结构不适用微差爆破的情况下，可以选择齐发起爆网路。

（2）微差起爆网路

微差起爆网路包括“继爆管—导爆索微差起爆网路”和“导爆管雷管—导爆索微差起爆网路”就是将继爆管或导爆管雷管直接接在按预定时间间隔实行顺序起爆的各个炮孔或各组炮孔之间的支线上，形成微差起爆网路。

导爆索起爆网路的优点是安全性好，传播可靠，操作简单，使用方便，可以实现成组深孔或药室同时起爆，并能实现总延时时间不长的微差爆破。其主要缺点是成本高，网路不能用仪表检查，在露天爆破时噪声大。导爆索起爆网路适用于深孔、洞室、预裂和光面爆破中'

（3）导爆索的起爆

导爆索本身的起爆需要先用雷管将其起爆，为了起爆可靠，一般采用两个雷管。雷管与导爆索连接时，应将两个雷管顺着导爆索并排放置，且雷管的聚能穴端必须朝向导爆索的传播方向，然后用电工胶布将它们牢固地捆绑在一起，以此来确保雷管与导爆索之间紧密接触。

（三）导爆管雷管起爆法

导爆管雷管起爆法是利用导爆管传递冲击波点燃雷管，进而直接或通过导爆索起爆工业炸药的方法。

1. 导爆管雷管起爆法的特点

导爆管起爆法可以在有电干扰的环境下进行操作，联网时不会因通信电网、高压电网、静电等杂散电流的干扰引起早爆、误爆事故，安全性较高；一般情况下会导爆管起爆网路起爆的药包数量不受限制。网路也不必要进行复杂的计算；导爆管起爆方法灵活、形式多样，可以实现多段延时起爆。导爆管网路连接操作简单，检查方便；导爆管传播过程中声音小，没有破坏作用。而导爆管网路的缺点是还没有检查网路是否通顺的有效手段，而导爆管本身的缺陷、操作中的失误和对其轻微的损伤都有可能引起网路的拒爆。因而在工程爆破中采用导爆管起爆网路，除必须采用合格的导爆管、连接件、雷管等组件外，还应注重网路的布置，提高网路的可靠性，重视网路的操作和检查，在有瓦斯或矿尘爆炸危险的场所不能使用导爆管起爆。

2. 导爆管起爆法的连接方式

导爆管起爆法的连接方式有图示法、簇联法和并串联连接法等。

（1）图示法

用图示法表示导爆管起爆网路的图例如图 6-4 所示。

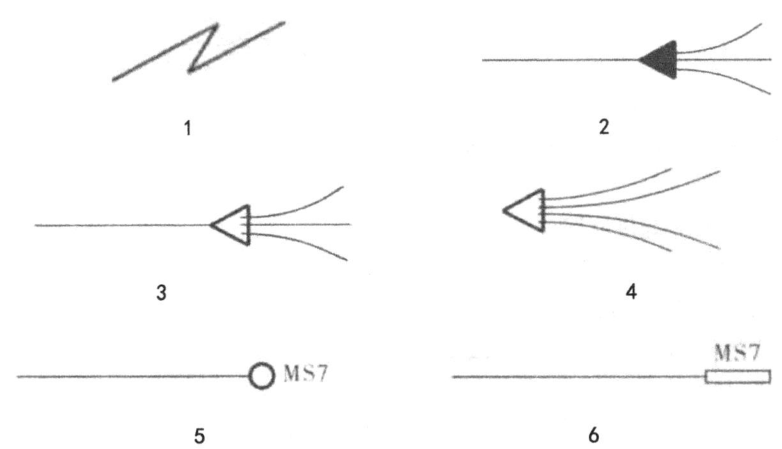

1- 击发起爆点；6- 传播元件；3- 分流式连接元件；4- 反射式连接元件；5- 装入炮孔内的导爆管及段别；6- 导爆管传播雷管及段别

图 6-4　导爆管起爆法图示法图例

（2）簇联法

簇联法是将炮孔内引出的导爆管分成若干束，每束导爆管捆联在一个（或多个）导爆管传播雷管上，再将导爆管传播雷管集束捆联到上一级传播雷管上，直至用一发或一组起爆雷管击发即可将整个网路起爆（见图6–5），这种网路简单、方便，多用于炮孔比较密集和采用孔内延时组成的网路连接中，隧洞爆破中多采用此种连接方法。

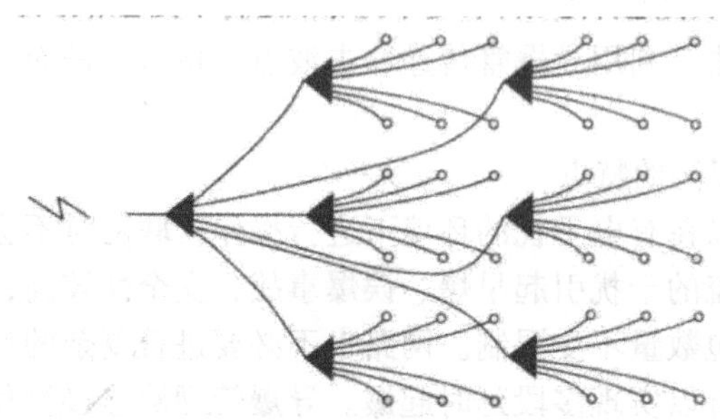

图6–5　导爆管簇联起爆网路（传播元件）示意图

（3）并串联连接法

并串联连接法是从击发点出来的爆轰波通过导爆管、传播元件或分流式连接元件逐级传递下去并引爆装在药包中的导爆管雷管，使网路中的药包起爆的方法（见图6–6）。

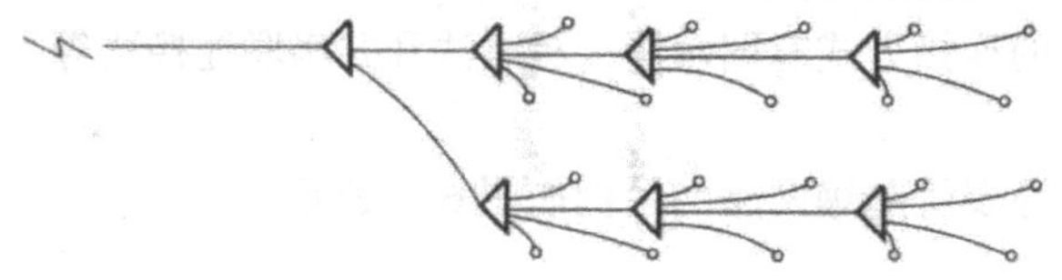

图6–6　导爆管并串联起爆网路示意图

3. 导爆管起爆网路的基本形式

以分段方法来区分导爆管起爆网路，同时可分为孔内延时起爆网路与接力起爆网路两类。

（1）孔内延时起爆网路

所谓孔内延时起爆网路，是指网络中各个炮孔内的起爆雷管采用不同段别的延时雷管，依序起爆的微差起爆网路。该网路中，炮孔间的微差爆破作用由孔内延期起爆雷管的段别所决定，而在网路中炮孔外的传播元件仅起传播作用，不起延时作用。

（2）接力起爆网路

接力起爆网路包括孔外延时、孔内孔外同时延时两种网路。

与孔内延时起爆网路相反，接力式起爆网路中所有的传播元件均采用毫秒延期雷管进行微差延时，炮孔内采用相同段别或不同段别的延期雷管以及导爆索作为起爆元件。该网路中的传播元件不只是单一传播作用，更重要的是进行微差延时积累，达到微差起爆目的。在工程爆破施工实践中，要根据实际情况进行爆破网路设计。

第三节　爆破基本方法

工程爆破的基本方法有露天台阶爆破、洞室爆破和药壶爆破等。露天台阶爆破又分为深孔台阶爆破和浅孔台阶爆破，也是工程实践中最常用的爆破方法。实际施工中采取何种爆破方法取决于工程规模、地形地质条件、开挖强度和施工条件等。

一、露天深孔台阶爆破

露天台阶爆破是在地面上以台阶形式推进的爆破方法。台阶爆破按照孔深、孔径的不同，分为深孔台阶爆破和浅孔台阶爆破，通常将炮孔直径大于 50 mm、孔深大于 5 m 的台阶爆破统称为深孔台阶爆破。露天深孔爆破的钻孔形式一般分为垂直钻孔和倾斜钻孔两种露天深孔台阶爆破广泛地应用于矿山、铁路、公路与水利水电等工程。

（一）台阶要素

深孔爆破台阶要素如图 6–7 所示。

图 6–7 中，H 为台阶高度，m；W 为最小抵抗线；W_1 为前排钻孔的地盘抵抗线，m；L 为钻孔深度，m、l_1 为装药长度，m，l_2 为堵塞长度，m；h 为超钻孔深，m；α 为台阶坡面角（。）；α 为孔距，m；b 为排距，m；B 为在台阶面上从钻孔中心至坡顶线的安全距离，m。为了达到良好的爆破效果，必须正确确定上述各项台阶要素。

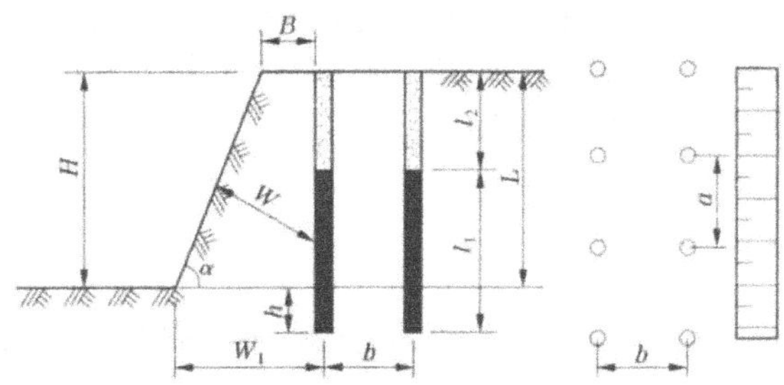

图 6–7　台阶要素示意图

（二）布孔形式

布孔形式有单排布孔和多排布孔。多排布孔又分为方形、矩形及三角形（梅花形）布孔三种。方形布孔具有相等的孔间距和抵抗线（排距），矩形布孔的抵抗线比孔间距小，即排距小于孔间距，梅花形布孔可取抵抗线和孔间距相等，也可取抵抗线小于孔间距，后者更为常用。

（三）露天深孔台阶爆破参数

露天深孔台阶爆破参数包括：孔径、孔深、超钻孔深、底盘抵抗线、孔距、排距、

堵塞长度和单位炸药耗量、每孔装药量等。

1. 孔径

孔径主要取决于钻机类型、台阶高度及岩石性质，一般用 D 表示。国内常用的深孔直径有 76 ~ 80 mm、100 mm、150 mm、170 mm、200 mm、250 mm、310 mm 等几种。

2. 孔深 L 与超深 h

孔深是由台阶高度和超深确定的。水利水电工程中，一般部位的爆破开挖台阶高度 H 为 8 ~ 15 m。

垂直孔孔深

$$L = H + h$$

超钻孔深

$$h = (0.15 \sim 0.35)W_1$$

或

$$h = (8 \sim 12)D$$

3. 孔距和排距

孔距 a 是指同一排钻孔相邻两孔中心线的距离。一般可以按下式计算：

$$a = mW_1$$

式中字母意义同前。

排拒 b 是指多排孔爆破时，相邻两排钻孔间的距离。它与孔网布置和起爆顺序等因素有关。多排孔爆破时，孔距和排距是一个相关的参数，在给定孔径条件下，每个孔都有一个合理的负担面积（S），即：

$$S = ab$$

4. 堵塞长度上

合理的堵塞长度和堵塞质量，对改善爆破效果和提高炸药的利用率具有重要作用，堵塞长度一般按以下公式计算：

$$l_2 = (0.7 \sim 1.0)W_1$$

或

$$l_2 = (20 \sim 30)D$$

5. 单位炸药消耗量 q

影响单位炸药耗量的因素主要有岩石的可爆性、炸药特性、自由面条件、起爆方法和块度要求等。因此，选取合理的单位炸药耗量往往需要通过多次试验或者长期生产实践来验证。

6. 每孔装药量 Q

单排孔或多排孔爆破的第一排孔的每孔装药量按下式计算：

$$Q = qaW_1H$$

式中：

q —— 单位炸药耗量，kg/m3；

a —— 孔距，m；

H —— 台阶高度，m；

W_1 —— 单排抵抗线，m。

多排孔爆破时，从第二排起，以后各排的每孔装药量按下式计算：

$$Q = kqabH$$

式中：

k —— 考虑受前面排孔的岩石阻力作用的增加系数，$k = 1.1 \sim 1.2$；

b —— 排距，m；

其余符号意义同前。

二、露天浅孔台阶爆破

浅孔爆破是指孔深不超过 5 m、孔径在 50 mm 以下的爆破。浅孔爆破设备简单，方便灵活，工艺简单。浅孔爆破在露天小台阶采矿、沟槽基础开挖、二次破碎、边坡危石处理、石材开采、井巷掘进等工程广泛应用。

露天浅孔台阶爆破与露天深孔台阶爆破，两者基本原理是相同的，工作面都是以台阶的形式向前推进，不同点仅仅是孔径、孔深、爆破规模等比较小。

（一）炮孔布置

浅孔爆破一般采用垂直孔，炮孔布置方式和爆破设计与深孔台阶爆破类似，只不过相应的孔网参数较小。

（二）浅孔台阶爆破参数

爆破参数应根据施工现场的具体条件和类似工程的成功经验选取，并通过实践检验修正，以取得最佳参数值。

1. 炮孔直径 d

由于采用浅孔凿岩设备，孔径多为 36 ~ 42 mm，药卷直径一般为 36-35 mm。

2. 炮孔深度 L 和超深 h

$$L = H + h$$

式中：

L —— 孔深度，m；

H —— 台阶高度，m；

h —— 超钻孔深，m。

浅孔台阶爆破的台阶高度 H 一般不超过 5 m，而超深入一般取台阶高度的 10% ~ 15%，即：

$$h = (0.10 \sim 0.15)H$$

3. 炮孔间距 a

一般

$$a = (1.0 \sim 2.0)W_2$$

或

$$a = (0.5 \sim 1.0)L$$

4. 单位炸药耗量 q

与深孔台阶爆破相比，浅孔爆破的单位炸药耗量值应稍大些，一般取 $q = 0.5 \sim 1.2$ kg/m3。

三、洞室爆破

洞室爆破是将大量炸药装入洞室或导洞（巷道）中，可按设计完成开挖或抛掷要求的爆破技术。根据地形条件，一般洞室爆破的药室常用平洞或竖井相连，装药后须按要求将平洞或竖井堵塞，以确保爆破施工质量和效果。

（一）洞室爆破的类型

洞室爆破按爆破作用特征分为标准抛掷爆破、加强抛掷爆破、减弱抛掷爆破（又称加强松动爆破）和松动爆破；按爆破药室结构形状（装药形式）可分为集中药包洞室爆破、条形药包洞室爆破、分集药包洞室爆破与混合药包洞室爆破。

（二）导洞与药室布置

导洞可以是平洞或竖井。当开挖工程量相近时，平洞比竖井投资少、施工方便，具体应根据地形条件选择。平洞截面一般取 1.2 m × 1.8 m，竖井取 1.5 m × 1.5 m，以满足最小工作面需要。对于集中药包，为了减少开挖量，连接药室的导洞宜布置成 T 形或倒 T 形。对条形布药，可利用与自由面平行的平洞作为药室。集中装药的药室以接近立方体为好。

（三）爆破参数的选择

1. 最小抵抗线 W

确定最小抵抗线是洞室爆破设计的核心。最小抵抗线方向和大小，对洞室爆破的爆破效果、爆破安全和爆破成本等影响显著。确定最小抵抗线应首先针对爆区周围环境特点，在确保周围建筑物安全的前提下，根据爆破块度要求和挖运设备能力综合考虑一般在 10 ~ 25 m 范围内选取。水利水电工程洞室爆破最小抵抗线一般以 20 m 左右为宜，最小抵抗线 W 与药包埋设深度 H 的比值一般应控制在 W/H=0.6 ~ 0.8。

2. 爆破作用指数 n

前面讲过，爆破作用指数是爆破漏斗半径 r 和最小抵抗线 W 的比值，即 $n=r/W$ 。它是洞室爆破的重要参数之一，应根据工程目的、爆破要求以及地形条件等因素合理选取。

（1）标准抛掷爆破时，$n=1.0$；

（2）加强抛掷爆破时，$n>1.0$；

（3）减弱抛掷爆破（加强松动爆破）时，$0.75<n<1.0$；

（4）松动爆破时，$n\leqslant 0.75$ 。

3. 标准抛掷爆破单位用药量系数 k

标准抛掷爆破单位用药量系数 k 可根据工程类比法和爆破漏斗试验获得。

4. 装药量计算

对于水利水电工程，洞室爆破可按下述公式计算装药量：

集中药包

$$Q=kW^3\left(0.4+0.6n^3\right)e$$

条形药包

$$Q=qL$$

式中：

Q —— 装药量，kg；

k —— 标准抛掷爆破单位用药量系数，kg/m3；

W —— 药包最小抵抗线，m；

n —— 爆破作用指数；

e —— 炸药品种换算系数，针对于2号岩石炸药 $e=1.0$，铵油炸药 $e=1.05\sim1.15$；

q —— 条形药包每米装药量，kg；

L —— 条形药包长度，m。

（四）洞室爆破施工

装药前，应对洞室内的松石进行处理，并做好排水和防潮工作。

装药时，先在药室四周装填选用的炸药，再放置猛度较高、性能稳定的炸药，最后于中部放置起爆体。起爆药量通常为总装药量的 1% ~ 2%。

堵塞时先用木板或其他材料封闭药室，再用黏土填塞 3 ~ 5 m，最后用石渣料堵塞。总的堵塞长度不能小于最小抵抗线长度的 1.2 ~ 1.5 倍。对 T 形导洞可适当缩小堵塞长度。

第四节　爆破施工

一、爆破钻孔机械

工程爆破常用的钻孔机械按用途分为露天钻孔机械、地下钻孔机械和水下钻孔机械，露天钻孔机械主要有凿岩机、牙轮钻机、潜孔钻机和液压凿岩钻机等；地下钻孔机械主要有凿岩机、潜孔钻机、牙轮钻机、隧道掘进钻车和采矿凿岩钻车等；水下钻孔机械主要有固定支架冰上作业平台、漂浮式钻孔作业船与作业平台、支腿升降式水上钻孔作业平台等，凿岩机既是露天钻孔机械，又是地下钻孔机械。其中应用最为广泛的是气动式凿岩机。

气动式凿岩机的动作原理属于冲击回转式，动力为压缩空气。主要有手持式凿岩机、气腿式凿岩机、向上式凿岩机和轨道式凿岩机等。其中，手持式凿岩机、气腿式凿岩机、向上式凿岩机属于浅孔钻机，而导轨式凿岩机属于中深孔凿岩机。国产浅孔凿岩机主要有 YT-24、YT-27、YT-28 等型号。

深孔凿岩设备一般采用潜孔钻机、牙轮钻机与液压凿岩钻机等。

二、台阶爆破施工工艺

（一）施工准备

1. 覆盖层清除

一般按照“先剥离、后开采”的原则，根据施工区的特点，先组织机械进行表土清除、风化层剥离，为爆破施工创造条件。

2. 施工道路布置

施工道路主要服务于钻机就位和渣料运输修筑施工道路，尽量利用已有道路、减少公路修筑工程量，缩短上山道路施工工期。

3. 台阶布置

根据开采地形和台阶高度，结合已修筑施工道路，合理布置台阶，应在道路与设计台阶交叉处向两侧外拓，为钻机和出渣机械工作创造条件，向两侧外拓采用挖掘机械与爆破相结合的方法。

（二）钻孔

1. 钻机平台修建

台阶式爆破都应为钻机修筑钻孔平台。平台宽度应便于钻孔机械安全施工为宜。保证一次钻孔不少于 2 排孔。平台要平整，以便于钻孔机移动和作业。施工时采用浅孔爆破、推土机整平的方法。

2. 钻孔方法

钻孔时，施工操作人员要掌握钻机的操作要领，熟悉与了解设备的性能、构造原理及使用注意事项，熟练操作技术，并掌握不同性质岩石的钻孔规律。钻孔的基本要领是：软岩忙打，硬岩块度；小风压顶着打，不见硬岩不加压；勤看勤听勤检查。

（1）开口

对于完整的岩面，应先吹净浮渣，给小风不加压，慢慢冲击岩面，打出孔窝后，旋转钻具下钻开孔。当钻头进孔后，逐渐加大分量至全风全压快速凿岩状态。若开口不当，会形成喇叭口，小碎石随时可能掉进孔内造成卡钻或堵孔。因此，开口时应使钻头离地，给高风高压，吹净浮渣，按"小风压顶着打，不见硬岩不加压”的要领开口。

（2）钻进技巧

孔口开好后，进入正常钻进时，对于硬岩应选择高质量高硬度的钻头、送全风全压，但转速不易过快，防止损坏钻头；对于软岩，应送全风加半压慢打，排净钻孔岩粉，每钻进 1.0 ~ 1.5 m 时提钻吹孔一次。防止孔底积渣过多而卡钻；针对于分化破碎岩层，应分量小压力轻，勤吹孔勤护孔，为防止塌孔现象，每钻进 1.0m 左右，就用黄泥护孔一次。

（3）泥浆护孔方法

对于孔口岩石破碎不稳定段，应在钻孔过程中采用泥浆进行护壁，一是避免孔口形成喇叭口状影响钻屑冲出，二是防止在钻孔、装药过程中孔口破碎岩块掉入孔内造成堵孔。泥浆护壁的操作程序是：炮孔钻凿 2 ~ 3 m；在孔口堆放一定量的含水黏黄泥；用钻杆上下移动，尽量能将岩粉吹出孔外，保证钻孔深度，提高钻孔利用率。

3. 炮孔验收与保护

炮孔验收主要内容包括：检查炮孔深度和孔网参数；复核前排各炮孔的抵抗线；查看孔中含水情况等。炮孔验收应对各项检查数据做好记录。

为防止堵孔，应该做到如下方面：①每个炮孔钻完后立即将孔口用木塞或塑料塞堵好，防止雨水或其他杂物进入炮孔。②孔口岩石清理干净，防止掉落孔内。③一个爆区钻孔完成后尽快实施爆破。

在炮孔验收过程中发现堵孔、深度不够，应及时进行补钻。在补孔过程之中，应注意周边炮孔的安全，保证所有炮孔在装药前全部符合设计要求。

（三）装药方法

装药主要有两种方式，即机械装药和人工装药。对于矿山等用药量很大的地方，一般采用机械装药。机械装药与人工装药相比，安全性好，效率高，也较为经济。

1. 装药过程主要注意事项

①结块的炸药必须敲碎后再装入孔内，防止堵塞炮孔，破碎药块只能用木锤，不能用铁器；乳化炸药在装入炮孔前一定要整理顺直，不得有压扁等现象，防止堵塞炮孔。②根据装入炮孔内炸药量估计装药位置，发现装药位置偏差很大时，应立即停止装药，分析原因后再作处理。③装药速度不宜过快，特别是水孔装药速度一定要慢，要保证乳化炸药沉入孔底。④放置起爆药包时，雷管脚线要顺直，轻轻拉紧并贴在孔壁一侧，

以避免脚线产生死弯而造成芯线折断、导爆管折断等，同时可减少炮棍捣坏脚线的机会。⑤采取有效措施，防止起爆线（或导爆管）掉进孔内。。⑥装药超量时采取的处理方法。其一，装药为铵油炸药时往孔内倒入适量水溶解炸药，降低装药高度，保证填塞长度符合设计要求；其二，炸药为乳化炸药时采用炮棍等将炸药一节一节地提出孔外，满足炮孔填塞长度。在处理过程中一定要注意雷管脚线（或导爆管）不得受到损伤。

2. 装药过程中发生堵孔时应采取的措施

首先了解发生堵孔的原因，以便在装药操作过程中予以注意，采取相应措施尽可能避免造成堵孔。发生堵孔原因包括：①在水孔中，由于炸药在水中下降速度慢，装药过快易造成堵孔。②炸药块度过大，在孔内卡住后难以下沉。③装药时将孔口浮石带入孔内或将孔内松动石块碰到孔中间，造成堵孔。④水孔内水面因装药而上升，将孔壁松动岩块冲到孔中间堵孔。⑤起爆药包卡在孔内某一位置，未装到接触炸药处，继续装药就造成堵孔。

堵孔的处理方法：起爆药包未装入炮孔前，可采用木质炮棍捅透装药，疏通炮孔；如果起爆药包已装入炮孔，严禁用力直接捅压起爆药包，便可请现场爆破技术人员根据现场情况提出处理意见。

（四）堵塞

堵塞材料一般采用钻屑、黏土、粗砂等，水平填塞时应用废纸将钻屑、黏土、粗砂等制成炮泥卷。

1. 堵塞方法

堵塞时，应将填塞材料慢慢放入孔内。孔内堵塞段有水时，采用粗砂或钻孔岩粉填塞：每填入 30 ~ 50 cm 后，用炮棍检查是否沉到位，并捣实。严防炮泥悬空、炮孔填塞不密实。水平孔、倾斜孔堵塞时，采用炮泥卷填塞，炮泥卷每放入一卷，用炮棍将炮泥卷捣烂压实。

2. 堵塞时注意事项

①堵塞材料中不得含有碎石块和易燃材料。②堵塞过程中要防止导线、导爆管被砸断、砸破。

（五）起爆网路的连接

爆破网路连接是一个关键工序，一般由爆破技术人员或有丰富经验的爆破员来操作网路连接人员必须了解爆破工程的设计意图、具体起爆顺序，能够识别不同段别的起爆器材

采用电爆网路时，因一次起爆孔数较多，必须合理分区连接，以减小整个爆破网路的电阻值，分区时要注意各个支路的电阻平衡，才能保证每个雷管获得相同的电流值，实践表明，电爆网路连接质量关系到工程的成败，任何诸如接头不牢固、导线断面不够、导线质量低劣、连接电阻过大或接头触地漏电等，都会造成起爆时间延误或发生拒爆在网路连接过程中，应利用爆破参数测定仪随时监测网路电阻值，网路连接完毕后，必须对网路所测电阻值与计算进行比较，若有较大误差，应查明原因，排除

故障，重新连接。

采用非电爆破网路时，由于不能用仪器进行施工过程监测，要求网路连接人员精心操作，注意每排和每个炮孔的雷管段别，在必要时划片有序连接，以免出错或漏连在导爆管网路采用簇联时，必须两人配合，一定捆好绑紧，并将起爆雷管的聚能穴作适当处理，避免雷管飞片将导爆管切断，产生瞎炮。采用导爆索与导爆管联合起爆网路时，一定要用内装软土的编织袋将导爆管保护起来，避免导爆索爆炸时的冲击波对导爆管产生不利影响。

（六）起爆

起爆前，首先检查起爆器是否完好正常，及时更换起爆器电池，保证提供足够电能并能快速充到爆破需要的电压值；在连接主线接入起爆器前，必须对网路电阻进行检测；当警戒完成后，再次测定电阻值，确保安全后，才能将主线接入起爆器，等候起爆命令起爆后，应及时切断电源，将主线与起爆器分离。

（七）爆后检查

爆破后，爆破工程技术人员和爆破员先对爆破现场进行检查，其只有在检查完毕确认安全后，才能发出解除警戒信号和允许其他施工人员进入爆破作业现场。

爆破后不能立即进入现场，应等待一定时间，确保所有起爆药包均已爆炸以及爆堆基本稳定后再进入现场检查。一般岩土爆破后检查内容主要包括：①露天爆破爆堆是否稳定，有无危坡、危石。②有无危险边坡、不稳定爆堆、滚石和超范围塌陷。③有无拒爆药包。④最敏感、最重要的保护对象是否安全。⑤爆区附近有隧道、涵洞和地下采矿场时，应对这些部位进行安全和有害气体检测。

爆后检查如果发现或怀疑有拒爆药包，应向现场指挥汇报，由其组织有关人员做进一步检查；如发现存在瞎炮或其他不安全因素，要尽快采取措施进行处理；在上述情况下，不应发出解除警戒信号。

第五节 控制爆破技术

控制爆破实质上是在某一特殊条件下，实现某种控制目标的爆破。控制爆破种类繁多，实践性和针对性较强本节主要介绍光面爆破与预裂爆破、水下岩塞爆破及拆除爆破等。

一、光面爆破与预裂爆破

（一）基本概念与适用条件

1. 光面爆破

（1）定义

沿开挖边界布置密集炮孔，采用不耦合装药或装填低威力炸药，在主爆孔起爆后

起爆，以形成平整轮廓面的爆破作业称之为光面爆破。

（2）基本作业方法

光而爆破基本作业方法有以下两种：

①预留光爆层法

先将主体石方进行爆破开挖，预留设计的光爆层厚度，之后沿设计开挖边界钻密集孔进行光面爆破。光爆层厚度是指周边孔与主爆孔之间的距离。

②一次分段延期起爆法

光面爆破孔和主爆孔采用毫秒延期雷管同次分段起爆，光面爆破孔延迟主爆孔150 ~ 200 ms 起爆。

2. 预裂爆破

（1）定义

沿开挖边界布置密集炮孔，采用不耦合装药或装填低威力炸药，在主爆孔爆破之前起爆，在爆破和保留区之间形成一条有一定宽度的贯穿裂缝，在这条缝的“屏蔽”下再进行主体爆破，以减弱主体爆破对保留岩体的破坏，并形成平整轮廓面的作业，称预裂爆破：

（2）基本作业方法

预裂爆破基本作业方法也有两种：

①预裂孔先行爆破法

在主体石方钻孔之前，先沿设计边坡钻密集孔进行预裂爆破，然后进行主体石方钻孔爆破

②一次分段延期起爆法

预裂孔和主爆孔采用毫秒延期雷管同次分段起爆，预裂爆破孔先于主爆孔100 ~ 150 ms 起爆。

3. 光面爆破和预裂爆破异同点

光面爆破和预裂爆破的相同点包括：光面爆破和预裂爆破均是边坡控制爆破的方法，通过控制能量释放，有效控制破裂方向和破坏范围，致使边坡达到稳定、平整的设计要求。

光面爆破和预裂爆破的不同点包括：

（1）炮孔起爆顺序不同

光面爆破是主爆孔先爆，光爆孔后爆；预裂爆破是预裂孔先爆，主爆孔后爆。

（2）自由面数目不同

光面爆破有两个自由面，预裂爆破只有一个自由面。

（3）单位炸药消耗量不同

光面爆破单位炸药消耗量小，预裂爆破由于夹制作用大，炸药单耗较大。

4. 光面爆破和预裂爆破成缝机理

光面和预裂孔采用的是一种不耦合装药结构（药卷直径小于炮孔直径），由于药包和孔壁间环状空隙的存在，削减了作用在孔壁上的爆压峰值，且为孔与孔间彼此提供了聚能的空穴，冲击波能量主要在孔距较小的孔间传递。因为岩石的抗压强度远大

于抗拉强度，所以削减后的爆压峰值不致使孔壁产生明显的压缩破坏，其只有切向拉力使炮孔四周产生径向裂纹加之孔与孔间彼此的聚能作用，使孔间连线产生应力集中，孔壁连线上的初始裂纹进一步发展，而滞后的高压气体，沿缝产生“气刃”劈裂作用，使周边孔间连线上的裂纹全部贯通成缝。

5. 光面爆破和预裂爆破的适用条件

（1）地质条件适应性

光面爆破和预裂爆破广泛地用于坚硬和完整的岩体中，效果明显。在不均质和构造发育岩体中，采用光面爆破效果虽然不明显，可减轻对保留岩体的破坏，减少超欠挖，有利于边坡稳定

（2）爆破方法适应性

光面爆破和预裂爆破适应于孔深大于 1.0 m 的浅孔爆破、露天及地下深孔爆破、隧道（洞）周边控制爆破等。

（3）工程适应性

光面爆破和预裂爆破适应于铁路、公路、水利、矿山等多项石方边坡开挖工程。

（二）光面爆破设计与施工

1. 光面爆破参数选择

光面爆破的主要参数有：炮孔直径 D 、炮孔间距 a 、台阶高度 H 、炮孔超深 h 、装药量 Q 及线装药密度 $q_{线}$ 、最小抵抗线（光爆层厚度）$W_{光}$ 、炮孔密集系数 m 等。

（1）炮孔直径 D

深孔爆破时，一般取。=80 ~ 100 mm; 浅孔爆破时，取。=42 ~ 50 mm; 隧洞爆破时，常用的孔径为。二 35 ~ 45 mm，隧洞爆破的光爆孔与掘进作业的其他炮孔直径一致 a 。

（2）炮孔间距 a

炮孔间距 a 可按下式计算：

$$a = mW_{光}$$

式中：

m —— 炮孔密集系数，一般 $m = 0.6 \sim 0.8$ 。

（3）台阶高度 H

台阶高度 H 与主体石方爆破台阶相同，一般情况之下，深孔取 $H \leqslant 15m$ ，浅孔取 $H < 5m$ 为宜。

（4）炮孔超深 h

$h = 0.5 \sim 1.5m$ ，孔深大和岩石坚硬完整者取大值，反之则取小值。

（5）最小抵抗线 $W_{光}$

最小抵抗线 $W_{光}$ 可按下式计算：

$$W_{光} = KD$$

或

$$W_{光} = K_l a$$

式中：

$W_{光}$ —— 光面爆破最小抵抗线，m；

K —— 计算系数，一般取 K=10 ~ 25，软岩取大值，硬岩取小值；

K_l —— 计算系数，一般取 K=1.5 ~ 2.0，大孔径取小值，小孔径取大值；

D —— 炮孔直径，mm；

a —— 炮孔间距，m。

（6）不耦合系数 η

一般当 $D=80\sim200$ mm 时，$\eta=2\sim4$；当 $D=35\sim45$ mm 时，$\eta=1.5\sim2.0$。

（7）线装药密度 $q_{线}$

一般当露天光面爆破 $D\geqslant50mm$ 时，$W>1m$，$Q_{线}=100\sim300g/m$，而完整坚硬的取大值，反之取小值。全断面一次起爆时适当增加药量。也可查阅相关施工手册初选经验线装药密度。

（8）炮孔密集系数 m

a 与 W 的比值称为炮孔密集系数 m，它随岩石性质、地质构造和开挖条件的不同而变化，一般 $m=a/W=0.6\sim0.8$。

光面爆破设计说明书包括的内容有：标有起爆方式的炮孔布置图；光爆孔装药结构图；光爆参数一览表及其文字说明和计算；技术指标与质量要求等。

2. 起爆网路

光面爆破宜与主体爆破一起分段延期起爆，也可预留光爆层在主体爆破后起爆。

3. 光面爆破施工

第一，钻孔必须按“对位准、方向正、角度精”三要点进行，保证钻孔精度。

第二，装药结构。常用的装药结构有三种：一是普通标准药卷（ϕ 32 mm）间隔装药；二是小直径药卷（ϕ 20 ~ 25 mm）连续装药；三是小直径药卷间隔装药。

4. 光面爆破质量控制

第一，周边轮廓尺寸符合设计要求，岩石壁面平整。

第二，光爆后岩面上残留半孔率，对坚硬岩石不小于 80%，中等坚硬岩石不小于 65%，软弱岩石不小于 50%。

第三，光爆后，保留面上无粉碎和明显的新裂缝。

（三）预裂爆破设计与施工

1.一般规定

第一，预裂爆破炮孔应沿设计开挖边界布置，炮孔倾斜角度应与设计边坡坡度一致，炮孔孔底应处在同一高程上。

第二，炮孔直径可根据预裂爆破的台阶高度、地质条件和钻孔设备确定。

第三，预裂爆破和主体爆破同次起爆时，预裂爆破的炮孔可在主体爆破前起爆，

超前时间不宜小于 75 ms。

2. 预裂爆破参数选择

预裂爆破参数主要有：炮孔直径 D 、炮孔间距、线装药密度 $q_{线}$ 、不耦合系数等：

（1）炮孔直径 D

通常为 40 ~ 200 mm，浅孔爆破用小值，深孔爆破用大值。

（2）炮孔间距炮 a

孔间距与岩石特性、炸药性质、装药情况、缝壁平整度要求、孔径等有关，通常取，$a=(8\sim12)D$ ，小孔径取大值，大孔径取小值，岩石均匀完整取大值，反之取小值。

（3）线装药密度 $q_{线}$

预裂炮孔内采用线状间隔装药，单位长度的装药量称为线装药密度。根据不同岩性，一般通过经验公式或工程类比法确定。一般 $q_{线}=200\sim400$ g/m

3. 预裂爆破施工注意事项

①为克服岩石对孔底的夹制作用，孔底 1 ~ 2 m 范围装药应该加强，采用线装药密度的 2 ~ 5 倍。②钻孔质量是保证预裂面平整度的关键。钻孔轴线与设计开挖线的偏离值应控制在 15 cm 之内。③炮孔直径和孔深的关系。一般条件下，炮孔深度浅，孔径小；炮孔深度大，孔径大。浅孔爆破一般取孔径 $D=42\sim50$ mm，深孔爆破取 $D=80\sim100$ mm，或者更大值④预裂爆破一般采用不耦合装药，不耦合系数大于 2 为佳。⑤预裂爆破起爆网路宜采用导爆索连接，组成同时起爆或多组接力起爆网路。

4. 预裂爆破质量控制

预裂爆破的质量控制主要是预裂面的质量控制，通常按如下标准控制：

①预裂缝面的最小张开宽度应大于0.5 ~ 1 cm，坚硬岩石取小值，软弱岩石取大值。②预裂面上残留半孔率，针对坚硬岩石不小于 85%，中等坚硬岩石不小于 70%，软弱岩石不小于 50%。③钻孔偏斜度小于 1。，预裂面的不平整度不大于 15 cm。

二、水下岩塞爆破

岩塞爆破是一种水下控制爆破。一般从隧洞出口逆水流方向按常规方法开挖，待掌子面接近进水口位置时，预留一定厚度的岩石（称为岩塞），待隧洞和进口控制闸门全部完建后，采用爆破将岩塞一次炸除，形成进水口，使隧洞与水库连通

（一）岩塞布置及爆落石渣处理

1. 岩塞布置

岩塞布置应根据隧洞的使用要求、地形、地质等因素确定，宜选择在覆盖层薄、岩石坚硬完整且层面与进口中心交角大的部位，特别应避开节理、裂隙、构造发育的地段。岩塞的开口尺寸应满足进水流量的要求。岩塞厚度与隧洞直径的比值在 1 ~ 1.5 选取，太厚则难以一次爆通，太薄则不安全。

2. 岩塞爆落石渣处理

岩塞爆落石渣常采用集渣和泄渣两种处理方法。前者为爆前在洞内正对岩塞的下方挖一容积相当的聚渣坑，让爆落的石渣大部分抛入坑内，且保证运行期坑内石渣不

被带走。后者为爆破时闸门开启，借助高速水流将石渣冲出洞口。多采用泄渣方式时，除要严格控制岩渣块度、对闸门埋件和门楣做必要的防护处理外，为避免瞬间石渣堵塞，正对岩塞可设一流线型缓冲坑，其容积相当于爆落石渣总量的 1/4 ~ 1/5。泄渣处理方式适用于灌溉、供水、防洪隧洞一类的取水口岩塞爆破。

（二）爆破方案选择

目前国内外采用岩塞爆破方案主要有洞室爆破法与钻孔爆破法两种方式，不论哪种方式，必须保证过水及稳定，过水要求岩塞爆通，稳定保证岩塞完成设计形状、周围岩体稳定。

（三）岩塞爆破设计

岩塞爆破设计的主要内容有：①爆破器材品种、规格、数量及爆破方案；

②钻孔爆破施工组织和施工程序。③排孔或洞室布置和装药结构。④周边孔网及其爆破参数。⑤起爆分段顺序时差、起爆网路计算。⑥爆破地震、水击波对附近建（构）筑物、设施、山坡稳定影响的计算，预防发生危害性的安全技术措施等。

岩塞爆破属于水下爆破，用药量计算应考虑静水压力的阻抗，比常规抛掷爆破药量增大 20% ~ 30%。

（四）岩塞爆破施工要点

①岩塞施工中最大的问题是漏水和保证围岩稳定，灌浆以及锚固是应采用的重要措施，也可采用引水的方法。②炸药及起爆器材应采用防水炸药或对其做必要的防水处理。③岩塞爆破的安全控制包括两部分: 其一是施工期的安全，与一般地面爆破相同; 其二为爆破有害效应控制，包括爆破振动效应、水中冲击波效应等控制。

三、拆除爆破

拆除爆破技术是指对废旧建（构）筑物进行拆除的控制爆破技术。拆除爆破也是利用少量炸药把需要拆除的建（构）筑物按所要求的破碎度进行爆破，使其坍落解体或破碎，同时由于进行这种爆破作业的环境约束，要严格控制爆破可能产生的损害因素，如爆破振动、冲击波、飞石、粉尘、噪声等的影响，保护周围建（构）筑物和设备的安全。

拆除爆破应根据工程要求和爆破对象周围环境特点和要求，考虑建（构）筑物的结构特点，通过一定的技术措施，通过精心设计、施工采用有效的防护措施，严格控制爆破能量的释放过程和介质破碎过程，使爆破对象能按预定块度破碎并坍塌在规定的范围内，达到预期爆破效果，同时将爆破影响范围和危害控制在允许的限度以内。

与其他爆破相比，拆除爆破往往环境复杂，爆破对象和材质多种多样（主要是混凝土、钢筋混凝土、砖石砌体、三合土等），对爆破和起爆技术的准确性要求非常高。常要求爆破过程实现定向、定距、定量及减震、减冲（击波）、减飞（石）、减声（音）等控制。在爆破参数选择、布孔、药量计算和炸药单耗确定等设计中，常依据等能、微分、失稳等原理，采取相应的技术措施，以达到拆除爆破控制的目的。

拆除爆破应用很广，但主要用于钢筋混凝土整体框架结构、烟囱、水塔等拆除。要使这类建筑物倾倒并摔碎，必须具备三个条件：一是形成塑性铰，要在钢筋混凝土结构的各刚性节点处布置炮孔并将其炸酥；二是要形成整体倾覆力矩；三是要使钢筋混凝土承重结构失稳，即不仅要使建筑物倾倒，还要保证爆后露出的钢筋骨架在上部静压荷载的作用下超过其抗压极限强度或达到压杆失稳条件。

常用的爆除方案有原地坍塌、定向倒塌、折叠倒塌等。原地坍塌方案的实质则是向内折叠坍塌方案的一种。定向倒塌方案是在建筑物底部炸开一定形状和大小的缺口，让整个建筑物绕定轴转动一定倾角后向预定方向倾倒，冲击地面而解体破坏。它是通过在承重结构的倾倒方向上布置不同破坏高度的炮孔并用不同的起爆顺序（毫秒延期）来实现的折叠倒塌方案适用于建筑物高度大而周围场地相对较小的情况，一般沿建筑物的高度分若干层或若干段炸开多个缺口，使建筑物自上而下顺序定向倒塌。

拆除爆破在水利水电工程施工中主要被用来拆除临时围堰、临时导墙、砂石料仓的隔墙、拌和楼的钢筋混凝土支承构架等。

第七章　地基处理与基础工程施工

第一节　概述

一、引言

通常，《水利水电概预算编制办法》中“基础工程施工”，实际包括了地基处理与基础工程施工。因为地基与基础的关系非常密切，在设计和施工时要一并考虑，所以习惯放在一块简称为基础工程，同时也有基础性工程的意思。但至今有人还分不清楚，常把地基称为基础。实际上两者的性质和材料是完全不同的。

严格地讲，承受建筑物荷载的岩土才是地基。按地质情况分类，有覆盖层地基（简称土基）和岩石体地基（简称岩基）；按设计施工情况分类，有天然地基和人工地基。不需人工处理并改善原来的物理力学性能，则能满足设计要求的地基称为天然地基，否则属于人工地基。承受所施加荷载的主要部分的地基层称为持力层，下伏的岩土层称为下卧层，持力层顶面称为建基面。

确切地讲，建筑物与岩土直接接触的部分（包括下部的、四周的）才能被称为基础。基础是建筑物的组成部分（底、侧部支承体），其作用是将上部结构传来的荷载比较均匀地扩散，减小应力强度并传给地基。所以基础应该是人工的，不应有天然基础之说。

地基与基础的关系非常密切，建筑物的稳定取决于地基与基础的强度和稳定性，不仅仅取决于单方面，关键在于地基与基础对建筑物的适宜性，就是地基与基础相适应并适应建筑物的需要。地基处理与基础工程就是要根据建筑物的类型及对地基的不同要求、覆盖层地基和岩基各自的不同特点，合理选择最优的地基处理方案及基础形式，保证建造的基础和地基既满足运用要求又比较节省。这就需要勘察、设计和施工各方面的共同努力。

水工建筑物要求地基有足够的强度、抗压缩与整体均匀性，能承受建筑物的压力，

保证抗滑稳定，且不产生过度的位移和沉陷；有足够的抗渗、耐久性，减少扬压力和渗漏量，不在长期侵蚀下恶化。天然地基一般较难满足上述要求，由此需进行地基处理。

二、内容提要

地基处理（ground treatment），就是为提高地基的承载、抗渗能力，防止过量或不均匀沉陷，以及处理地基的缺陷而采取的加固、改进措施。地基处理的方法因具体的地基情况和建筑物对地基的要求而不同，水工建筑物地基处理的目的主要是防渗和加固。本章介绍有施工工艺要求的、基本的、先进的地基处理措施和施工方案。对其他的地基处理方法，在本章最后一节予以简介和综述。

地基处理属隐蔽性工程，必须根据水工建筑物对地基的要求，认真分析地质条件，进行技术经济比较，选择技术可行、效果可靠、工期较短、经济合理的处理措施和施工方案。重要工程须通过现场试验验证，确定地基处理措施和施工方案的各种参数、施工工序和工艺（并非设计一锤定音）。研究地基处理施工方案时，要因地制宜地推广应用高压喷射灌浆法、振冲法、固化灰浆等新工艺、新技术、新材料。

经某种方法处理的地基部位，是属于人工地基，还是属于基础，要看这种处理方法形成的结构是否成为建筑物基础的组成部分。比如在地基内做的桩与作为建筑物基础的承台锚固在一起，就是桩基础；否则就应该视为桩地基。本章重点介绍常用人工地基处理的施工。

三、学习要求

本章的学习要求是，掌握地基处理与基础工程的施工技法的施工机械与工艺；明确地基处理与基础工程的施工程序及施工方案与要求。

第二节　清基处理

地球上的建筑物都要建在地基上。为了保证建筑物的安全和运用，设计的建筑物基础，一般将持力层选在深入地表以下，以能利用到较好的地基。由此必须将持力层以上的岩土清除，工程上称为清基。

清基处理，就是用开挖的方式清除不适应建筑物要求的地层，使建筑物基础放在符合设计要求的地层（建基面）上。清基处理必须按照设计文件、施工图纸和有关规范施工，但若发现实际情况与前期地质资料和结论有较大出入，或发现新的不良地质因素，应及时与建设、勘测、设计单位协商，以便采取补救措施或修改设计。

清基需要开挖和运输，与开采土、沙、石等建筑材料的开挖和运输基本相同。开挖、开采的施工方法有人工开挖、机械开挖和爆破开挖，在施工中需要这些方法配合使用。前一章介绍了水利工程基岩开挖中广泛采用的爆破施工，而人工开挖、机械开挖和土石运输的施工方法，将在下一章土石筑坝中介绍。

清基处理施工的关键在于选用合适的开挖方法和施工方案，既要多、快、好、省，

又不能欠挖、超挖。站在地基处理角度，可按覆盖层地基开挖和岩石体地基开挖，介绍清基处理的施工方案及要求。

一、清基处理方法及施工方案

（一）覆盖层地基开挖

覆盖层地基开挖，过去采用人力开挖及运输，在现在多采用机械开挖及运输（参阅本书第四章），但与开采土料的最大不同是要防止对建基面下持力层的扰动。开挖一般应自上而下分层进行，接近设计开挖线处，应预留一定厚度的保护层，待基础施工时仔细清除，对超挖部位不允许一般性回填，保证持力层的均匀性。

（二）岩石体地基开挖

岩石体地基开挖，多采用钻孔爆破法施工。但与开采石料的最大不同是要保证建基面的形状和完整性。所以严禁在设计建基面、设计边坡附近采用洞室爆破法或药壶爆破法施工。应严格按照《水工建筑物岩石基础开挖工程施工技术规范》执行，具体要点是：

岸坡岩石的开挖，应采用预裂爆破方法。这一技术成熟，能形成质量好的轮廓面，可减少超（或欠）挖，减轻梯段爆破对保留岩体的影响。

基础下岩石的开挖，应主要采用分层的梯段爆破方法，具有爆破自由面多、爆破药量分散、单位耗药量少、起爆药量便于分段控制等优点。

开挖一般应自上而下分层进行，接近设计开挖线处，要预留一定厚度的保护层，以保证建基面的形状和完整性。保护层的厚度与地质条件、爆破规模和方式等因素有关，应根据爆破对周围岩体的破坏影响，确定保护层的厚度。有条件时可通过爆破前后的现场钻孔压水实验、超声波或地震波实验等方法确定。

保护层以上或以外的岩石开挖，与一般分层钻孔梯段爆破基本相同，但要求采用松动爆破，毫秒分段起爆，最大一段起爆药量不超过 500kg。

保护层的开挖是保证基岩质量的关键。在建基面 1.5m 以外的保护层，宜采用微差爆破，最大一段起爆药量不大于 300kg；建基面 1.5m 以内保护层的开挖，要采用手风钻钻斜孔，火花起爆，控制药卷直径不大于 32mm。最后一层风钻孔的孔底高程，对于坚硬完整的基岩，可达建基面终孔，但超钻深度不要超过 50cm；对于软弱破碎的基岩，应留出 20 ~ 30cm 的撬挖层。

以上分层开挖、梯段爆破、控制最大一段起爆药量、按药卷直径预留保护层的要求，目的就是为了控制爆破震动的影响，保证开挖后的岩基质量。

此外，其他一些行之有效的减振措施，如延长药包、间隔装药、不耦合装药等等，也都可以用在岩基开挖中，来提高开挖后的岩基质量。

对于廊道、截水墙和齿槽的开挖，由于部位特殊，应做专题论证进行爆破设计。一般要求对设计坡面先进行预裂爆破，再按留足竖向保护层的要求进行中部爆破开挖。对于坐落在岩石地基上的土石坝防渗体处的基岩，可参照以上要求进行开挖。

在灌浆完工地段附近，应禁止爆破，可用锤石器与风镐开挖。确实需要爆破的应经过论证同意，才可进行少量的浅孔火花爆破，应对灌浆区进行爆前与爆后的对比检查，必要时要进行一定范围的重新钻灌。

二、基坑开挖中还应注意的其他问题

基坑开挖与一般土石方开挖，在开挖方法上虽无本质区别，但由于基坑开挖的施工条件、施工质量等方面的特殊要求，必须从施工技术和组织措施上做到：

（一）开挖有序，措施有效

开挖前，必须有开挖施工计划和技术措施，必须做好开挖线外的危石清理、削坡和加固。开挖时设置排水沟槽、集水井（坑），并及时排除地表水、渗水和施工弃水，尽量干地施工。

（二）挖运协调，便于出碴

出碴运输道路的布置要与开挖分层相协调。开挖分层的高度与地形、地质、施工设备、施工强度、爆破方式等有关，一般范围在 5 ~ 30m 之间。故运输道路也应分层布置，将各层的开挖工作面与堆碴场或者与运输干线相连。

出碴运输线路的规划应纳入施工总体布置，尽可能结合场内交通一并考虑 . 统筹开挖及后续的施工，节省临时道路的投资。

出碴运输工作的组织，对于开挖进度和费用的影响极大，宜按统筹规划的原理，将开挖、运输、利用和堆存作为一个系统可按照运输距离或运输费用最小的原则进行组织。

（三）利用弃碴，减少堆放

大中型工程土石方的开挖量往往很大，需要大片堆碴场地。如果能够尽量利用开挖的弃碴，不仅可以减少弃碴占地，而且可以节约建设资金。

对于可利用性较高的弃碴，可直接运至使用地点或暂存地点。许多工程利用基坑开挖的弃碴来修筑土石副坝或围堰；填塘补坑成为施工场地；修筑其他堆砌石工程或加工成混凝土骨料等。为此，需要进行土石方衡量。所谓土石方衡量，就是对整个工程的土石方开挖量和土石方堆筑量进行全面规划，做到开挖和利用相结合，就近利用有效开挖方量。通过平衡分析，合理确定弃碴的数量，规划弃碴的堆场和使用顺序。

在规划堆碴场时，要考虑施工和运行方面的要求，不能影响围堰防渗闭气，不能抬高尾水和堰前水位，不能阻滞河道水流，不能影响水电站、泄水建筑物和导流建筑物的正常运行，不能影响度汛安全等，尽量避免二次倒运。含有害物质的废碴不准堆入河床，以免污染河流。

第三节 岩基灌浆

灌浆是用压力将可凝结的浆液通过钻孔或管道注入建筑物或地基缝隙中，以提高其强度、整体性和抗渗性能的工程措施。按加固原理的分类，灌浆法属于灌入固化物类的地基处理方法。岩基灌浆是将水泥浆液或化学灌浆材料压入岩层裂隙中，硬化胶结，提高强度、抗渗性、弹性模量，改善整体性的地基处理措施。岩基灌浆处理应在分析研究岩基地质条件、建筑物类型和级别、承受水头、地基应力与变位等因素后选择确定。

一、分类及作用

岩基灌浆按目的不同，一般有帷幕灌浆、固结灌浆和接触灌浆。

帷幕灌浆是用灌浆充填地基中的缝隙形成阻水帷幕，以降低作用在建筑物底部的扬压力或减小渗流量的工程措施。

固结灌浆是用灌浆加固有裂隙或软弱的地基，以增强其整体性和承载能力的工程措施。

接触灌浆是用灌浆增强水工建筑物与地基之间的结合力，提高坝体抗滑稳定性的工程措施。

按灌浆压力不同，有高压灌浆（灌浆压力大于或等于 3mPa）和低压灌浆（灌浆压力小于 3mPa）。下面以水泥灌浆为重点，介绍灌浆施工，包括钻孔、冲洗、压水试验、灌浆、封孔和质量检查工艺。

二、钻孔作业

灌浆孔是为使浆液进入灌浆部位而钻设的孔道，需要用钻孔机械进行钻孔。

（一）钻孔机械

常用钻孔机械有回转冲击式钻机、液压回转冲击式钻机或液压回转式钻机。回转冲击式钻机，有时不能满足灌浆要求，不可能取岩心。液压回转冲击式钻机，比回转冲击式钻机有改进，使用得越来越多。液压回转式钻机，钻头压削，钻进速度较高，受孔深、孔向、孔径和岩石硬度的限制较少，软硬岩均可，又可以取岩心，常用来钻几十米甚至百米以上的深孔。

应在分析地层特性、灌浆深度、钻孔孔径和方向、对岩心的要求、现场施工条件等因素后，选定钻孔机械。一般宜选机体轻便、结构简单、运行可靠、便于拆卸的机械。帷幕灌浆孔宜采用回转式钻机和金刚石钻头或者硬质合金钻头钻进；固结灌浆可采用各式合宜的钻机和钻头钻进。

（二）钻孔要点

灌浆质量与钻孔质量密切相关。对于钻孔质量，总的要求是：确保孔位、孔向、孔深符合设计及误差要求，力求孔径上下均一，孔壁平顺，钻孔中产生的粉屑较少。

孔位要统一编号，帷幕灌浆钻孔位置与设计位置的偏差不得大于 10cm。孔径均一，孔壁平顺，则灌浆栓塞能够卡紧卡牢，保证灌浆的压力和质量。钻孔中产生过多的粉屑，会堵塞孔壁的裂隙，影响灌浆质量。帷幕灌浆孔宜采用较小孔径。

孔向和孔深是保证灌浆质量的关键。孔深即钻杆的钻进深度，易控制。而孔向的控制比较困难，特别是钻深孔、斜孔．掌握钻孔方向更加困难。一般控制孔底最大允许偏差值不超过孔深的 2.5%，对于帷幕灌浆孔的要求。

三、钻孔冲洗

钻孔以后，要将钻孔及裂隙冲洗干净，孔内沉积物厚度不得超过 20cm，这样才能较好地保证灌浆质量。冲洗工作通常分为孔壁冲洗和裂隙冲洗，可采用灌浆泵或泥浆泵或砂浆泵和冲洗管。

（一）孔壁冲洗

将钻杆（或导管）下到孔底，用钻杆前端的大流量压力水，可由下而上冲洗，冲至回水清净延续 5 ~ 10min 止。

（二）裂隙冲洗

有单孔冲洗和群孔冲洗，在卡紧灌浆栓塞后进行。单孔冲洗适用于裂隙比较少的岩层，冲洗方法有高压压水冲洗、高压脉动冲洗和压气扬水冲洗。群孔冲洗适用于岩层破碎，节理裂隙发育致在钻孔之间互相串通的地层。

1. 高压压水冲

冲洗时，尽可能将压力升高，使整个冲洗过程在高压状态，将裂隙中的充填物推移、压实。冲洗水的压力可采用同段灌浆压力的 80%。冲洗结束的标准，一般要求回水清净，流量稳定 20min 以上。

2. 高压脉动冲洗

先用高压水冲洗，冲洗压力可采用灌浆压力的 80%，经过 5 ~ 10min 后，将孔口压力在几秒钟内突然降到零，形成反向脉动水流，将裂隙中的充填物吸出，此时回水多呈浑浊。当回水由浑变清后，再升高到原来的压力，如此一升一降，一压一放，反复冲洗。回水不再浑浊后，延续 10 ~ 20min，冲洗结束。压力差越大，冲洗效果越好。

3. 压气扬水冲洗

对于地下水位较高，地下水补给条件好的钻孔，可采用压气扬水冲洗。将冲洗管下到孔底，通入压缩空气。孔中水气混合后，由于比重减轻，在地下水压力作用下，加之压缩空气的释压膨胀与返流作用，挟带孔隙内的碎屑喷出孔口。如果孔内水位恢复较慢，则可向孔内补水，间歇地扬水，直到裂隙冲洗干净。宁夏青铜峡工程曾用此法冲洗断层破碎带，其效果比高压压水冲洗要好。

4. 群孔冲洗

是将两个或两个以上的钻孔组成孔组，轮换地向一个孔或者几个孔压进压力水或压力水混合压缩空气，从其余的孔排出浊水，反复交替冲洗，至回水不再浑浊。群孔

冲洗时，沿孔深的冲洗段划分不宜过长。否则，冲洗段内裂隙条数过多，会分散冲洗压力和冲洗流量，还会出现水量总在先贯通的裂隙中流动，而其他裂隙冲洗不好的情况。

四、灌浆

（一）灌浆材料

1. 水泥

灌浆所采用的水泥品种，应根据灌浆目的和环境水的侵蚀作用等由设计确定。一般情况下，应采用普通硅酸盐水泥或硅酸盐大坝水泥。当有耐酸或其他要求时，可用抗酸水泥或其他特种水泥。使用矿渣硅酸盐水泥或火山灰质硅酸盐水泥灌浆时，应得到设计许可。所用的水泥标号不应低于 32.5R，水泥必须符合质量标准，应严格防潮。

帷幕灌浆，对水泥细度的要求为通过 80 μ m 方孔筛筛余量不宜大于 5%，当缝隙张开度小于 0.5mm 时，对水泥细度的要求为通过 71 μ m 方孔筛的筛余量不宜大于 2%。

2. 水

灌浆用水应符合水工混凝土用水的要求。

3. 浆液

水工建筑物灌浆一般使用纯水泥浆，浆液水灰比不宜稀于 1 ： 1（重量比，以下同）。特殊情况下，根据需要，通过灌浆试验（指在进行灌浆处理前，为解地基可灌性及选定灌浆参数和工艺而在现场进行的试验工作）论证，可使用下列类型浆液：

（1）细水泥浆液

系指干磨水泥浆液、湿磨水泥浆液和超细水泥浆液，适用于缝隙张开度小于 0.5mm 的灌浆。

（2）稳定浆液

系指掺有少量稳定剂，析水率不大于 5% 的水泥浆液，适用于遇水则性能易恶化或注入量较大的灌浆。

（3）混合浆液

系指有掺合料的水泥浆液，适用于注入量大或地下水流速较大的灌浆。

（4）膏状浆液

系指塑性屈服强度大于 20 Pa 的混合浆液，适用于大孔隙（例如岩溶空洞、岩体宽大裂隙、堆石体等）的灌浆。

（5）化学浆液

当采用以水泥为主要胶结材料的浆液灌注达不到地基预期防渗效果或承载能力时，可采用符合环境保护要求的化学浆液灌注。化学灌浆（chemical grouting）是用硅酸钠或高分子材料为主剂配制浆液进行灌浆的工程措施。

4. 掺合料

根据灌浆需要，可在水泥浆液中掺入下列掺合料，但掺加种类及掺量应通过室内和现场试验确定：

（1）砂

应为质地坚硬的天然砂或人工砂，粒径不宜大于 2.5mm，细度模数不宜大于 2.0，SO3 含量宜小于 1%，含泥量不宜大于 3%，有机物含量不可大于 3%。

（2）粘性土

其塑性指数不宜小于 14，粘粒含量（d < 0.005mm）不可低于 25%，含砂量不宜大于 5%，有机物含量不宜大于 3%。

（3）粉煤灰

应为精选的粉煤灰，不宜粗于同时使用的水泥，烧失量宜小于 8%，SO3 含量宜小于 3%。

（4）水玻璃

其模数宜为 2.4 ~ 3.0，浓度宜为 30 ~ 40 波美度。

（5）其他掺合料

尚有一些工程使用石粉、赤泥等作为掺合料。

5. 外加剂

根据灌浆需要，可在水泥浆液中掺入下列外加剂，但掺加种类及量应通过室内和现场试验确定：

（1）速凝剂

水玻璃、氯化钙、三乙醇胺等。

（2）减水剂

萘系高效减水剂、木质素磺酸类减水剂等。

（3）稳定剂

膨润土及其他高塑性粘土等。

（4）其他外加剂

尚有一些工程使用硅粉、膨胀剂等作为外加剂。

6. 浆液性能试验

纯水泥浆液灌浆，工艺比较简单，实践经验丰富，技术成熟，有大量室内试验资料，一般可不再进行室内试验。其他类型浆液应根据工程需要，有选择地进行下列性能试验：掺合料的细度和颗分曲线；浆液的流动性或流变参数；浆液的沉降稳定性；浆液的凝结时间；结石的容重、强度、弹性模量和渗透性等。

（二）制浆及设备

1. 称量

制浆材料必须称量，称量误差应小于 5%。水泥等固相材料宜采用重量称量法。水的计量可采用带计数器的量水器。经过称量的材料进入拌和机（按盘），拌匀后用水泥螺旋机送至搅拌机，进一步拌制。

2. 拌制

各类浆液必须搅拌均匀并测定浆液密度。搅拌机的搅拌转速和搅拌时间以固相材料颗粒能够充分分散，且浆液能够搅拌均匀为原则。拌制能力应和所拌制的浆液类型

和灌浆泵的排浆量相适应，并能保证均匀、连续地拌制浆液。高速搅拌机搅拌转速应大于 1200 r/min。

拌制纯水泥浆液的搅拌时间，使用普通搅拌机时，应不少于 3min；使用高速搅拌机时，应不少于 30 s，自制备至用完的时间宜小于 4 h。因细水泥较普通水泥具有较高的表面活性且水化过程快，在相同水灰比下易于凝聚结团，所以拌制细水泥浆液和稳定浆液，应加入减水剂和采用高速搅拌机，可以明显改善流动性能，要求从制备到用完的时间宜小于 2 h。也可以使用普通搅拌机加上胶体磨（JMT 型转速为 3000 r/min），总的拌搅时间不少于 4min。拌制塑性屈服强度大于 20 Pa 的膏状浆液，必须采用大功率搅拌机。集中制浆站应配备除尘设备。当浆液需掺入掺合料或外加剂时，应增设相应的设备。

3. 输送

输送浆液的流速宜为 1.4 ~ 2.0m/s。集中制浆站宜制备水灰比为 0.5 ：1 的纯水泥浆液，以防止浆液在输送过程中的离析和沉淀堵塞管路，并避免过大的摩擦阻力和温升。浆液在使用前应过滤，防止浆液中可能存在的渣滓影响灌浆效果和引起灌浆泵故障，可将过滤网设置在灌浆泵前的拌浆桶上。各灌浆地点应测定来浆密度，调制使用。

4. 温度

浆液温度应保持在 5 ~ 40℃之间。若用热水制浆，水温不可超过 40℃。

（三）灌浆方式和设备

1. 灌浆方式

按照灌浆时浆液灌注和流动的特点，灌浆方式有纯压式和循环式两种。

纯压式的灌注浆液单向从灌浆机到钻孔流动，注入岩层缝隙里。这种方法设备简单，灌浆管不在灌浆段内，故不会发生灌浆管在孔内被水泥浆凝住的事故。操作也比较简便。缺点是灌浆段内的浆液单纯向岩层内压入，不能循环流动，灌注一段时间后，注入率逐渐减小，浆液易于沉淀，常会堵塞裂隙口，影响灌浆效果。所以多用于吸浆量大，大裂隙，孔深不超过 12 ~ 15m 的情况。浅孔固结灌浆可以考虑采用纯压式。

循环式灌浆时，灌浆管必须下入到灌浆段底部，距离段底不大于 50cm。一部分浆液被压入岩层缝隙里，另一部分由回浆管路返回拌浆桶中。这样可以促使浆液在灌浆段始终保持循环流动状态，不易沉淀。缺点是长时间灌注浓浆时，回浆管在孔内易被凝住。这种方法还可以根据进浆与回浆浆液相对密度的差别，判断岩层的情况，作为衡量灌浆结束的一种条件。由于循环式灌浆对灌浆质量比较有保证，当前工程中都采用这种方式。

2. 灌浆设备

循环灌浆法的灌浆设备有拌浆桶、灌浆泵、灌浆管、灌浆塞、回浆管、压力表、加水器。

拌浆筒由动力机带动搅拌叶片，拌浆筒上有过滤网。

灌浆泵的性能应与浆液的类型、浆液浓度相适应，容许工作压力应大于最大灌浆压力的 1.5 倍，并应有足够的排浆量和稳定的工作性能。灌注纯水泥浆液，推荐使用

3 缸（或 2 缸）柱塞式灌浆泵；灌注砂浆，应使用砂浆泵；灌注膏状浆液，应使用螺杆泵。

灌浆管采用钢管和胶管，应保证浆液流动畅通，并能承受 1.5 倍的最大灌浆压力。

压力表的准确性对于灌浆质量至关重要，灌浆泵和灌浆孔口处均应安设压力表。使用压力宜在压力表最大标值的 1/4 ~ 1/3 之间。压力表与管路间应设有隔浆装置，防止浆液进入压力表，并应经常进行检定。

灌浆塞应与灌浆方式、方法、灌浆压力和地质条件等相适应，胶塞（球）应具有良好的膨胀性和耐压性能，在最大灌浆压力下能可靠地封闭灌浆孔段，并且易于安装和拆卸。

灌浆压力大于 3mPa 时，应采用下列灌浆设备：高压灌浆泵，其压力摆动范围不超出灌浆压力的 20%；耐蚀灌浆阀门；钢丝编织胶管；大量程的压力表，其最大标值宜为最大灌浆压力的 2.0 ~ 2.5 倍；专用高压灌浆塞或孔口封闭器（小口径无塞灌浆用）。

（四）灌浆施工顺序

岩基灌浆一般按照先固结、后帷幕的顺序。这是因为深层帷幕灌浆的灌浆压力远高于浅层固结灌浆的压力，按照上述顺序，可以在浅层地基先固结的情况下，抑制进行深层高压灌浆时的地表抬动和冒浆。灌浆应分序逐渐加密，既可以提高浆液结石的质量，又可以通过后序孔透水率和单位吸浆量的分析，推断前序孔的灌浆效果。逐步加密原则，是各种灌浆共同遵守的原则。

单排帷幕灌浆孔的钻灌次序是孔间内插逐渐加密，采用三序甚至四序。双排和多排帷幕灌浆孔的钻灌次序是先下游排，后上游排，再中间排；同一排内或是排与排之间均应按逐渐加密的钻灌次序进行。

（五）灌浆方法和工序

灌浆孔的灌浆段长小于 6m 时，可采用全孔一次灌浆法；灌浆段长大于 6m 时，可采用分段灌浆法。

1. 一次灌浆法

将灌浆孔一次钻到全深，全孔一次注浆。这种方法施工简便，适于地质条件比较好，基岩较完整的情况。

2. 分段灌浆法

根据岩层裂隙的分布情况，将灌浆孔进行孔段划分，致使每一孔段的裂隙分布比较均匀，以利于施工操作和提高灌浆质量。依施工顺序不同，又分为以下 3 种：

（1）自上而下分段灌浆法

向下钻一段，灌一段，凝一段，再钻灌下一段，钻、灌交替进行，直到设计全深。这种方法的优点是，随着段深的增加，可以逐段增加灌浆压力，提高灌浆质量；由于上部岩层已经灌浆，形成结石，下部岩层灌浆时不易产生岩层抬动和地面冒浆；分段钻灌，分段进行压水试验，压水试验成果比较准确，有利于分析灌浆效果，估算灌浆材料需用量。缺点是钻孔与灌浆交替进行，设备搬移影响施工进度。该种方法适于地质条件不良，岩层破碎，竖向节理裂隙发育的情况。

（2）自下而上分段灌浆法

一次钻孔到全深，然后自下而上分段灌浆。这种方法的优缺点与自上而下分段灌浆法刚好相反，一般多用在岩层比较完整或上部有足够压重，不易产生岩层抬动的情况。

（3）综合灌浆法

实际工程中，通常是上层岩石破碎，下层岩石完整。在深孔灌浆时，可兼取以上两法的优点，上部孔段自上而下钻灌，下部孔段自下而上灌浆。又叫混合灌浆法。

五、质量检查

岩基灌浆是隐蔽性工程，必须加强灌浆质量的检查和控制。一方面要认真做好灌浆施工的原始记录，严格灌浆施工的工艺控制，防止违规操作；另一方面要在一个灌浆区灌浆结束以后，进行专门的质量检查，以做出灌浆质量的最后鉴定成果。原始资料、成果资料、质量检查报告，都是工程验收的重要依据。

（一）灌浆的原始资料和成果资料

灌浆的原始资料和成果资料，应包括以下内容：钻孔、测斜、钻孔冲洗、裂隙冲洗、压水试验和简易压水、灌浆记录等；抬动或变形观测记录等；灌浆孔成果一览表；灌浆分序统计表；各次序孔灌浆成果表；灌浆完成情况表；灌浆孔平面位置图；灌浆综合剖面图；各次序孔透水率频率曲线和频率累计曲线图；各次序孔单位注灰量频率曲线和频率累计曲线图；灌浆孔测斜成果汇总表和平面投影图；灌浆工程检查孔压水试验成果一览表；检查孔岩芯柱状图；灌浆材料检验资料；工程照片与岩芯实物；其他。

（二）灌浆质量检查方法

灌浆质量检查的方法很多，规范规定如下：

帷幕灌浆质量检查，应以钻设检查孔进行压水试验（五点法或单点法）的成果为主，结合对竣工资料和测试成果的分析，综合评定。检查孔的数量宜为灌浆孔总数的10%，钻设检查孔时应采取岩芯，计算获得率并加以描述。对封孔质量宜进行抽样检查。

固结灌浆质量检查，宜采用测量岩体波速或静弹性模量的方法。也可采用钻设检查孔进行压水试验（单点法）的成果为主，结合对竣工资料和测试成果的分析，综合评定。检查孔的数量宜为灌浆孔总数的5%。

检查结束后，均应按技术要求对检查孔进行灌浆以及封孔。

第四节　混凝土防渗墙施工

一、概述

混凝土防渗墙是水工建设中较普遍采用的一种地下连续墙，其是透水性土基防渗处理的一种有效措施。

混凝土防渗墙是利用专用的造槽机械设备成槽，并在槽孔内注满泥浆，以防孔壁坍塌，最后用导管在注满泥浆的槽孔中浇注混凝土并置换出泥浆，筑成墙体。墙体既可以做成刚性的，也可以做成塑性、柔性的。

混凝土防渗墙施工技术形成的历史较短，20 世纪 50 年代初取得专利权，其先是在意大利、法国等国应用，后在墨西哥、加拿大、日本等国有了发展。20 世纪 50 年代，我国从苏联引进该技术。先后在山东青岛月子口水库、湖北明山水库、北京密云水库大坝防渗体中采用。进入 90 年代至今，防渗墙还广泛应用于病险水库高土石坝的防渗加固，而且随着科技的进步和发展，施工技术有了进一步的提高和创新。由较早的冲击挖掘式造孔技术发展到今天的多种锯槽式造孔等；防渗墙的厚度也由原来的因设备条件限制而做的较厚，发展到现在可以做 20cm 以下厚度的超薄连续墙，从而大大节省了工程投资；由于科学调整混凝土配合比和起用新的防渗材料，防渗墙体由不适应土坝坝体应力应变的刚性体，发展到现在可以根据不同的坝体应力应变要求而建造低弹模、塑性、柔性连续墙。

混凝土连续墙之所以能在世界范围内得到较广泛应用，主要是因为它具有如下几个方面的特点：

（一）适用性较广

它适用于各种地质条件，在砂土、砂壤土、粉土及砂砾石地基上，都可以做。

（二）实用性较强

它广泛应用于水利水电、工业民用建筑、市政建设等各个领域。混凝土连续墙深可达 130m 以上。

（三）施工条件要求较宽

地下连续墙施工时噪音低、震动小，可在较复杂的条件下施工，施工时几乎不受地下水位的影响，可昼夜施工，加快施工速度。

（四）安全可靠

地下连续墙技术自诞生以来有了较大发展，在接头的连接性技术上也有很大进步，其渗透系数可达到 10-7m/s 以下；作为承重和挡土墙，它可以做成刚度较大的钢筋混凝土连续墙。

（五）存在问题

有些造孔成墙技术对槽孔之间的接头和墙体下部开叉问题难以彻底解决；相对来讲，施工速度较慢，成本较高。

二、成槽技术

各种混凝土连续墙施工工艺的区别，主要在于成槽方法和排渣方法的不同。

在成槽方面，有锯槽法和挖掘法。锯槽法中，有往复射流式开槽、链斗式开槽、液压式开槽；挖掘法所用机具中，有抓斗、冲击、回转钻或两者并用的钻具。

在出渣方面，有正循环、反循环的泥浆出渣和不循环出渣。正循环指通过管道把泥浆压送到槽孔底，泥浆在管道的外面上升，把土渣携出地面；反循环是指泥浆从管道外面自然流到槽孔内，然后在槽孔底与土渣一起，被抽到地面上来；不循环指用抓斗挖槽，泥浆处于不循环状态。

（一）锯槽法成槽

锯槽法成槽灌注连续墙是20世纪90年代才发展起来的一种新的混凝土连续墙施工技术。前些年，已经被广泛应用于黄河、长江大堤的防渗除险加固工程中。有如下主要特点：新一代开槽机作业机理明确，设备新颖，结构简单，操作方便。成墙既满足设计要求，又达到节约投资的目的。可以做20cm厚左右的超薄连续墙，而不像挖掘法成槽那样，受设备条件限制而将墙做得很厚，使得成墙造价较高。施工速度快，造价经济。20m深度以内槽孔，日成槽可达250 ~ 400m。成墙厚度可以调节，因而经济实用。可以实现真正的连续开槽，成槽质量好。由于浇注混凝土时需隔离分段，所以接头处理较为重要。锯槽机由于链杆本身较长，在加之行走牵引机构较远，机械转弯比较困难，成槽深度限在40m以内。

1. 往复射流式开槽机成槽施工

往复式射流开槽机是应用最广泛的开槽机械，它适应范围较广。该设备综合运用了锯、犁和射流冲击的原理，集中了各类开槽机的优点，具有功率大、成槽速度快、整机结构紧凑、便于拆装、便于运输等优点。

2. 链斗式开槽机成槽施工

链斗式开槽机结构较复杂，设备较繁重，操作难度比往复射流式开槽机大，设备造价也要高出近一倍。链斗式开槽机行走机构有两种形式，一种是轮式，一种是轨道式。前者较简单方便，后者则复杂而笨重。

3. 液压开槽机成槽施工

液压开槽机工作原理为：液压系统使液压缸的活塞杆做垂直运动，带动工作装置的刀杆做上下往复运动，刀杆上的刀排紧贴工作面切削和剥离土体，被切削和剥离的土体及切屑，由反循环排渣系统强行排出槽孔，作业中使用泥浆固壁，开槽机沿墙体轴线方向全断面切削，不断前移，由此形成一个连续规则的条形槽孔。

（二）挖掘机具成槽

挖掘机具成槽比锯槽法造槽复杂得多。机械设备庞大，成槽宽度大，施工难度增加，造价也较高，但深度可达40m以上，适用地质条件的范围也更宽。挖掘机具成槽施工必须首先修筑其辅助设施——导向槽。

1. 修筑导向槽

修筑导向槽，是挖掘机具成槽灌注地下连续墙施工的重要组成部分，是在地层表面沿地下连续墙轴线方向设置的临时构筑物。

（1）导向槽的作用

①导向作用

导向槽在挖掘机具成槽时起到导向作用，其在施工过程中，槽孔始终沿导向槽的布置位置进行。

②定位作用

筑起导向槽就能控制成槽平面位置与标高。导向槽施工精度影响着单元槽段的施工精度，高质量的导向槽是高质量成槽的基础。

③泥浆保持作用

挖掘机具成槽施工过程中，始终要进行泥浆循环固壁工作。槽孔顶部的导向槽，可以较好地贮存泥浆，防止雨水和其他浆液混入槽孔，保证浆液质量。导向槽还可以起到保持固壁浆液液面的作用，提示槽孔内的泥浆是否满足固壁的需要。

（2）导向槽的形式

①直板型

断面结构简单，一般适用于土质较好的表层土，例如紧密的粘性土。由于这种类型的导向槽只能承受较小的上部荷载，所以常作为槽孔尺寸不大的小型工程的导向槽。

②倒 L 型

孔口处结构带墙趾，适用于强度不足的表层土，如砂质较多的粘土层。

③ L 型

墙底带墙趾整体承载力高，适用于表层土为杂填土、砂土、软粘土等土质松散、胶结强度低的土层，是应用较多的一种结构。

2. 成槽机具

挖掘成槽机具又称挖槽机，有冲击钻机、抓斗式成槽机、回转钻机。

（1）冲击钻机成槽

我国常用的冲击钻有 CZ 型冲击钻机。CZ 型冲击钻机有 20 型、22 型以及 30 型。常用的钻头有十字型钻头和空心钻头，适合于各种土质情况作业。另外，配有接渣斗和捞渣筒等专用工具。

工作原理：冲击钻机利用钢丝绳将冲击钻头提升到一定高度后，让钻头靠重力自由下落，使钻头的势能转化为动能 . 冲击、破碎岩层土体。这样周而复始地冲击，达到钻进目的。在钻进过程中不断补充泥浆，保持孔内泥浆液位以保护孔壁，当孔内钻渣较多时用捞渣筒捞取排出。主孔靠冲击钻进成孔，副孔靠冲击劈打成槽。

布孔原则是，主孔孔径等于墙厚，两个主孔中心距为 2.5 倍孔径（边到边为 1.5 倍孔径），墙厚一般为 600 ~ 1200mm。

为减少清槽工作量，劈打副孔时要在相邻两个主孔中吊放接渣斗，及时提出孔外排渣。由于劈打副孔时有两侧自由面，因此成槽速度较快，一般比主孔成孔效率提高 1 倍以上。

冲击钻成槽一般采用高粘度泥浆护壁，施工过程中清渣是用捞渣筒完成。副孔劈打时，部分钻渣未被接住而落入槽底，因此劈打完成后还要用捞渣筒捞渣。

（2）抓斗式成槽机成槽

液压抓斗式成槽机比冲击钻机具有更大的适用性。其可以在坚硬的土壤与砂砾石

中成槽，能挖出最大直径 1m 左右的石块，成槽深度可达 60m。目前国内使用的抓斗式成槽机有进口、合资、国产三种。进口、合资设备价格昂贵，不可避免地提高了成墙单价，国内设备相对价位较低。

三、泥浆固壁

（一）泥浆的作用

泥浆在地下连续墙成槽施工中有稳固槽壁、悬浮携渣、冷却和润滑钻具作用，成墙后还有增加墙体抗渗的性能。合理使用泥浆，有利于成槽和灌注以及提高墙体的防渗性能。

1. 稳固槽壁作用

泥浆具有一定的相对密度（比重），泥浆的压力可抵制作用在槽壁的土压力及水压力，阻止地下水渗入。泥浆在槽壁上形成不透水泥皮，使泥浆的压力有效地作用在槽壁上，防止槽壁剥落。泥浆从槽壁表面向地层内渗透到一定的范围就会使粘土颗粒粘附在槽壁上，通过这种粘附作用可以防止槽壁坍塌和透水。

2. 悬浮携渣作用

在成槽成孔过程中，泥浆具有的粘度可以将成槽施工产生的土渣悬浮起来，便于泥浆循环携带排出，由此避免土渣沉积在工作面上影响成槽效率。

3. 冷却润滑作用

泥浆既可降低造孔机具因作业而引起的温度升高，又具有润滑机具减轻磨损的作用，有利于延长机械的使用寿命和提高成槽效率。

（二）泥浆的要求

泥浆应能在孔壁上形成密实泥皮，并且在泥浆自重作用下，孔壁上形成一定的静压力，保证孔壁不坍塌，但泥皮不宜太厚，以免孔径收缩。泥浆应具有一定静切力．使钻屑呈悬浮状态，并且随循环泥浆带至地面，但粘滞性不宜太高，否则会影响泥浆泵的正常工作并给泥浆净化工作带来困难。

泥浆应具有良好的触变性，流动时近于流体，在静止时迅速转为凝胶状态，有足够大的静切力，能够避免砂粒的迅速沉淀。泥浆中砂粒含量应尽可能少，便于排渣，提高泥浆重复使用率，减少泥浆的损耗。泥浆应有良好的稳定性，即处于静止状态的泥浆在重力作用下，不致离析沉淀而改变泥浆性能。

（三）泥浆的指标

泥浆质量控制指标有：静切力与触变性；粘度；失水量、泥饼厚度和造壁能力；稳定性与胶体率或澄清度；相对密度；含砂量；酸碱度。

四、混凝土灌注及接缝处理

地下连续墙是在泥浆下（或水下）灌注混凝土。泥浆下灌注混凝土的施工方法主要有刚性导管法和泵送法，可根据工程条件进行选择。其中刚性导管法最为常用，要点是：泥浆下混凝土竖向顺导管下落，利用导管隔离泥浆（或环境水），导管内的混凝土依靠自重压挤下部导管出口的混凝土，并在已灌入的混凝土体内流动、扩散上升，最终置换出泥浆，保证混凝土的整体性。

（一）灌注设备及用具

泥浆下混凝土灌注施工常用的机具有吊车、灌注架、导管、储料斗以及漏斗、隔水栓、测深工具等。

1. 吊车

吊车是提升混凝土料的主要设备，吊车选型主要依据混凝土灌注施工的要求，选择吊车的起重量和起吊高度等性能参数。

2. 储料斗、漏斗

储料斗结构形式较多，灌注量较大的连续墙施工所用的储料斗多采用大容量的溜槽形式。不论采用哪种结构形式，其容量都必须满足第一次混凝土的灌注量能将导管出口埋入混凝土内 0.5 ~ 1.0m。漏斗一般用 2 ~ 3mm 厚的钢板制作，多为圆锥型或棱锥型。

3. 导管

导管是完成水下混凝土灌注的重要工具，导管能否满足工程使用上的要求，对工程质量和施工速度关系重大。常使用的导管有两种，一种是以法兰盘连接的导管，另一种是承插式丝扣连接的导管。导管投入使用前，可在地面试装并进行压力试验，确保不漏水。

4. 隔水栓（球）

隔水栓在混凝土开始灌注时起隔水作用，从而减少初灌混凝土被稀释的程度。隔水栓要能被泥浆浮起，可采用木制的或橡胶的空心栓（球），也可采用混凝土预制的。空心栓（球）是一种应用最普遍的隔水栓，它隔水可靠，且上浮容易，价格低廉。

（二）导管提升法灌注混凝土

混凝土连续墙的灌注是施工的最后一道工序，也是连续墙工程施工的主要工序，因此混凝土灌注施工必须满足下列质量要求：外形尺寸、灌注高度、技术性能指标必须满足设计要求；墙体要均匀、完整，不得存在夹泥浆、夹泥断墙、孔洞等严重质量缺陷；墙段之间的连接要紧密，墙底与基岩的接触带和墙体的抗渗性能应满足设计要求。

灌注步骤如下：

1. 灌注准备

拟定合理可行的灌注方案，其内容有：槽孔墙体的纵横剖面图、断面图；计划灌注方量、供应强度、灌注高程；混凝土导管等灌注器具的布置及组合；钢筋笼下设深度、长度、分节部位，下设方法及底部形状；灌注时间，开浇顺序，主要技术措施；墙体材料配合比，原材料品种、用量、保存；冬季、夏季、雨季的施工安排。

落实岗位责任制，明确统一指挥机制，各岗位各工种密切配合、协调行动，以保证浇注施工按预定的程序连续进行，在规定的时间内顺利完成，取得造孔、清孔、钢

筋下设等工序的检验合格证。

2. 下设导管

下设前要仔细检查导管的形状、接口以及焊缝等，确保不漏水。根据下设长度，在地面上分段组装和编号；导管连接必须牢固可靠，其结构强度应承受最大施工荷载和可能发生的各种冲击力，在 0.5mPa 压力水作用下不得漏水。

在同一槽孔内同时使用二根以上导管灌注时，其间距不宜大于 3.5m；导管距灌注槽孔二端或接头管的距离不宜大于 1.5m；当孔底高差大于 25cm 时，导管中心应布置在该导管控制范围的最低处。

导管的上部和底节管以上部位，应设置数节长度为 0.3 ~ 1m 的短管，以备导管提升后拆卸，导管底口距孔底距离应控制在 15 ~ 25cm 范围内。

3. 灌注混凝土

开灌前，先向导管内放入一个能被泥浆浮起的隔水栓（球），准备好水泥砂浆与足够数量的混凝土。开灌时先注少许水泥砂浆，紧接着注入混凝土，然后稍向上提升导管，提升导管前要保证导管内充满混凝土并能在隔水栓（球）被挤出后，埋住导管底部。

灌注应连续进行，导管也需不断提升，若因意外事故造成混凝土灌注中断，中断时间不得超过 30min。否则孔内混凝土丧失流动性，灌注无法继续进行，造成断墙事故。混凝土面上升速度应大于 2m/h，导管埋深 1 ~ 6m，混凝土的坍落度为 18 ~ 22cm，扩散度 35 ~ 40cm。

混凝土灌注指示图和浇注记录，既是指导导管拆卸的依据，又是检验施工质量的重要原始资料。在灌注过程中要及时填绘灌注指示图，校对灌注方量，指导导管拆卸，对灌注施工作出详细记录。在填绘指示图的同时，核对孔内混凝土面所反映的方量与实际灌入孔内的方量是否相符。如有差异，应分析原因，并及时处理。

（三）接头处理

锯槽法造槽成墙，分隔槽段常采用隔离体法，隔离体有钢性隔离体和土工布袋隔离体两种。

钢性隔离体下放时要求垂直平稳，其张合机构和驱动系统都必须灵活快捷，安全可靠。隔离体长度比槽孔深度大 0.2 ~ 0.3m，第一次下入槽孔后不再提出，可重复使用。钢性隔离法成墙的接缝易于保证。

土工布袋隔离体是用特制土工布袋下人槽中，然后注入速凝混凝土，在槽孔中形成一隔离桩，起到分隔槽段作用。实际操作中，土工布与混凝土的接触紧密，但其渗透性指标有待试验确定。

挖掘法造槽灌注地下连续墙，一般划分为若干槽段进行灌注施工，相邻两槽段的衔接部分称为接头，常用的接头方式有钻凿式和预留式两种。钻凿式接头施工常采用套打一钻法和双反弧法，预留式接头施工常采用接头管法和拉管成孔法。

1. 套打一钻法

一期槽孔混凝土灌注成型后，在其端部套打部分成型混凝土，供二期槽孔内灌注

混凝土及接头用。该法的特点是施工简便，适用于各种地层，但工程量增加，接头质量不易保证。

2. 双反弧法

双反弧接头是在两邻槽孔间留下约一钻孔长度，在两邻槽孔间混凝土灌注成型后，从预留长度处，用双反弧钻头钻除四个角，孔内灌注混凝土接头。该种接头适于一般粘土或砂砾石地层，孔深一般不超过 40m，若超过 40m 时，必须有相应的措施。

3. 接头管法

施工方法是在一期槽孔两端下入接头管，待混凝土浇注后，拔出接头管形成接头孔，孔内灌注混凝土。接头管适用于各种地层，其深度根据起拔能力决定，一般用于孔深 40m 以内，墙厚 0.6 ~ 0.8m 的连续墙。

4. 拉管法

由接头管衍生的接头形式，当孔深较大时全孔深的接头管起拔困难，可在一期槽孔内灌注时，在孔底 15 ~ 20m 范围下接头管，上部用钢丝绳或细钢管牵引，当灌注混凝土达初凝时，上提接头管一段距离，再灌注混凝土，重复做到槽孔内灌注满混凝土，最后将管全部拔出形成接头，可供二期槽孔内灌注混凝土用。

第五节　垂直铺塑防渗技术

一、概述

土工合成材料是应用于岩土工程的、以高分子合成材料为原材料制成的新型建筑材料，已广泛应用于水利、公路、铁路、港口、建筑等各个工程领域。

目前，国内外通常采用聚酯纤维、聚丙烯纤维、聚酰胺纤维及聚乙烯醇纤维等原料，制造土工合成材料，形成了八大系列产品，例如土工织物、土工膜、土工网、土工格栅、土工席垫、土工织物模袋、土工复合材料及相关产品等。其中，土工膜是土工合成材料中应用最早，也是最广泛的一种系列产品。土工膜为相对不透水的聚合物薄片，在岩土和土木工程中用于防渗、水和气体输送等。

目前，国内外堤坝渗流控制中所应用的土工合成材料，主要是相对不透水的土工膜和透水反滤的土工织物。本节仅介绍土工膜用于坝基垂直防渗的施工技术，简称为垂直铺塑。

垂直铺塑是自 20 世纪 80 年代初研究发展起来的一项新的防渗技术，经过这些年的发展和革新，已日趋成熟并广泛应用于水库大坝和江河、湖泊大堤的防渗加固工程。其基本原理是：首先用链斗式或往复式开槽机，在需防渗的土体中垂直开出槽孔，并以泥浆稳固槽壁，然后将与槽深相当的卷状土工膜下入槽内，倒转轴卷，使土工膜展开，最后进行膜两侧的填土，即形成防渗帷幕。回填时，先在槽底回填粘土，厚度不小于 1m，目的是密封接头。接着回填与坝基土质相同的土，待其下沉稳定后，往槽内继续填土压实，再将出槽后的土工膜与建筑物防渗体系妥善连接，并做好防止建筑物变形

的构造。

与早期类似的其他防渗技术（如混凝土防渗墙等）相比，垂直铺塑防渗技术包括如下特点：

（一）开槽机成槽经济适用

开槽机是垂直铺塑防渗技术施工开槽的主要设备，是根据防渗技术要求与有利于施工两个方面而研制的，槽孔的深浅、宽窄可以调节，能够满足不同工程设计要求。机械结构简单、操作方便、机理明确、施工速度快，成槽经济适用。

（二）防渗材料性能好

垂直铺塑防渗技术所采用的防渗材料一般为土工膜或塑料板。如聚乙烯（PE）土工膜、聚氯乙烯（PVC）土工膜、复合土工膜或防水塑料板等。这类材料防渗效果好，其本身渗透系数一般小于 10 ~ 11cm/s；柔性好，易于施工；寿命长，在地下良好的保护状态下，其工作寿命可达 30 年。

（三）施工速度快，工程造价低

垂直铺塑防渗技术所以被广泛应用，一是新型开槽机结构简单、操作方便、施工速度快、费用低；二是防渗材料的单位面积造价经济，易于施工。

二、垂直铺塑防渗技术适应范围

任何一项技术都有其局限性和适应性，垂直铺塑防渗技术也不例外。该项技术在土层分布、地下水位高低等方面都有其自身技术的要求和适应范围。垂直铺塑施工的开槽深度、土层分布和地下水位高低三者之间是相互联系又相互影响的。在不同的地层分布和不同的地下水位情况下，其防渗深度都不一样，即深度受到二者的影响。

在确定工程设计方案时，要同时考虑地质条件和地下水位情况。如果地质报告显示，土层中有大量石块、地下建筑物或纯中粗砂情况，就不宜采用垂直铺塑技术；虽然土质情况可以，但地下水位很高，施工场地很软，设备不可放置，则也无法采用垂直铺塑技术；如果地下水位很低，却蓄水条件不好，护壁浆液可能保持不够易造成塌孔，也不宜采用垂直铺塑技术。

另外，防渗深度还受土的干密度、流沙等因素影响。土的干密度是土软硬程度的一个体现，如果干密度过大（超过 1.70），土质很坚硬，则有可能成槽困难，也不宜采用垂直铺塑技术。土层中有很厚的流砂层，超过防渗深度的 1/3，往往是纯中粗砂，则开槽后有可能造成塌孔，也不宜采用垂直铺塑技术。

三、机械设备

垂直铺塑防渗技术主要设备是开槽机，辅助设备有拌浆机、循环泥浆泵、抽砂泵、水泵等。垂直铺塑防渗成槽工艺原理与本章第四节介绍的锯槽法成槽施工工艺是基本

相同的，区别在于排渣和泥浆固壁方面，不像做混凝土防渗墙那样严格和规范。垂直铺塑成槽施工，多采用往复式射流开槽机或是链斗式开槽机。

四、泥浆循环固壁

为保证槽孔的稳定性，垂直铺塑防渗施工过程中泥浆循环固壁工艺非常关键。

（一）泥浆材料的选择

护壁泥浆要求相对密度小，粘度适当，稳定性好，过滤水量少，泥皮形成时间短且薄，表面又有韧性。

1. 膨润土

膨润土是制备泥浆的主要原料，它对掺入物的要求低，重复使用次数多，且泥皮薄，韧性大，防渗性好，槽壁稳定，成槽效率高。使用前应进行泥浆配合比试验。

2. 黏土

采用其他黏土时．应进行物理化学试验和矿物鉴定，其粘粒含量应大于 50%，塑性指数大于 20，含砂量小于 5%，二氧化硅和三氧化二铝含量的比值为 3 ： 4。

3. 外加剂

常用的是纯碱（Na2CO3），它能使土粒充分水化，充分膨胀，增强泥浆的吸附能力。同时，能置换钙离子，把钙质土变为钠质土，加速黏土的分散，提高黏土的造浆率。

4. 增粘剂

常用高粘羧簇甲基纤维素钠（即化学浆糊，代号 CMC），它可提高泥浆粘度、降低过滤水量、改善泥皮性能，使泥浆具有良好的稳定性，并降低泥浆的胶凝作用．增强泥浆的固壁效果。

（二）泥浆的性能指标

泥浆拌制和使用时必须检验．选择护壁泥浆的性能时应考虑到地质条件及成槽方法。泥浆的性能指标应通过试验确定。

（三）泥浆的制造

制造泥浆的泥浆拌和系统应包括泥浆拌和机、储料斗、储有各种材料的桶或斗、木箱等。在经过试验确定好泥浆的材料配合比后可进行泥浆连续生产。

首先加水至搅拌筒的 1/3，开动搅拌机，在定量水箱不断加水的同时，加入膨润土纯碱液搅拌 3min 左右，再加人其他掺合物，搅拌时间控制在 5min 以内，如果泥浆搅拌后直接使用，搅拌时间应再延长 2 ~ 3min。现场搅拌泥浆应控制粘度和相对密度。每 10 桶作一组抽查泥浆试样，检查全面指标。一般情况下泥浆搅拌后应加分散剂或贮存 24 h 以上，使膨润土或粘土充分水化后方可使用。

（四）泥浆处理装置

通过槽孔循环后排出的泥浆，由于膨润土和增粘剂等主要成分的消耗以及土渣和电解质离子的混入，其质量降低，失去原有的性质，由此必须净化处理再生后，才能使用。

1. 泥浆处理方法

采用沉淀池沉淀，多采用上溢式重力沉淀池处理法。泥浆池主要由沉淀池、储浆池及循环池三部分组成。泥浆池的尺寸大小及容积应根据施工时泥浆的排出量进行设计。为加强泥浆沉淀效果，泥浆在沉淀池循环路线呈“S”形前进。

2. 泥浆配合比的调整

泥浆的配合比，不是一次设计就可一成不变地使用，因在成槽过程中混入泥屑及离子交换等原因造成泥浆分化，需根据泥浆的抽样检验结果与控制指标做比较，不断调整，以提高泥浆的反复使用率。

五、下膜施工

（一）施工要求

PE 土工膜的储运要符合安全规定。运至现场的土工膜应在当日用完。PE 土工膜铺设前应做下列准备工作：一是检查并确认基础层已具备铺设 PE 膜的条件。二是做下料分析，画出 PE 土工膜铺设顺序和裁剪图。三是检查 PE 土工膜的外观质量，记录并修补已发现的机械损伤和生产创伤、孔洞、折损等缺陷。四是每个区、块旁边应按设计要求的规格和数量，备足过筛土料或其他过渡层、保护层用料，并在各区、块之间留出运输道路。五是进行现场铺设试验，确定焊接温度、速度等施工工艺参数。

PE 土工膜的铺设施工应符合以下技术要求：一是大捆 PE 土工膜的铺设宜采用拖拉机、卷扬机等机械；条件不具备或小捆 PE 膜，也可采用人工铺设。二是按规定顺序和方向，分区分块进行 PE 土工膜的铺设。三是铺设 PE 土工膜时，应适当放松，并避免人为硬折和损伤。四是铺设 PE 土工膜时，膜片间形成的结点，应为 T 字型，不得作成十字形。五是 PE 土工膜焊缝搭接面，不得有污垢、砂土、积水（包括露水）等影响焊接质量的杂质存在。六是铺设 PE 土工膜时，应根据当地气温变化幅度和工厂产品说明书要求，预留出温度变化引起的伸缩变形量。七是槽孔弯曲处应使土工膜和接缝妥贴槽孔。八是 PE 土工膜铺设完毕、未加保护层前，应在膜的边角处每隔 2 ~ 5m，放一个 20 ~ 40kg 重的砂袋。九是 PE 土工膜应自然松弛地和支持层贴实，不宜折褶、悬空。特殊情况需要褶皱布置时，应另做特殊处理。

（二）下膜方式

垂直铺塑防渗的下膜方式有两种：一是重力沉膜法；二是膜杆铺设法。

1. 重力沉膜法

对于砂性较强的地质情况和超深成槽的情况，槽内回淤的速度会较快，槽底部高浓度浆液存量多，宜采用重力沉膜法。

2. 膜杆铺设法

首先将土工膜卷在事先备好的膜杆上，然后由下膜器沉入槽中，在开槽机的牵引下铺设土工膜。对于一般的黏土、粉质粘土、粉砂地质情况，槽内回淤的速度会较慢，泥浆固壁条件好，效果好，可采用膜杆铺设法。采用膜杆铺膜法施工过程中，要经常不断地将膜杆上下活动，使其在槽中处于自由松弛状态，防止膜杆被淤埋或卡在槽中。

六、回淤和填土

垂直铺塑的最后一道工序是回填，下膜后回填一般是回淤和填土相结合。回淤即是利用开槽时砂浆泵抽出的槽中砂土料浆液进行自然淤积。因不够满槽的回淤需要量，需另外备土补填。回填土料不应含有石块、杂草等物质，其质量应符合设计要求。

七、防渗效果的检测与评价

垂直铺塑工程施工结束后，要经过 1 ~ 2 个洪水期进行防渗效果的检测与评价。由于采取了铺塑帷幕防渗，使得幕前水头增大，相应的渗流量、渗透压力、渗透途径、浸润线都发生了很大变化。因此，要通过洪水周期对坝体的防渗效果进行检测。防渗效果的检测分为表面现象观测和测压管水头分析检测两部分。

第六节 基础与地基的锚固

一、概述

将受拉杆件的一端固定于岩（土）体中，另一端与工程结构物相联结，利用锚固结构的抗剪、抗拉强度，改善岩土力学性质，增加抗剪强度，对地基与结构物起到加固作用的技术，统称为锚固技术或锚固法。

锚固技术具有效果可靠、施工干扰小、节省工程量、应用范围广等优点，在国内外得到广泛的应用。在水利水电工程施工中，主要应用于以下方面：一是高边坡开挖时锚固边坡。二是坝基、岸坡抗滑稳定加固。三是大型洞室支护加固。四是大坝加高加固。五是锚固建筑物，改善应力条件，提高抗震性能。六是建筑物裂缝、缺陷等的修补和加固。可供锚固的地基不仅限于岩石，还在软岩、风化层及砂卵石、软粘土等地基中取得了经验。

二、锚固结构及锚固方法

锚固结构简称锚杆。一般由内锚固段（锚根）、自由段（锚束）、外锚固段（锚头）组成整个锚杆。内锚固段是必须有的，其锚固长度及锚固方式取决于锚杆的极限抗拔能力；锚头设置与否，自由段的长度大小，取决于是否要施加预应力及施加的范围；整个锚杆的配置，取决于锚杆的设计拉力。锚杆的设计拉力取决于支护时锚杆承受的

荷载。

（一）内锚固段（俗称锚根）

内锚固段即锚杆深入并固定在锚孔底部扩孔段的部分，要求能保证对锚束施加预应力。按固定方式一般分为粘着式和机械式。各种常用锚固段型式、适用条件以及优缺点。

1. 粘着式锚固段

按锚固段的胶结材料是先于锚杆填入还是后于锚杆灌浆，分为填入法和灌浆法。胶结材料有高强水泥砂浆或纯水泥浆、化工树脂等。在天然地层中的锚固方法多以钻孔灌浆为主，称为灌浆锚杆，施工工艺有常压和高压灌浆、预压灌浆、化学灌浆和许多特殊的锚固灌浆技术（专利）。目前国内多用水泥砂浆灌浆。

2. 机械式锚固段

它是利用特制的三片钢齿状夹板的倒楔作用，将锚固段根部挤固在孔底，称为机械锚杆。

（二）自由段（俗称锚束）

锚束是承受张拉力，对岩（土）体起加固作用的主体。采用的钢材与钢筋混凝土中的钢筋相同，注意应具有足够大的弹性模量满足张拉的要求。宜选用高强度钢材，降低锚杆张拉要求的用钢量，但不得在预应力锚束上使用两种不同金属材料，避免因异种金属长期接触发生化学腐蚀。常用材料可分为两大类：

1. 粗钢筋

我国常用热轧光面钢筋和变形(调质)钢筋。变形钢筋可增强钢筋与砂浆的握裹力。钢筋的直（GBJ 10）的规定采用。

2. 锚束

通常由高强钢丝、钢绞线组成。高强钢丝能够密集排列，多用于大吨位锚束，适用于混凝土锚头、镦头锚及组合锚等。钢钗线对于编束、锚固均比较方便，但价格较高，锚具也较贵，多用于中小型锚束。

（三）外锚固段（俗称锚头）

锚头是实施锚束张拉并予以锁定，以保持锚束预应力的构件，即孔口上的承载体。锚头一般由台座、承压垫板和紧固器三部分组成。因每个工点的情况不同，设计拉力也不同，必须进行具体设计。

1. 台座

预应力承压面与锚束方向不垂直时，用台座调正并固定位置，可以防止应力集中破坏。台座用型钢或钢筋混凝土做成。

2. 承压垫板

在台座与紧固器之间使用承压垫板，能使锚束的集中力均匀分散到台座之上。一般采用 20 ~ 40mm 厚的钢板。

3. 紧固器

张拉后的锚束通过紧固器的紧固作用，与垫板、台座、构筑物贴紧锚固成一体。钢筋的紧固器，采用螺母或专用的联结器或压熔杆端等。钢丝或钢绞线的紧固器，可使用楔形紧固器（锚圈与锚塞或锚盘与夹片）或组合式锚头装置。

第八章　地下建筑工程与施工

第一节　地下工程开挖方式

地下工程，按体形和布置形式可分为平洞、斜井、竖井以及地下厂房。

一、平洞施工过程和施工特点

平洞（坡度小于等于6°的隧洞）施工常用钻眼爆破法开挖，其主要施工工序是钻孔、装药、爆破、通风散烟、清撬、出渣、检查及测量放线。在地质条件较差地段，应增加锚杆支护、混凝土衬砌、灌浆等工序，同时还需要进行排水、照明、供水、供电等辅助工作，保证平洞施工的顺利进行。因此，钻眼爆破法施工有以下特点：

施工作业空间狭小、工序多、交叉作业多、施工干扰大、工期长。在长隧洞施工中，由于施工进度的要求，还需开挖施工支洞以增加工作面，增加了工程造价。

洞线地质条件直接决定平洞的施工方法。岩石是成洞开挖的对象，其又是成洞后支护的对象，在施工中应充分了解洞周的围岩性质，根据不同围岩类别，采用不同的开挖方法和支护措施，发挥围岩的自承稳定能力，加快施工进度，节省工程造价。

平洞施工基本上不受外界气候影响，但施工条件差，粉尘及有害气体不易排出。因此，在施工中必须严格遵守安全操作规程，制订相应安全技术措施，确保施工人员的生命安全。

平洞开挖的基本要求是：开挖断面尺寸应符合设计要求，尽可能减少超、欠挖；控制装药量，尽量减小对洞周围岩的破坏，以提高围岩的自稳能力；同时使爆落的岩块大小适度，以便出渣；合理布置炮孔位置、炮孔数量和炮孔深度，以提高爆破效果，加快施工进度，降低工程造价。因此，必须根据洞线地质条件、平洞形式和断面尺寸、工期要求及施工机械特性等综合分析，经过经济技术比较后再选定合理的开挖方法。

（一）全断面开挖法

全断面开挖是将平洞整个断面一次性钻孔爆破开挖成洞。衬砌或支护，需待全洞贯通以后或掘进相当距离后进行，并视围岩开挖后允许暴露的时间和总的施工安排而定。

全断面开挖一般适用于围岩坚固稳定，对应岩石坚固系数 8 ~ 10，有大型开挖衬砌设备的情况。目前，国内外的全断面开挖高度一般为 8 ~ 10m，其主要由使用的多臂钻机或全断面掘进机的工作高度（直径）控制。

采用全断面开挖方法，洞内工作场面较大，施工组织较容易安排，施工干扰小，有利于提高平洞施工速度。当缺乏大型施工机械设备而无法进行全断面开挖时，可采用断面分层开挖方法，即将工作面分为上下两层，上层超前 2 ~ 4m，上下层同时爆破掘进。具体施工顺序是爆破散烟及安全检查后，清理上台阶的石渣，进行上层工作面的钻孔；同时下台阶出渣，清渣后下层工作面钻孔；钻孔完成后，上下层炮孔同时装药，一起爆破，保持上下工作面掘进深度一致。

（二）导洞开挖法

导洞开挖就是在平洞中先开挖一个小断面的洞，作为先导，之后扩大至整个设计断面的开挖方法。

导洞的形状和尺寸应根据导洞位置、山岩压力、出渣运输、通风和排水等要求来确定。导洞断面较小有利于围岩的稳定；同时通过导洞开挖，可进一步探明地质情况，并利用导洞解决排水问题；导洞贯通以后还有利于改善洞内通风条件。

按照导洞在设计断面中的相对位置，导洞开挖法可分为下导洞开挖法、上导洞开挖法和上下导洞开挖法等不同方式。

1. 下导洞开挖法

下导洞开挖法是导洞布置在断面下部中央，开挖后向上、向两侧扩大至全断面 . 其施工顺序是，先开挖下导洞，并架设漏斗棚架，然后向上拉槽至拱顶，再由拱部两侧向下开挖。上部岩渣可经漏斗棚架装车出渣，所以又称为漏斗棚架法，其优点是出渣线路不必转移，排水容易，工序之间施工干扰小。但当地质条件较差时，施工则不够安全。适用于围岩基本稳定的大断面隧洞或机械化程度较低的中小断面平洞。

2. 上导洞开挖法

上导洞开挖法是导洞布置在断面顶拱中央，开挖后由两侧向下扩大。其施工顺序是，先开挖顶拱中部，再向两侧扩拱，及时衬砌顶拱，然后再转向下部开挖衬砌。

此法优点是先开挖顶拱，可及时做好顶拱衬砌，下部施工在拱圈保护下进行，比较安全；缺点是需重复铺设风、水管道及出渣线路，排水困难，施工干扰大，衬砌整体性差，尤其是下部开挖时影响拱圈稳定。

3. 中央导洞法

中央导洞法是导洞布置在断面中央，导洞全线贯通后向四周辐射钻孔开挖。此法适用于围岩基本稳定，不需临时支护，且具有柱架式钻机的大中断面的平洞。其优点是：利用柱架式钻机，可以一次钻完四周辐射炮孔，钻孔与出渣可平行作业；缺点是：导

洞和扩大部分并进时，导洞部分出渣很不方便，所以一般待导洞贯通之后再扩大开挖。

4. 双导洞开挖法

双导洞开挖法有上下导洞开挖法和双侧导洞开挖法两种。上下导洞开挖法适用于围岩稳定性好，但缺少大型开挖设备的较大断面平洞。下导洞出渣和排水，上导洞扩大并对顶拱衬砌。为了便于施工，上下导洞用斜洞或竖井连通。双侧导洞开挖法适用于围岩稳定性差、地下水较严重、断面较大需要边开挖边支护的平洞。

二、大型洞室施工程序

水电站地下厂房的特点是断面很大，交叉洞口多，形成复杂的洞室群。许多地下厂房的吊车梁结构，采用岩锚梁式，与支护、混凝土浇筑等工序交叉施工，具有干扰大、劳动条件差、不安全因素较多等特点。

大型洞室的施工，一般都要考虑变高洞为低洞，变大跨度为小跨度的原则。采取先拱部后底部，先外缘后核心，自上而下分部开挖与衬砌支护交叉的施工方法，以保证施工过程中围岩的稳定。20 世纪 70 年代以前，大断面地下厂房开挖多采取多导洞分层施工方法。自鲁布革水电站地下厂房施工开始，大都转为采用喷锚支护技术、岩铺吊车梁结构和大型施工机械，简化了分部开挖程序，加快了施工进度。

地下厂房施工通常可分为拱顶、主体和交叉洞等三大部分。顶拱开挖应根据围岩条件和断面大小，采用全断面法开挖或先开挖中导洞两侧跟进的分部开挖方法。层高一般为 7 ~ 9m，采用预裂爆破或光面爆破成型。若围岩稳定性较差，则采取开挖两侧导洞，中间岩柱起支撑作用的先墙后拱法。如果围岩稳定性很差，则可采用肋墙肋拱法施工，即先开挖上下侧壁导洞，沿导洞跳格开挖并衬砌边墙（肋墙）；然后利用上部侧壁导洞跳格开挖并衬砌顶拱（肋拱）；最后再挖除肋拱、肋墙之间的岩体，完成肋拱、肋墙之间的衬。

三、竖井、斜井和斜洞的施工程序

井线与水平夹角大于 75° 为竖井，井线与水平夹角 48° ~ 75° 为斜井，洞线与水平夹角 6° ~ 48° 为斜洞：由于竖井和斜洞具有各自的特点，其施工方法分述如下。

（一）竖井

竖井的施工特点是竖向作业，竖向开挖、出渣和竖向衬砌。竖井往往与水平隧洞相通。可先挖通这些水平通道，为竖井施工的出渣和衬砌材料运输等创造有利条件。一般竖井开挖有全断面法和导井法两种。

1. 全断面法

竖井的全断面施工方法一般按照自上而下的程序进行。该施工程序简单，但施工时要注意做好竖井锁口，确保井口稳定；起重提升设备应有专门设计，确保人员、设备和石渣的安全提升；做好井内外排水、防水；在围岩稳定性较差或不良地层中修筑竖井，宜开挖一段衬砌一段，或采用预灌浆方法加固后再进行开挖、衬砌；井壁有不利的节理裂隙组合时，要及时进行锚固。

2. 导井法

导井法即在竖井的中部先开挖导井（断面面积4 ~ 5m^2），然后再扩大。扩大开挖的石渣，经导井落入井底，由井底水平通道运出洞外，以减轻出渣工作量。导井开挖亦可采用自上而下或自下而上的作业。前者常采用普通钻爆法、一次钻孔分段爆破法或大钻机钻进法；后者常需要用钻机钻出一个贯通的小口径导轨，之后再用爬罐法、反井钻机法或吊罐法开挖出断面面积满足溜渣需要的导井。

钻爆法、大钻机钻进法和吊罐法由于工作条件差、钻孔偏差大，一般只适用于深度不大的井。爬罐法所需劳动力少、开挖进度快，是目前开挖导井的主要方法。反井钻机法具有钻进快、精度高、施工安全、质量好等优点，较适用于中等硬度岩石。

扩大开挖可以自上而下逐层下挖，也可以自下而上，常用溜渣作业，逐层上挖。前者自竖井周边至导井口，应留有适当的坡度，以便出渣，但要控制渣面高于导井井口，以保证井内人员安全。

（二）斜井和斜洞

倾角大于48° 的斜井洞室开挖，施工条件与竖井相近，可按竖井开挖方法施工。倾角为6° ~ 30° 的斜洞，一般采用自上而下的全断面开挖法，用卷扬机提升出渣，挖通后衬砌。倾角为30° ~ 48° 的斜洞可采用自下而上挖导井，自上而下扩大开挖法，尽可能利用重力溜渣，在不能自动溜渣时，应辅以电动扒渣机扒渣，以减轻扩大出渣的劳动强度。

第二节　钻孔爆破法开挖

钻孔爆破法主要施工顺序为钻孔、装药爆破、出渣及相应的辅助工作。

一、钻孔爆破设计

钻孔爆破设计的主要任务是：确定开挖断面的炮孔布置，即各类炮孔的位置、方向和深度；确定各类炮孔的装药量、装药结构以及堵孔方式；确定各类炮孔的起爆方法和起爆顺序。

（一）炮孔类型及布置

按炮孔的作用可将炮孔分为掏槽炮孔、崩落炮孔和周边炮孔。

掏槽炮孔的主要作用是增加临空面，以提高爆破效果，常布置于开挖断面的中部。按布孔的形式可分为楔形掏槽、锥形掏槽和直孔掏槽等三类。楔形掏槽与锥形掏槽的钻孔方向与开挖断面是斜交的，故又称为斜孔掏槽。

1. 楔形掏槽

由2 ~ 4对对称的相向倾斜的炮孔组成，爆破后能形成楔形掏槽。对于层理大致垂直或倾斜的岩层，往往采用垂直楔形掏槽。水平楔形掏槽适用于岩层层理接近于水平的围岩或整体均匀的围岩，但因向上倾斜钻孔作业比较困难，运用较少。楔形掏槽

炮孔的夹角与布置可根据岩石的坚固系数值选定。

2. 锥形掏槽

数个掏槽炮孔呈角锥形布置，各孔以及大体相同角度向中心轴线倾斜，孔底趋于集中，但不贯通，爆破后形成锥形掏槽。炮孔倾斜角度一般为60° ~ 70° ，岩石越硬，倾角越小。按炮孔数目的不同，分三角锥、四角锥、五角锥等。

3. 直孔掏槽

直孔掏槽是由若干个垂直于开挖面彼此距离很近的炮孔组成的掏槽、由于掏槽炮孔与工作面垂直布置，炮孔深度不受开挖面尺寸限制，便于钻孔作业。在钻直孔时，多台凿岩机可同时作业而相互干扰小，有利于提高钻机效率。

直孔掏槽适用于各种岩层的隧洞爆破开挖，因此，直孔掏槽爆破已成为当前广泛采用的掏槽方式。

4. 崩落炮孔

崩落炮孔的主要作用是爆落岩体，为周边炮孔的爆破创造有利条件。为此，崩落炮孔大致均匀地分布在掏槽外围。炮孔垂直于工作面，炮孔深度应在同一平面，以保证工作面平整。炮孔间距由岩体硬度和岩渣块度来确定，一般间距为：软石100 ~ 120cm，中硬石 80 ~ 100cm，坚硬石 60 ~ 80cm，特硬石 50 ~ 60cm。

5. 周边炮孔

周边炮孔的主要任务是控制开挖轮廓，布置在开挖断面的四周。周边炮孔的孔口应距开挖断面设计边线 10 ~ 20cm，以利于钻孔作业。钻孔时要控制孔的倾斜角度和深度，使孔底落在同一平面上。孔底距设计边界的距离视岩石的硬度而确定。中硬岩石，孔底可达到设计边界；软岩，孔底在设计边界内 10cm；坚硬岩石，孔底应超出设计边界 10 ~ 15cm。

为了减弱对围岩的影响和减少超、欠开挖量，对于开挖断面上的周边炮孔，应采用轮廓控制光面爆破技术。根据工程地质条件，用“类比法”初选爆破参数，然后通过试验调整，据以指导施工。

（二）炮孔数量和装药置

工作面上炮孔数量和装药量，受岩层性质、炸药性能、爆破时自由面状况、炮孔大小和深度、装药方式、工作面的形状和大小以及岩渣的块度等多种因素的影响。

1. 炮孔数量

初步计算时，可应用装药量平衡原理计算炮孔数量，即炮孔数目正好能容纳该次爆破。

2. 炮孔装药量

根据炮孔的位置不同，需要不同的装药量，并在爆破开挖过程中加以检验和修正。

3. 炮孔深度

炮孔深度主要与开挖面的尺寸、掏槽形式、岩层性质、钻机、自由面数目和循环作业时间的分配等因素有关。加大炮孔深度无疑可以提高掘进速度：但是炮孔深度增加，钻孔速度与炮孔利用率将降低，炸药消耗量亦随之增加。合理炮孔深度，能提高

爆破效果、降低开挖费用、加快掘进速度。因此，合理的炮孔深度，综合分析确定。

合理的炮孔深度还应与循环作业时间相协调，循环作业时间常采用 4h、6h、8h、16h、24h 等。

二、钻孔爆破循环作业

钻孔爆破法开挖地下工程，其施工工序包括：钻孔、装药、堵塞、设备撤离、起爆、通风排烟、安全检查与处理、临时支护、出渣、延长运输线路和风水电管线铺设等。掘进一次的工序组合称为钻孔爆破循环作业。每完成一次循环作业，工作面大致按炮孔深度向前推进一段，如此周而复始，直到开挖结束。

（一）钻孔作业

钻孔作业强度很大，所花时间常占循环时间的 1/4 ~ 1/2，且钻孔质量对洞室开挖规格、爆破效率和施工安全影响极大。目前，常用钻孔设备有凿岩机和凿岩台车。

凿岩机可分为手持式、柱架式和气腿式。凿岩台车有窄轨式台车，履带式、轮胎式多臂台车，其特点是凿岩机可由支架自由移动至需要位置，并借助推动装置自动推进凿岩，提高了钻孔孔位的精度和钻孔速度，适用于围岩稳定性较好的大中断面。

钻孔前应采用激光系统定位，严格按照标定的炮孔位置及设计钻孔深度、角度和孔径进行钻孔。国外在钻凿掏槽炮孔时，通常使用带轻便金属模板的掏槽钻孔夹具来保证掏槽炮孔的准确性。

（二）出渣运输

出渣运输是隧洞开挖中费力费时的工作，一般占循环时间的 1/3 ~ 1/2，它是控制掘进速度的关键工序，在大断面洞室中尤其突出。因此，必须制订切实可行的施工组织措施，规划好洞内外运输线路和弃渣场地，通过计算选择配套的运输设备，拟定装渣运输设备的调度运行方式以及安全运行措施。

常见配套方式有：棚架漏斗装渣，机车牵引斗车出渣；装岩机装渣，机车牵引斗车或矿车出渣；装载机或挖掘机装渣，自卸汽车出渣。

（三）临时支护

临时支护形式很多，可分为传统的构架式支撑和锚喷支护两类。喷混凝土和锚杆支护是一种临时性和永久性结合的支护形式，应优先采用。按照使用的材料又可分为木支撑、钢支撑、预制钢筋混凝土支撑等。应根据地质条件、材料来源及安全经济要求来选择。

木支撑具有质量轻，加工、架立方便，损坏前有显著变化，不会突然折断等优点。其结构形式分为门框形、拱形和扇形。由于木支撑要耗费大量木材，故已少用。

钢支撑承载能力强，占空间小，可多次使用，但使用钢材多，一次性费用高，其结构形式分为门框形和拱形。在破碎且不稳定的岩层中，当支撑需要留在混凝土衬砌中时，也需要采用钢支撑。

预制钢筋混凝土支撑用于围岩软弱，山岩压力大，支撑留在衬砌内，钢材又缺乏时，

但因构件质量轻，安装运输不方便，所以只适用于中小断面。

（四）辅助作业

地下工程施工的辅助作业有通风、防尘、消烟、照明与风水电供应等工作，做好这些辅助作业，可以改善施工人员工作环境，加快施工进度。

1. 通风、防尘及消烟

通风、防尘及消烟的目的是排除因钻孔、爆破、装岩、内燃机尾气等原因产生的有害气体，降低岩尘含量，及时供给工作面充足的新鲜空气，改善洞室内的温度、湿度和气流速度，使之符合洞室施工卫生要求。

通风方式有自然通风和机械通风两种，小于 40m 的短洞可以采用自然通风。

机械通风，其基本形式有压入式、吸出式和混合式三种。压入式通风是将新鲜空气通过风管直接送到工作面，混浊空气由洞身排至洞外。其优点是工作面很快获得新鲜空气，缺点是混浊空气容易扩散至整个洞室。吸出式通风是通过风管将工作面的混浊空气吸走并排出至洞外，新鲜空气由洞口流入洞内。其优点是工作面混浊空气较快地被吸出，但新鲜空气流入较缓慢。混合式通风是在爆破后进行排烟时用吸出式，经常性通风时用压入式，充分发挥上述两种方式的优点。

机械通风方式的选择，取决于洞室形式、断面大小和隧洞长度。竖井、斜井和短洞开挖，可采用压入式通风；小断面长洞开挖时，可采用吸出式通风；大断面长洞开挖时，宜采用混合式通风。

在改善通风的同时，还要重视对粉尘和有害气体的控制。湿钻凿岩、爆破后喷雾降尘、出渣前对石渣喷水防尘等都是降低空气中粉尘含量行之有效的措施。洞内施工严禁使用汽油发动机，使用柴油机时，应加设废气净化装置，降低有害尾气的排放。

2. 风水电供应及排水

洞室在整个开挖循环作业中，风水电供应及排水需统筹考虑。输送到工作面的压缩空气，应保证风量充足，风压不低于 500kPa。施工用水的数量、质量和压力，应满足钻孔、喷锚、衬砌、灌浆等作业的要求。洞内动力、照明、电力起爆的供电线路应按需要分开架设，并注意防水和绝缘；洞内照明应采用 36V 或 24V 的低压电，保证照明亮度。洞内排水系统必须畅通，保证工作面和路面无积水。

第三节　掘进式开挖

一、掘进机的类型和工作原理

掘进机根据破碎岩石的方法，大致可分为挤压式和切削式（铁削式）两种类型。挤压式主要是通过水平推进油缸，使刀盘上的滚刀强行压入岩体，并在刀盘旋转推进过程中，用挤压和剪切的联合作用破碎岩体。切削式利用岩石抗弯、抗剪强度低的特点，靠铁削（即剪切）加弯折，破碎岩体。

按照掘进机的作业面是否封闭可分为开敞式、单护盾掘进机和双护盾掘进机。开敞式掘进机适用于围岩稳定性好的场合，护盾式掘进机适用于围岩较软弱、需进行混凝土（钢）管片安装的场合。

掘进机一般由刀盘、机架、推进缸、套架、支撑缸、皮带机及动力间等部分组成。掘进时，通过推进缸给刀盘施加压力，滚刀旋转切碎岩体，由装在刀盘上的集料斗转至顶部，通过皮带机将岩渣运至机尾，卸入其他运输设备运走。为避免粉尘危害，掘进机头部装有喷水及吸尘设备，在掘进过程中连续喷水、吸尘。

目前，已生产的掘进机大多适用于圆形断面、地质条件良好、岩石硬度适中、岩性变化不大的隧洞。对于非圆形断面隧洞的开挖，通常通过调整刀盘倾角来实现。掘进机一般多用于平洞的全断面开挖。针对大型隧洞的开挖，也可先采用掘进机开挖导洞，而后采用传统的钻爆方法扩挖。

二、掘进机开挖的优点

1. 利用机械切割、挤压破碎，能使掘进、出渣、衬砌支护等作业平行连续地进行，工作条件比较安全，节省劳力，整个施工过程能较好地实现机械化和自动控制；

2. 在地质条件单一、岩石硬度适宜的情况下，可以提高掘进速度；

3. 掘进机挖掘的洞壁比较平整，断面均匀，超、欠挖量少，围岩扰动少，对衬砌支护有利。

三、掘进机开挖的缺点

1. 设备复杂昂贵，安装费工费时。当隧洞长度较短时，采用掘进机并不经济。

2. 掘进机不能灵活适应洞径、洞轴线走向、地质条件与岩性等方面的变化。对于选定的掘进机，其允许的洞径变化不能超过 ±10%。由于掘进机机身长度的限制，隧洞的转弯半径不能小于 150 ~ 450m。对于断层、破碎带等不良地质条件，掘进机的掘进速度将大大降低。对坚硬岩石，刀具磨损很快。

3. 刀具更换、风管送进、电缆延伸、机器调整等辅助工作等占用时间较长。若掘进机发生故障，会影响全部工程的施工。

4. 掘进机掘进时释放大量热量，工作面上环境温度较高，要求有较大的通风设备。因此，选择掘进机掘进方案，必须结合工程具体条件，可以通过技术经济比较确定。

第四节　隧洞衬砌与灌浆

地下洞室开挖后，为了防止围岩风化和坍落，保证围岩稳定，往往要对洞壁进行衬砌。衬砌类型有现浇混凝土或钢筋混凝土衬砌、混凝土预制块或条石衬砌、预填骨料压浆衬砌等。本节仅介绍隧洞现浇混凝土及钢筋混凝土衬砌施工。

一、隧洞衬砌的分段分块及浇筑顺序

水工隧洞较长，纵向需要分段进行浇筑。分段长度应根据围岩条件、隧洞断面尺寸、施工浇筑能力与混凝土冷却收缩等因素而定，一般分段长度以 9 ~ 15m 为宜。当结构上设有永久伸缩缝时，可利用结构永久缝分段；当结构永久缝间距过大或无永久缝时，可设施工缝分段，并做好施工缝的处理。

分段浇筑的顺序有跳仓浇筑、分段流水浇筑和分段留空档浇筑等不同方式。当地质条件较差时，采用肋拱肋墙法施工，这是一种开挖与衬砌交替进行的跳仓浇筑法。对于无压平洞，结构上按允许开裂设计时，也可采用滑动模板连续施工的浇筑方式，以加快衬砌施工，但施工工艺必须严格控制。

衬砌施工在横断面上也常分块进行。一般分成底拱（底板）、边拱（边墙）和顶拱三块。横断面上的浇筑顺序，正常情况是先底拱（底板）、后边拱（边墙）和顶拱，其中边拱(边墙)和顶拱,可以连续浇筑,也可以分开浇筑,由浇筑能力或模板形式而定。地质条件较差时，可以先浇筑顶拱，后边拱（边墙）和底拱（底板）。当采用开挖和衬砌平行作业时，由于底板清渣无法完成，可采用先边拱（边墙）和顶拱，最后浇筑底拱（底板）的浇筑顺序。

隧洞衬砌用的模板，按浇筑部位不同，可分为底拱模板、边拱(边墙)和顶拱模板。不同部位的模板，其构造和使用特点各不相同。

对底拱而言，当中心角较小时，具体可以像平底板浇筑那样，只立端部挡板，不用表面模板，在混凝土浇捣中，用弧形样板将表面刮成弧形。对于中心角较大的底拱，一般采用悬挂式弧形模板。浇筑前，先立端部挡板和弧形模板的桁架，悬挂式弧形模板是随着混凝土的浇筑升高的，从中间向两旁逐步安装。安装时，应将运输系统的支撑与模板架支撑分开，避免引起模板位移走样。对洞径一致的中、大型隧洞的底拱浇筑，也可采用拖模法施工，但必须严格控制施工工艺。

边拱（边墙）和顶拱的模板，常用的有桁架式和移动式两种。

桁架式模板又称为拆移式模板，主要由面板、桁架、支撑以及拉条等组成，通常是在洞外先将桁架拼装好，运入洞内安装就位，再安装面板。

移动式模板主要由车架、可绕铰转动的模板支架和钢模板组 o 车架和支架用型钢构成，车架可通过行走机构移动，故又称为钢模台车，它具有全断面一次成型、施工进度快及成本低等优点。

二、衬砌混凝土的浇筑和封拱

由于隧洞衬砌的工作面狭窄，混凝土的运输和浇筑以及浇筑前钢筋的绑扎安装等工作都较困难，采用合理的施工方案、先进的施工技术和组织设计尤为重要。隧洞衬砌内的钢筋，在洞外制作，运入洞内安装绑扎。绑扎钢筋工作常在立好模板并预留端部挡板的时候进行。钢筋靠预先插入岩壁的锚筋固定。如采用钢筋台车绑扎钢筋，则应先绑扎钢筋后立模板。

隧洞衬砌多采用二级配混凝土。对中小型隧洞，混凝土一般采用斗车或轨式混凝

土搅拌运输车，由电瓶车牵引运至浇筑部位；对大中型隧洞，则多采用 3 ~ 6m^3 的轮式混凝土搅拌运输车运输。在浇筑部位，常用混凝土泵将混凝土压送并浇入仓内。泵送混凝土的配合比，应保证有良好的和易性和流动性，其坍落度一般为 8 ~ 16cm。

在浇筑顶拱时，对浇筑段的最后一个预留窗口的封堵称为封拱。由于受仓内工作条件限制，使混凝土形成完整拱圈的封拱工作，常采取以下两种措施。

（一）封拱盒封拱

当最后一个顶拱预留窗口，工人无法操作时，退出窗口，可在窗口四周装上模框，将窗口浇筑成长方形，待混凝土强度达到 1MPa 后，拆除模框，洞口凿毛，装上封拱盒封拱。

（二）混凝土泵封拱

使用混凝土泵浇筑顶拱混凝土时，即将导管的末端接上冲天尾管，垂直穿过模板伸入仓内，冲天尾管的位置应用钢筋固定，尾管之间的间距根据混凝土扩散半径确定，一般为 4 ~ 6m，离端部约 1.5m，尾管出口与岩面的距离一般为 20cm 左右，其原则是在保证压出的混凝土能自由扩散的前提下，越贴近岩面，封拱效果越好，为了排除仓内空气和检查拱顶混凝土充填情况，在仓内最高处设置通气孔。为了便于人进仓工作，在仓的中央设置进人孔。

混凝土泵封拱的步骤如下：当混凝土浇筑至顶拱仓面时，撤出仓内各种器材，并尽量填高；当混凝土浇筑至与进人孔齐平时，撤出仓内人员，封闭进人孔，增大混凝土坍落度（达 14 ~ 16cm），并加快泵送深度，直至通气管开始漏浆或压入混凝土超过预计量时止；停止压送混凝土后，拆除尾管上包住预留孔眼的铁箍，从孔眼中插入钢筋，防止混凝土下落，并拆除尾管；待混凝土凝固后，将外伸的尾管割除，用灰浆抹平。

三、隧洞灌浆

隧洞灌浆有回填灌浆和固结灌浆。前者的作用是填塞围岩与衬砌间的空隙，所以只限于拱顶一定范围内；后者的作用是加固围岩，提高围岩的整体性和强度，其范围包括断面四周的围岩。

灌浆孔可在衬砌时预留，孔径为 38 ~ 50mm。灌浆孔沿洞轴线 2 ~ 4m 布置一排，各排孔位交叉排列。同时还需布置一定数量的检查孔，用以检查灌浆质量。

水工隧洞灌浆应按先回填后固结的顺序进行，回填灌浆应在衬砌混凝土达到 70% 设计强度后尽早进行。回填灌浆结束 7d 后再进行固结灌浆。灌浆前应对灌浆孔进行冲洗，冲洗压力不宜大于本段灌浆压力的 80%。回填灌浆需按分序加密原则进行，固结灌浆应按环间分序、环内加密原则进行，灌浆压力、浆液浓度、升压顺序和结束灌浆标准应符合设计要求。

第五节　隧洞工程施工项目

一、平洞的开挖程序

平洞开挖有全断面开挖、台阶开挖和导洞掘进等多种方法。

（一）全断面开挖法

全断面掘进法的优点是工作面大、工序集中、便于管理；能充分发挥机械效能，开挖进度快。缺点是只有一个爆破临空面，单位耗药量较大；对于大断面隧道，全断面掘进时需要机械化施工，并要求机械生产率配套，否则影响掘进效率；在松软岩层中开挖大断面隧道时，全断面掘进不安全。此外，如隧洞测量的贯通误差过大，采用全断面掘进则不易修正。

（一）台阶开挖法

全断面开挖法会受到开挖设备、技术安全等方面的限制。当隧道断面大于135 m2，高度大于12m时，所用钻车高达4层以上。由于钻车质量增加，移动不便而影响效率。因此，当隧道断面特别大时，从技术、安全、经济合理观点，全断面掘进就不是最优方案，而往往采用台阶掘进法。

台阶掘进法可分为水平台阶和垂直台阶的形式，水平台阶又可分为下台阶和上台阶：

1. 下台阶掘进法是先开挖上部断面，再开挖下部台阶。对于断面高度较大的隧道，上部断面采用钻车掘进，下部台阶采用轻型风钻钻眼c为防止顶部塌方，在上部断面挖成后，可及时进行拱部衬砌，在衬砌保护下开挖下部岩层。

2. 上台阶掘进法与下台阶掘进法相反，即先掘进下部断面，后开挖上部台阶。上部台阶爆落的石渣可利用自重下落通过漏斗棚架装车，因此，仅需在隧道底部布置出渣线。

上部台阶钻眼时，可以采用蹬渣作业或在工作平台上操作。但用该法开挖不良地质段时，易造成塌方，支撑较复杂，以及需进行两次拱顶排险工作。

3. 垂直台阶掘进法用于跨度较大的隧洞。先用钻车掘进中部，然后两侧台阶使用轻型风钻开挖。该法的主要优点是一次开挖断面的跨度较小，顶部也不易坍塌。

（三）导洞掘进法

导洞掘进法是比较古老的方法。只需使用简单的机具设备，因此，该法得到广泛应用。目前对于大断面隧道，在地质条件又较差的情况下，为了防止塌方，导洞掘进法仍被广泛采用。

导洞掘进法是在隧道断面上选择某一部位，首先开挖一个导洞。导洞断面根据出渣线的布置、装渣、运输设备的工作条件确定。对于双车道，导洞断面一般为

3m×4m。

在导洞超前开挖相当长的距离之后，再向导洞四周扩大开挖到全断面。有时为了创造良好的自然通风条件，便于精确掌握隧道轴线和了解隧道沿线的地质情况，也可将隧道全线打通，然后进行扩大开挖。

按导洞的布置不同，具体可分为下导洞掘进、上导洞掘进、上下导洞掘进、中央导洞掘进、品字导洞掘进等类型。

1. 下导洞掘进

在隧道底部中央先挖导洞，然后向上扩大到达拱顶后，再由两侧向底部扩挖完成全断面，最后按先墙后拱顺序衬砌。

下导洞掘进的主要优点是扩大部分的石渣利用自重下落在漏斗棚架上进行装车。这样大大减轻了装渣作业，提高了出渣工效。同时漏斗棚架起着支护作用，扩大开挖崩落的石渣不会打坏轨道。

2. 上导洞掘进

在拱部中央先开挖上导洞，再扩大开挖拱部，及时进行拱部衬砌。在拱部衬砌的保护下，进行挖底工作。为了保证拱部衬砌的安全，侧墙开挖顺序必须错开布置（马口开挖布置），并及时衬砌。该法适用于松软岩层中的隧道开挖。

由于上导洞和下部扩大需分别敷设出渣线，拱部开挖和衬砌工作相互干扰，往往影响施工进度。

3. 上下导洞掘进

上下导洞掘进是先开挖上导洞和下导洞，再扩大拱部进行拱部衬砌，然后开挖中层、边墙和进行边墙衬砌。

上下导洞掘进综合了下导洞掘进和上导洞掘进的优点，像下导洞掘进一样，利用岩石自重下落通过漏渣孔装车，像上导洞那样在拱部衬砌的保护下开挖下部，达到安全施工。为避免出渣和运输混凝土的干扰，可以在上、下导洞内分别敷设轨槽，上导洞运输混凝土，下导洞出渣。

4. 中央导洞掘进

中央导洞掘进是在导洞中部先开挖中央导洞，待中央导洞全线打通后，再进行扩大开挖。扩大开挖时采用辐射式布眼，爆破后即可达到全断面。该法的优点是钻眼、出渣互不干扰，扩大开挖一次完成，施工进度快。缺点是辐射式钻眼需用螺旋式支架，钻眼深度不易精确控制，容易造成超挖或欠挖。

5. 品字导洞掘进

品字导洞掘进是沿隧道拱部先开挖3个导洞，构成一个品字形。当隧道跨度很大时，可沿拱部开挖5个或7个导洞，然后分段间隔开挖拱部，并及时砌。

扩挖时一般6m，左右一段，将纵向导洞挖通，并保留核心岩层，以便于支撑和防止坍塌。然后在拱部衬砌的保护下进行侧墙开挖，核心岩体开挖和侧墙衬砌。为保证拱部施工质量，一般在结构上采用拱墙分离的形式。

品字导洞掘进用于大跨度隧道的施工，其优点是施工安全，不致坍塌。利用核心岩体以节省支撑材料。各导洞由横向扩挖沟通，通风排烟条件好。缺点是开挖和衬砌

交叉作业，相互干扰。故一般由顶部导洞运输混凝土，下部导洞出渣。选择隧洞掘进方案时，除应考虑断面尺寸，工程地质条件、施工条件等因素外，还应考虑所用方法的生产效率和施工进度。

近年来，随着大型钻车的发展，导洞掘进法的使用范围不断缩小。导洞掘进法只是在对隧道必须详细了解地质资料或缺乏机械设备的情况下不得已的方案，所以全断面掘进法和用钻车先钻爆上层由轻型风钻扩大下层的分层开挖方法得到推广。

根据国外一些经验统计资料，当隧道断面小于 85 ~ 110m2、高度小于 10m 时，最好采用全断面开挖；隧道断面大于 85 ~ 110m2 高度大于 10m 时，最好可采用上层先挖的分层开挖法。

二、斜洞、竖井和斜井的开挖程序

（一）斜洞、竖井和斜井的定义

以水平夹角区分，洞线与水平的夹角大于 75° 为竖井，75° ~ 48° 为斜井，6° ~ 48° 为斜洞。

（二）斜洞的开挖程序

对于斜洞，一般采用自上而下的全断面开挖法，用卷扬机提升出渣，开挖完成后衬砌。

（三）竖井和斜井的开挖程序

水利水电工程中的竖井和斜井包括调压井、闸门井、出线井、通风井、压力管道和运输井等。竖井的高度较大，而断面相对较小；竖井、斜井在施工程序上都有各自的特点。

1. 竖井

竖井施工的主要特点是竖向作业，进行竖向开挖、出渣和衬砌

一般水工建筑物的竖井均有水平通道相连，先挖通这些水平通道，可以为竖井施工的出渣和衬砌材料运输等创造有利条件。竖井施工有全断面法与导井法。

2. 斜井

其施工条件与竖井相近，可按竖井的方法施工。

三、隧洞的开挖方法

（一）钻孔爆破法

钻孔爆破法一直是地下建筑物岩石开挖的主要施工方法。这种方法对岩层地质条件适应性强、开挖成本低，尤其适合岩石坚硬的洞室施工。钻孔爆破法开挖地下建筑物，应根据设计要求、地质情况、爆破材料及钻孔设备等条件做好爆破设计。

钻爆设计的主要任务是：确定开挖断面的炮孔布置，包括各类炮孔的位置、深度及方向；确定各类炮孔的装药量、装药结构及堵孔方式；以便确定各类炮孔的起爆方

法和起爆顺序。

与露天开挖爆破比较，地下洞室岩石开挖爆破施工有如下主要特点：

1. 因照明、通风、噪声及渗水等影响，钻爆作业条件差；钻爆工作与支护、出渣运输等工序交叉进行，施工场面受到限制，增加了施工难度。

2. 爆破自由面少，岩石的夹制作用大，增大了破碎岩石难度，使岩石爆破的单位耗药量提高。

3. 爆破质量要求高。对洞室断面的轮廓形成一般均有严格的标准，控制超挖、不允许欠挖；必须防止飞石、空气冲击波对洞室内有关设施及结构的损坏；应尽量控制爆破对围岩及附近支护结构的扰动与质量影响，确保洞室的安全稳定。

地下建筑物中各类洞室的钻爆设计与施工，其基本原理和方法相通，本任务介绍压力洞下平洞段的钻孔爆破方法，岩石级别为Ⅱ类、Ⅲ类。

（二）炮孔类型及作用

为了克服围岩的夹制作用、改善岩石破碎条件、控制隧洞开挖轮廓以及提高掘进效率，在进行地下洞室的爆破开挖时，按作用原理、布置方式及有关参数的不同，开挖断面上布置的炮孔往往分成掏槽孔、崩落孔、周边孔。

1. 掏槽孔通常布置在开挖断面的中下部。掏槽孔是整个断面炮孔中必须首先起爆的炮孔，由于其密集的布孔和装药，先在开挖面（只有一个自由面）上炸出一个槽腔，为后续炮孔的爆破创造新的自由面。

2. 崩落孔布置在掏槽孔与周边孔之间。在掏槽孔起爆后，崩落孔由中心往周边逐层顺序起爆。其作用是扩大掏槽孔炸出的槽腔，崩落开挖面上的大部分岩石，同时也为周边孔创造自由面。

3. 周边孔是沿断面设计边线布置的炮孔，一般在断面炮孔中最后起爆。其作用是爆出较为平整的洞室开挖轮廓。

这三类炮孔可以通过微差网路实现毫秒延迟间隔的顺序起爆，先起爆的炮孔为后起爆的炮孔减小岩石的夹制作用，增大自由面。

（三）掏槽形式

掏槽孔的爆破效果是影响隧洞开挖循环进尺的关键。按布孔形式，一般可分为楔形掏槽、锥形掏槽和直孔掏槽三类。楔形掏槽与锥形掏槽的钻孔方向与开挖断面是斜交的，故又称为斜孔掏槽；直孔掏槽的钻孔方向则与开挖断面正交。

1. 楔形掏槽

由 2 ~ 4 对对称的相向倾斜的掏槽炮孔组成，爆破后能形成楔形槽。楔形掏槽孔的孔底夹角一般在 60° 左右。对于层理大致垂直或倾斜的岩层，往往采用垂直楔形掏槽。水平楔形掏槽比较适用于岩层层理接近于水平的围岩或整体均匀的围岩，因向上倾斜钻孔作业较困难，运用较少。

2. 锥形掏槽

由数个掏槽炮孔呈角锥形布置，各孔以大体相同角度向中心轴线倾斜，孔底趋于集中，但不贯通，爆破后形成锥形槽。炮孔倾斜角度（与开挖断面的最小夹角）一般

为 60° ~ 70°，岩质越硬，倾角越小。按炮孔数目的不同，分三角锥、四角锥、五角锥等。楔形与锥形掏槽均具有所需掏槽炮孔较少、掏槽体积大、容易将爆渣抛出、炸药耗量低等优点。但由于掏槽有效深度受到开挖断面尺寸大小和岩层硬度的限制，难以提高每一循环的实际进尺，同时钻孔倾斜角度的精度对掏槽效果有较大的影响。

3. 直孔掏槽

由若干个垂直于开挖面的彼此距离很近的炮孔组成，其中有一个或几个是不装药的空孔。由于直孔掏槽的深度不受开挖断面尺寸的限制，较之斜孔掏槽可以获得更深的槽腔，可提高单循环的开挖进尺；同时，在钻直孔时多台凿岩机可同时作业而相互干扰小，有利于提高钻机效率。因此直孔掏槽爆破已成为当前广泛采用的掏槽方式。自 20 世纪 60 年代以来，许多国家发展了形式多样的直孔掏槽技术，并形成了一套较成熟的直孔掏槽爆破设计理论与技术。

直孔掏槽的形式较多，常用的有桶形掏槽和螺旋掏槽等。桶形掏槽是充分利用大直径（75 ~ 100mm）空孔或数个与装药孔直径相同的空孔作为岩石爆破后的膨胀空间，爆破后形成桶状槽腔。

由桶形掏槽发展而来的螺旋掏槽，其特点是各装药孔至中心空孔的距离依次递增，其装药孔连线呈螺旋状，并按螺旋线顺序微差起爆，这种方法能够充分利用临空面，提高掏槽效果。后来，又发展了按螺旋装药孔成对布置，至空孔距离逐渐加大的双螺旋掏槽法，许多工程实践表明，采用双螺旋掏槽法，由于掏槽效果好，对于提高炮孔利用率及洞室循环掘进的有效进尺具有明显效果。

直孔掏槽适用于各种岩层的隧洞爆破开挖，一般来讲，直孔掏槽法所需的炮孔数量及装药消耗量更多，而且对钻孔的位置与方向要求更精确。

（四）周边光面爆破

采用钻孔爆破法开挖，洞室的轮廓控制主要取决于周边孔的布置及其爆破参数的选择口当周边轮廓控制质量差时，出现严重的超、欠挖量，洞壁起伏差也大。其后果是对有衬砌的地下洞室，增加了混凝土的回填量和修整时的二次爆破量；对无衬砌的过流隧洞，因糙率增高，将大大降低泄流能力；对围岩的稳定也极为不利。因此，对于开挖断面上的周边孔，要加强采用轮廓控制爆破技术，即光面爆破或预裂爆破。

1. 光面爆破的原理与特点

光面爆破是一种能够有效控制洞室开挖轮廓的爆破技术。其基本原理是：在断面设计开挖线上布置间距较小的周边孔，采用特定的减弱装药结构（不耦合装药与间隔装药）等一系列施工工艺，在崩落孔爆破后起爆周边孔内的装药，炸除沿洞周留下的厚度为周边孔爆破最小抵抗线的岩体（光爆层），从而获得较为平整的开挖轮廓。

由于光面爆破的运用，不仅可以实现洞室断面轮廓成型规整、减少围岩应力集中和局部落石现象、减少超挖和回填混凝土量，而且能够最大限度地减轻爆破对围岩的扰动和破坏，尽可能保存围岩自身原有的承载能力，改善支护结构的受力状况。光面爆破与锚喷支护相结合，能节省大量混凝土，又可降低工程造价，加快施工进度。光面爆破已成为“新奥法”施工的三大支柱之一。

评价光面爆破效果的主要标准为：开挖轮廓成型规则，岩面平整；围岩壁上的半孔壁保存率不低于 50%，且孔壁上无明显的爆破裂隙；超、欠挖符合规定要求，围岩上无危石等。

光面爆破装药量以线装药密度 a（g/m）表示。恰当装药量应是既具有破岩所需的能量，又不造成围岩的过度破坏。施工中应根据孔距、光爆层厚度、岩质及炸药种类等综合考虑确定装药量’光爆层厚度是由断面最外圈的崩落孔（通常称二圈孔）决定的。因为二圈孔邻近光爆炮孔，所受夹制作用较大，在爆破中如果装药量过大，这些孔爆破所产生的裂缝，可能会扩展到最终形成的断面以外，因此需要进行减弱装药，实际施工中装药一般控制在其他崩落孔的 1/2 ~ 1/3。

2. 光面爆破的技术措施

（1）钻孔精度对获得良好的光面爆破效果具有关键作用。在施工中，要采取适当措施确保周边孔达到准、正、直、齐的设计要求。

（2）采用不耦合装药结构。光面爆破的不耦合系数是多为 1.25 ~ 2.50。水工隧洞光面爆破的不耦合系数在 2.0 左右比较合适。

（3）严格控制装药集中度。装药过于集中或炮孔全长均匀装药都将影响光爆质量。在有条件时，应优先考虑选用光爆专用炸药卷进行连续装药，并在孔底部位适当加强装药；或者选用导爆索加自制小药卷，用竹片加工成串状装药结构。

（4）在不耦合系数较大并用光爆专用炸药连续装药情况下，应在炮孔内装入一根导爆索，以免由于管道效应而引起熄爆现象。同时，周边孔应尽量同时起爆；若同时起爆引起的爆破地震效应过大，可适当分段起爆。

四、隧洞的钻隧洞开挖爆破施工

采用钻孔爆破法进行地下洞室的开挖，其施工工序包括钻孔、装药、堵塞、起爆、通风散烟、安全检查与处理、初期支护、出渣运输等。这通常称为地下洞室掘进的一次循环作业，按此工序，洞室施工一个循环接一个循环，周而复始，直到开挖完成。

（一）钻孔

钻孔是隧洞爆破开挖中的主要工序，工作强度较大，所花时间约占循环时间的 1/4 ~ 1/2O 目前广泛采用的钻孔设备为凿岩机和钻孔台车。为保证达到良好的爆破效果，施钻前应由专门人员标出掏槽孔、崩落孔和周边孔的设计位置，最好采用激光系统定位，严格按照标定的炮孔位置及设计钻孔深度、角度和孔径进行钻孔。国外在钻凿掏槽孔时，通常使用带轻便金属模板的掏槽钻孔夹具来保证掏槽孔钻孔的准确性。

（二）装药

装药前应对炮孔参数进行检查验收，测量炮孔位置、炮孔深度是否符合设计要求。然后对钻好的炮孔进行清孔，可用风管通入孔底，利用风压将孔内的岩渣和水分吹出。确认炮孔合格后，即可进行装药及起爆网路连线工作。应严格按照预先计算好的每孔装药量和装药结构进行装药，如炮孔中有水或潮湿时，采取防水措施或改用防水炸药。

（三）堵塞

炮孔装药后孔口未装药部分必须用堵塞物进行堵塞。良好堵塞能阻止爆轰气体产物过早地从孔口冲出，提高爆炸能量的利用率。

常用堵塞材料有砂子、黏土、岩粉等。而小直径炮孔则常用炮泥，它是用砂子和黏土混合配制而成的，其质量比是 3 ∶ 1，再加上 20% 的水，混合均匀后再揉成直径稍小于炮孔直径的炮泥段。堵塞时将炮泥段送人炮孔，用炮棍适当挤压捣实。堵塞长度与抵抗线有关，一般来说，堵塞长度不能小于最小抵抗线。

（四）起爆

爆破指挥人员要确认周围安全警戒工作完成，并发布放炮信号后，方可发出起爆命令；警戒人员应按规定警戒点进行警戒，在未确认撤除警戒前不得擅离职守；要有专人核对装药、起爆炮孔数，并检查起爆网路、起爆电源开关及起爆主线；起爆后，确认炮孔全部起爆，经检查后方可发出解除警戒信号，撤除警戒人员。如发现盲炮，要采取安全防范措施后，才能解除警戒信号。

（五）通风散烟

通风的目的一是为了把爆破后产生的有毒气体在较短的时间内（15 ~ 20min）排出工作面；二是为了经常供给作业面新鲜空气，排除掘进时产生的粉尘，降低工作面温度，使作业人员有良好的工作条件。为此，隧道工程在各个施工阶段都必须进行通风。通风效果应保证空气成分和温度符合国家规定标准。

（六）安全检查与处理，

在通风散烟后，应检查隧洞周围特别是拱顶是否有粘连在围岩母体上的危石：对这些危石常采用长撬棍处理，但不安全。条件许可时，可以采用轻型的长臂挖掘机进行危石的安全处理。

（七）初期支护

当围岩质量或自稳性较差时，为了预防塌方或松动掉块，产生安全事故，必须对暴露围岩进行临时的支撑或支护。

临时支撑的形式很多，有木支撑、钢支撑、预制混凝土或钢筋混凝土支撑、喷混凝土和锚杆支撑等，可根据地质条件、材料来源及安全经济等要求来选择。

喷混凝土和锚杆是一种临时性和永久性结合起来的支护形式，在有条件时，应优先采用。这对于有效控制围岩的松弛变形，发挥围岩的自承能力，具有很好的效果。

（八）出渣运输

出渣运输是隧洞开挖中费力费时的工作，所花时间约占循环时间的 1/3 ~ 1/2。它是控制掘进速度的关键工序，在大断面洞室中尤其突出。因此，必须制订切实可行的施工组织措施，规划好洞内外运输线路和弃渣场地，通过计算选择配套的运输设备，拟定装渣运输设备的调度运行方式与安全运行措施。

第六节　锚喷支护

地下洞室的开挖及形成，改变了围岩的原有应力场及受力条件，并在一定程度上影响围岩的力学性能，导致洞室变形，严重时出现掉块甚至坍塌等现象。由此，围岩的稳定是决定地下工程施工成败的关键问题。

锚喷支护是地下工程施工中对围岩进行保护与加固的主要技术措施。锚喷支护是在洞室开挖后，将围岩冲洗干净，适时喷上一层厚 3 ~ 8cm 的混凝土，防止围岩松动。如发现围岩变形过大，可视需要及时加设锚杆或加厚混凝土，使围岩稳定。对于不同地层条件、不同断面大小、不同用途的地下洞室都表现出较好的适用性。

锚喷支护的类型有：锚杆支护，喷射混凝土支护，喷射混凝土和锚杆联合支护，喷混凝土、锚杆、钢丝网、钢拱架等组合的联合支护，预应力锚索支护，喷浆支护等。锚喷支护具有显著的技术经济优势，根据大量工程统计，锚喷支护较之传统的模注混凝土衬砌，混凝土用量减少 50% 以上，开挖量减少 15% ~ 25%，可省去支模和灌浆工序，节省劳动力 50% 左右，造价降低 50% 左右，加快施工速度 1 倍以上。在我国水电、铁路、矿山、军工及城市建设等行业不同类型的地下洞室施工中，锚喷支护已经得到了广泛的运用。

一、新奥法与锚喷支护原理

20 世纪 50 年代奥地利学者 L · V · 拉布采维兹等人，创建了新奥地利隧道工程施工法（简称新奥法）。新奥法核心思想是“在充分考虑围岩自身承载能力的基础上，因地制宜地搞好地下洞室的开挖与支护”作为一个完整的概念，它强调运用光面爆破（或其他破坏围岩最小的开挖方法）、锚喷支护和施工过程中的围岩稳定状况监测，此亦称为新奥法的三大支柱。

新奥法运用锚喷支护，它的原理是：把围岩视为具有弹性、塑性及黏性的连续介质，利用岩体开挖中洞室变形的时间效应，适时采用既有一定刚度又有一定柔性的支护结构主动加固近壁围岩，使围岩的变形受到抑制，同时与围岩共同形成具有抵抗外力作用的承载拱圈或称广义的复合支护系统，从而有效增加洞室围岩稳定性。

锚喷支护特别强调合适的支护时机。过早了，支护结构要承担围岩向着洞室变形而产生的形变压力，这样不仅不经济，而且可能导致支护结构破坏；过迟了，围岩会因过度松弛而使岩体强度大幅度下降，甚至导致洞室破坏。正确的做法是：在洞室开挖后先让其产生一定的变形，再视作一定的柔性支护，使围岩与支护也在加以限制的情况下共同变形，不致发展到有害的程度。

二、锚杆支护及其施工工艺

锚杆是锚固在岩体中的杆件，铺杆插入岩体后，与围岩共同工作，提高围岩的自稳能力。

（一）锚杆分类及作用

工程中常用的锚杆，按受力状态可分为张拉型锚杆和非张拉型锚杆。其中，张拉型锚杆又分为张拉锚杆和预应力锚杆。按锚固方式可分为全长黏结型锚杆、端头锚固型锚杆和摩擦型锚杆等。

楔缝式锚杆和胀壳式锚杆属于端头锚固型锚杆。其施工顺序是：将楔块（或锥形螺母）嵌入描杆端部的楔瓣（或胀圈）内后，同时插入钻孔，使楔块（或锥形螺母）与孔底接触；再用冲击力（楔缝式）或用扳手旋转锚杆（胀壳式）使楔瓣（或胀圈）胀开，紧压孔壁；最后安上垫板，拧紧螺帽，将岩石压紧锚固。端头锚固型锚杆一般用作临时支护。

全长锚固的锚杆有砂浆锚杆和树脂锚杆等。锚杆可用钢筋，也可用钢丝索或钢丝绳。为了充分发挥锚杆强度，尤其是用钢丝索或钢丝绳作锚杆之时，可对锚杆施加预应力而成为预应力锚杆。全长锚固型锚杆一般用于永久支护。

（二）全长黏结型锚杆施工工艺流程

先注浆后插杆。测量定位钻机就位一孔（钻头直径比锚杆直径大 15mm 以上）——洗孔 —— 灌注水泥砂菜 —— 安装锚杆 —— 封孔灌浆 —— 检测。该工艺适用于垂直孔、下倾孔和临时支护锚杆。

先插杆后注浆。测量定位 —— 钻机就位 —— 造孔（孔口注浆，钻头直径比锚杆直径大 25mm 以上；孔底注浆，钻头直径比锚杆直径大 40mm 以上）洗孔 —— 安装锚杆（附加进浆管和排气管）—— 灌注水泥砂浆 —— 检测。该工艺适用于水平孔、仰角孔及永久性支护锚杆。

（三）锚杆布置

锚杆有局部锚杆和系统锚杆之分。局部锚杆主要用于加固危石，防止掉块。系统锚杆用于提高围岩的承载能力和整体性。锚杆的布置参数一般参照以下规定选取：

1. 加固危岩的锚杆必须插入稳定的岩体中，插入深度和间距视危岩的质量或滑动力确定。

2. 系统锚杆一般按梅花形排列，锚杆长度视洞室跨度、围岩特性和锚固部位而定，通常插入深度为 1.5 ~ 3.5m。间距约为锚固深度的 1/2。

三、喷混凝土施工

喷混凝土是将水泥、砂、石和外加剂等材料，按一定配合比拌和后，装入喷射机中，用压缩空气将混合料压送到喷头处，与水混合后高速喷到作业面上，快速凝固在被支护的洞室壁面，形成一种薄层支护结构。这种支护结构的主要作用是，喷射混凝土不但与围岩表面有一定的黏结力，而且能充填围岩的缝隙，提高围岩的整体性和强度，增强围岩抵抗位移和松动的能力；同时还可起到封闭围岩、防止风化的作用，也是一种高效、早强、经济的支护结构。

（一）喷混凝土的原材料及配合比

喷混凝土的原材料与普通混凝土基本相同，但在技术要求上有一定的差别，现说明如下：

1. 水泥

优先选用强度等级不低于 42.5MPa 的普通硅酸盐水泥，也可采用强度等级不低于 52.5MPa 的矿渣硅酸盐水泥和火山灰质硅酸盐水泥。其目的在于保证喷射混凝土的凝结时间与速凝剂有较好的相容性。

2. 砂石料

优先选用磨圆度较好的天然砂和卵石，也可采用机制砂石料。砂的细度模数应大于 2.5，细石粒径不宜大于 15mm，以减少施工操作时的粉尘、回弹量和堵管。

3. 硅粉

硅粉是在电弧炉中生产硅金属和硅铁合金的过程中产生的副产品，含有 85% ~ 95% 的无定形二氧化硅，平均粒径 0.1pm，为水泥颗粒粒径的 1/100，颗粒呈圆形。在混凝土中掺入适量的硅粉，可以减少混凝土拌和物的泌水性和混凝土的孔隙率，提高混凝土的强度、抗渗性和耐久性。硅粉的一般掺量为水泥质量的 5% ~ 15%。

喷射混凝土的配合比应满足混凝土强度和喷射工艺的要求，可按类比法选择后通过试验确定。

（二）喷混凝土的施工工艺

喷混凝土的施工方法主要有干喷、湿喷及水泥裹砂法三种。主要区别是投料的程序不同，尤其是加水和速凝剂的时机不同。

1. 干喷法

干喷法是将水泥、砂、石和速凝剂加微量水干拌后，装入喷射机，可用压缩空气将混合的干骨料压送到喷枪，再在喷嘴处与适量水混合，喷射到岩石表面。也可将干混合料压送到喷嘴处，再加液体速凝剂和水进行喷射。这种施工方法的优点是喷射机械较简单，机械清洗和故障处理容易，便于调节加水量，控制水灰比。但喷射时粉尘较大，回弹量大。

2. 湿喷法

湿喷法是将骨料和水拌和均匀后送到喷嘴处，再添加液体速凝剂，并用压缩空气补给能量进行喷射。优点是粉尘少、回弹量小、混凝土质量容易控制，应当发展应用。缺点是对喷射机械要求较高，机械清洗和故障处理较麻烦。

3. 水泥裹砂法（SEC 砂浆法）

水泥裹砂法又称半湿喷或混合喷射法。其施工程序为先将一部分砂加第一次水拌湿，再投入全部水泥预制搅拌，然后加第二次水和减水剂拌和成 SEC 砂浆，同时将另一部分砂和石强制搅拌均匀。然后分别用砂浆泵和干式喷射机压送到混合管后喷出。由于水泥裹砂法是分次投料搅拌，混凝土的质量较干喷时要好，粉尘和回弹率也有大幅度降低。然而机械数量较多，工艺较复杂，机械清洗和故障处理很麻烦。尤其是水泥裹砂造壳技术的质量直接影响到喷射混凝土的质量，施工技术要求高。

（三）喷射混凝土机械设备

1. 喷射机

喷射机是喷射混凝土的主要设备，有干式喷射机与湿式喷射机两种。干式喷射机有双罐式、转体式和转盘式；湿式喷射机有挤压泵式、转体活塞式和螺杆泵式。泵式喷射机要求混凝土具有较大的流动性和大于70%的含砂率，机械构造复杂，清洗和故障处理麻烦，机械使用费较高，目前现场使用较少，有待进一步改进推广。

2. 机械手

喷头的喷射方向和距离，可采用人工控制或机械手控制。人工控制虽然可以近距离随时监察喷射情况，但劳动强度大，粉尘危害大，易危及人身安全，现场只用于解决少量和局部的喷射工作。机械手控制可避免以上缺点，喷射灵活方便、工作范围大、效率高。

3. 其他

喷射混凝土的拌制用强制式搅拌机，喷射时的风压为0.1 ~ 0.2MPa，水压应稍高于风压。湿式喷射时，风压和水压均较干喷时高。输料管在使用过程中应转向，减少管道磨损。

（四）喷前检查及准备

喷射混凝土前应做好以下工作：

1. 对开挖断面尺寸进行检查，清除松动危石，用高压风和水清洗受喷面，对欠挖、超挖严重的应予以处理；

2. 挂网应顺坡铺设铁丝网或钢筋网，网间搭接10 ~ 20cm，用镀锌铁丝绑扎，如遇坡面不平整，应调整铁丝网与坡面的间距；

3. 受喷岩面有集中渗水处，应做好排水的引流处理，并根据岩面潮湿程度，适当调整水灰比；

4. 埋设喷层厚度检查标志，可采用石缝处钉铁钉、安设钢筋头等方法做标志；

5. 检查调试好各机械设备的工作状态。

（五）施工技术要求

为了保证喷混凝土质量，必须严格控制有关施工参数，注意以下施工技术要求：

1. 喷射时应分段（段长6m）、分部、分块（2m × 2m）进行，严格按先墙后拱、自下而上的顺序进行，以减少混凝土因重力作用而引发的滑动或脱落现象。

2. 喷头要垂直于受喷面，倾斜角度10°，距离受喷面0.8 ~ 1.2m；喷头移动可采用S形往返移动前进，也可采用螺旋形移动前进。

3. 喷射时一次喷射厚度不得太薄或太厚，一次喷射厚度，边墙控制在6 ~ 10cm，顶拱3 ~ 6cm，局部超挖处可稍厚2 ~ 3cm，掺速凝剂时可厚些，不掺时应薄些。一次喷射太厚，容易因自重而引起分层脱落或与岩面脱开；一次喷射太薄，若喷射厚度小于最大骨料粒径，则回弹率又会迅速提高。

4. 分层喷射时，后一层喷射应在前一层混凝土终凝后进行，但也不可间隔过久，

喷射混凝土的终凝时间与水泥品种、施工温度、速凝剂类型及掺量等因素有关。间隔时间较长时，应将初喷面清洗干净后再进行复喷。

5. 喷射混凝土的养护应在其终凝 1 ~ 2h 后进行，养护时间不可小于 7d。

6. 冬季施工时，喷射混凝土作业区的气温不得低于 5℃；混凝土强度未达到设计强度的 50% 时，若气温降于 5℃以下，则应注意采取保温防冻措施。

7. 回弹物料的利用。采用干喷法喷射混凝土时，一般边墙的回弹为 10% ~ 20%，拱部的回弹为 20% ~ 35%，故应将回弹混凝土回收利用。常用的方法是及时将洁净的尚未凝结的回弹物回收后，掺入混合料重新搅拌，但掺量不宜超过 15%，且不宜用于顶拱。也可将回弹混凝土掺入普通混凝土中，但掺量应加以控制。

目前，常用的喷射混凝土有素喷混凝土、钢纤维喷射混凝土及钢筋网喷射混凝土。

钢纤维喷射混凝土是在喷射混凝土中加大钢纤维，弥补了素喷混凝土的脆性破坏缺陷，改善了喷射混凝土的物理力学性能。钢纤维的掺量一般为喷混凝土质量的 1.0% ~ 1.5%，钢纤维喷射混凝土比素喷混凝土的抗压强度提高 30% ~ 60%，抗拉强度提高 50% ~ 80%，抗冲击性能提高 8% ~ 30%，抗磨损性能提高 30% 左右。所以，钢纤维喷射混凝土适用于承受强烈震动、冲击的动荷载的结构物，也适用于有耐磨要求，或不便配置钢筋但又要求有较高强度和韧性的工程中。

钢筋网喷射混凝土是在喷射混凝土之前，在岩面上挂设钢筋网，然后再喷射素混凝土。主要用于软弱破碎围岩，更多的是与锚杆构成联合支护，这在我国隧洞工程中应用较多。

第九章 隧洞施工技术

第一节 隧洞开挖

一、开挖方式

隧洞开挖方式有全断面开挖法和导洞开挖法两种。开挖方式选择主要取决于隧洞围岩的类别、断面尺寸、机械设备和施工技术水平。合理选择开挖方式，对加快施工进度，节约工程投资，保证施工质量和施工安全意义重大。

（一）全断面开挖法

全断面开挖法是将整个断面一次开挖成洞，待全洞贯通后或待掘进相当距离以后，根据围岩允许暴露的时间和具体施工安排再进行衬砌和支护。这种施工方法适用于围岩坚固完整的场合。全断面开挖，洞内工作面较大，工序作业干扰相对较小，施工组织工作比较容易安排，掘进速度快。例如云南省鲁布革水电站引水隧洞的 D 段，开挖直径 8.8m，围岩完整性好，节理断层较不发育，地下水位线位于洞底高程以下。采用全断面开挖，施工速度月进尺达 243.7m，日平均进尺 9.36m，最高日进尺曾达 14.6m。

全断面开挖可根据隧洞断面面积大小和设备能力采用垂直掌子掘进或台阶掌子掘进，如图 9-1 所示。

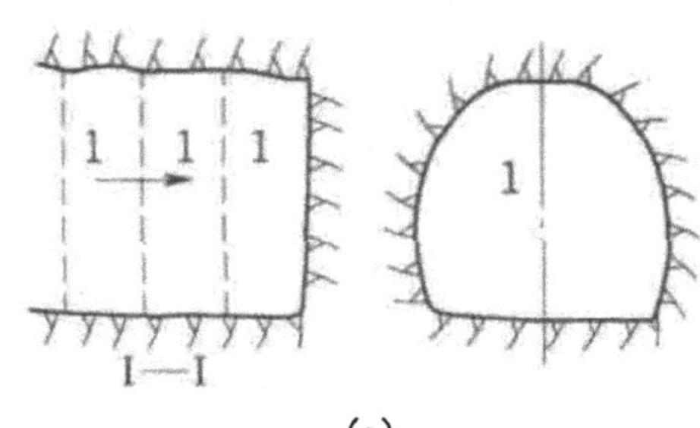

(a)

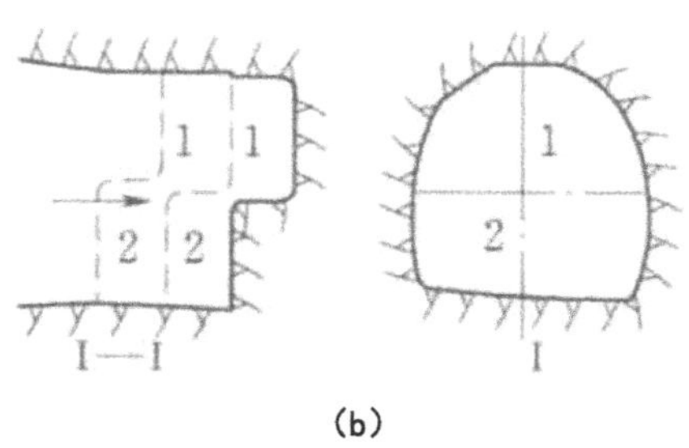

（b）

图 9-1 全断面开挖的基本型式

1、2—开挖顺序

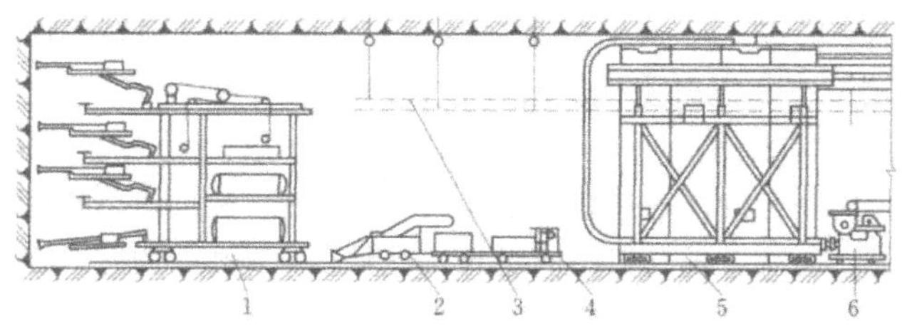

图 9-2 全断面开挖机械化程序

1- 钻孔台车；6- 装渣机；3- 通风管；4- 电瓶车；5- 钢模台车；6- 混凝土泵

垂直掌子掘进因开挖面直立，作业空间大，当具有大型施工机械设备时，作业效率高，施工进度快。图 9-2 为垂直掌子掘进机械化施工示意图。

台阶掌子掘进是将整个断面分为上、下两层，上层超前于下层一定距离掘进。为了方便出渣，上层超前距离不宜超过 2 ~ 3.5m，且上、下层应同时爆破，通风散烟后，迅速清理上台阶并向下台阶扒渣，下台阶出渣的同时，上台阶可以

进行钻孔作业。由于下台阶爆破是在两个临空面情况下进行的，可以节省炸药。当隧洞断面面积较大，但又缺乏钻孔台车等大型施工机械时，可以采用这种开挖方式。例如龙羊峡水电站右岸导流隧洞、云南省漫湾水电站左岸导流隧洞开挖。

（二）导洞开挖法

导洞开挖法就是在开挖断面上先开挖一个小断面洞（即导洞）作为先导，至设计要求的断面尺寸和形状。这种开挖方式，可以利用导洞探明地质情况、水问题，导洞贯通后还有利于改善洞内通风条件，扩大断面时导洞可以起到增加临空面的作用，从而提高爆破效果。

根据导洞与扩大部分的开挖次序，有导洞专进和导洞并进两种方法。导洞专进法是将导洞全部贯通后，再进行扩大部分开挖，有利于通风和全面了解地质情况 . 但洞内施工设施一般要进行二次铺设，费工费事。除地质情况复杂外，一般不采用。导洞并进法是将导洞开挖一段距离（一般为 10 ~ 15m）后，导洞与断面扩大同时并进。导洞开挖法一般是在工程地质条件恶劣、断面尺寸较大、不利于全断面开挖时方采用

的开挖方法。

导洞开挖，根据导洞位置不同，有上导洞、下导洞、中间导洞和双导洞等不同方式。

1. 上导洞开挖法

导洞布置在隧洞的顶部，断面开挖对称进行，开挖与衬砌程序如下图 11-3 所示。这种方法适用于地质条件较差，地下水不多，机械化程度不高的情况。其优点是先开挖顶部，安全问题比较容易解决，如顶部围岩破碎，开挖后可先行衬砌，以策安全。缺点是出渣线路需二次铺设，施工排水不方便，顶拱衬砌和开挖相互干扰，施工速度较慢。

图 9-3（b）是上导洞开挖的先墙后拱法，主要特点是将隧洞全断面挖好后，再进行衬砌。此法适用于地质条件较好的情况。图 9-3（a）是上导洞开挖的先拱后墙法，主要特点是上部（1、2）开挖后，立即进行顶拱衬砌，以后其他部分的开挖与衬砌均在混凝土顶拱的保护下进行，施工安全，但施工干扰大，衬砌整体性差，还需要解决马口（即隧洞边墙处支承混凝土顶拱的岩石）的开挖问题。马口开挖分对开马口和错开马口两种，如图 9-4 所示。

对开马口是将同一衬砌段的左右两个马口同时开挖，随即进行衬砌，如图 9-4（a）所示。为安全起见，每次开挖马口不应过长，一般以 4 ~ 8m 为宜。在地质条件较好，围岩与拱圈黏结较牢的条件下，采用对开马口，可减少施工干扰，避免爆破打坏对面边墙。当围岩较松散破碎时，应采用错开马口方法，如图 9-4（b）所示。即每个衬砌段的两个马口的开挖不同时进行，一个马口开挖后立即进行衬砌混凝土浇筑，待其强度达到设计强度的 70% 时，再开挖和浇筑另一个马口。各段马口的开挖可交叉进行。也有把隧洞顶拱挖得大一些，使顶拱衬砌混凝土直接支承在围岩上，而不需要再挖马口。

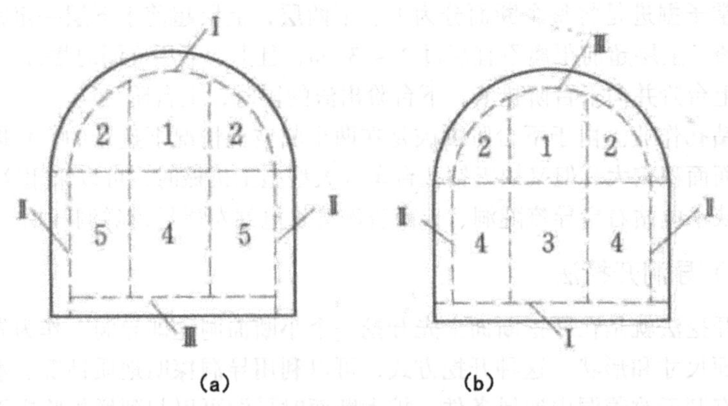

图 9-3　上导洞开挖与衬砌施工顺序

1、2、3、4、5—开挖顺序；Ⅰ、Ⅱ、Ⅲ—衬砌顺序

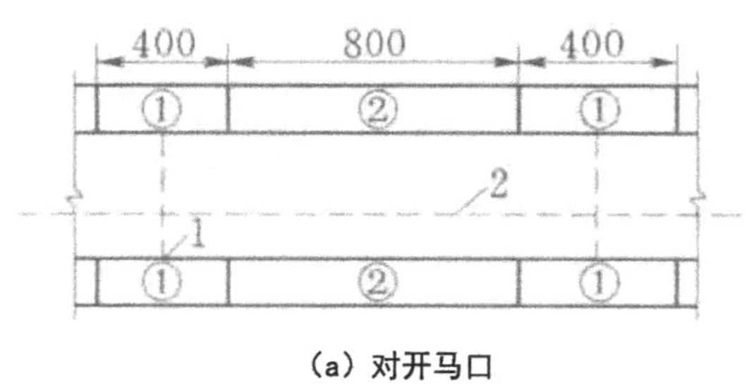

（a）对开马口

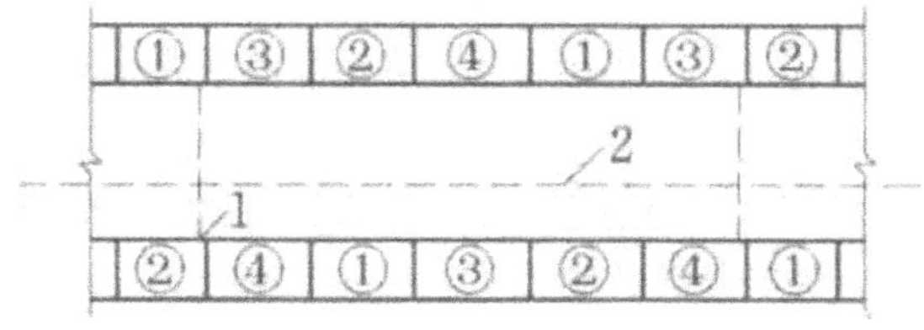

（b）错开马口

图 9-4　马口开挖顺序（单位：cm）

1—拱圈施工缝；2—隧洞中心线；①～④—开挖顺序

2. 下导洞开挖法

导洞布置在断面的下部。该种开挖方法适用于围岩稳定、洞线较长、断面不大、地下水比较多的情况。其优点是：洞内施工设施只铺设一次，断面扩大时可以利用上部岩石的自重提高爆破效果，出渣方便，排水容易，施工速度快。缺点是：顶部扩大时钻孔比较困难，石块依自重爆落，岩石块度不易控制。若遇不良地质条件，施工不够安全。

3. 中间导洞开挖法

导洞在断面的中部，导洞开挖后向四周扩大。这种方法适用于围岩坚硬，不需临时支撑，洞径大于 5m，且具有柱架式钻机的场合。柱架式钻机可以向四周钻辐射炮眼，断面扩大快，但导洞与扩大部分同时并进，导洞出渣困难。

4. 双导洞开挖法

双导洞开挖又分为两侧导洞法和上下导洞法两种。两侧导洞开挖法是在设计开挖断面的边墙内侧底部分别设置导洞，这种开挖方法适用于围岩松软破碎、地下水严重、断面较大，需边开挖边衬砌的情况。上下导洞法是在设计开挖断面的顶部和底部分别设置两个导洞，这种方法适用于开挖断面很大、缺少大型设备、地下水较多的情况，其上导洞用来扩大，下导洞用于出渣和排水，上下导洞间用竖井连通。

导洞一般采用上窄下宽的梯形断面，这样的断面受力条件较好，并且可以利用断面的两个底角布置风、水、电等管线。导洞的断面尺寸应根据开挖、支撑、出渣运输工具的大小和人行道布置的要求确定。在方便施工的前提下，导洞尺寸应尽可能小一些，以便加快施工进度，节省炸药用量。导洞高度一般为 2.2 ~ 3.5m，宽度为 2.5 ~ 4.5m（其中人行道宽度可取 0.7m）。

二、炮孔布置及装药量计算

隧洞的开挖目前广泛采用钻孔爆破法。应根据设计要求、地质情况、爆破材料及钻孔设备等条件，确定开挖断面的炮孔布置、炮孔装药量、装药结构及堵孔方式，确定各类炮孔的起爆方法和起爆顺序。

（一）炮孔布置

开挖断面上的炮孔，按其作用不同分为掏槽孔、崩落孔和周边孔等三种。

1. 掏槽孔

用于掏槽的炮孔即为掏槽孔。掏槽就是在开挖断面中间先挖出一个小的槽穴来，利用这个槽穴为断面扩大爆破增加临空面，以提高爆破效果。常见的掏槽孔的布置方式有楔形掏槽、锥形掏槽和垂直掏槽等。掏槽布置方式的选择应根据岩石性质、岩层构造、断面大小和钻爆方法等因素确定。

在满足掏槽要求的前提下，掏槽孔的数目应尽可能少，但不宜少于2个。掏槽孔的深度应比崩落孔深15 ~ 20cm，以提高崩落孔的利用率。有时为了增强掏槽效果，在极坚硬的岩层中或一次掘进深度较大的情况下，还可在掏槽孔中心布置2 ~ 4个直径75 ~ 100mm不装药的空孔，其深度与掏槽孔相同。

2. 崩落孔

崩落孔的主要作用是爆落岩体，故应大致均匀地布置在掏槽孔的四周。崩落孔通常与开挖断面垂直，为了保证一次掘进的深度和掘进后工作面比较平整，其孔底应落在同一平面上。

为了使爆后的石渣大小适中，便于装车，应注意掌握炮孔间距。如用国产2号岩石硝铵炸药，炮孔间距为软岩100 ~ 120cm、中硬岩80 ~ 100cm、坚硬岩60 ~ 80cm、特硬岩50 ~ 60cm。

3. 周边孔

周边孔的主要作用是控制开挖轮廓，它布置在开挖断面的四周。周边孔的孔口距离开挖边线10 ~ 20cm，以利钻孔。钻孔时应略向外倾斜，孔底应落在同一平面上。孔底与设计边线的距离，视岩石强度而定。对于中硬岩石（坚固系数$f>4$），孔底可达设计边线；对于软岩（$f\leqslant 2\sim 4$），孔底不必达到设计边线；针对于极坚硬岩石，孔底应超出设计边线10 ~ 15cm。

（二）炮孔数目和深度

隧洞开挖断面上的炮孔总数N与岩石性质、炸药品种、临空面数目、炮孔大小和装药方式等因素有关。对炮孔数目，由于影响因素多，精确计算尚有困难，施工前可采用下面经验公式估算，在爆破过程中再加以检验和修正：

$$N=K\sqrt{fS}$$

式中：

K —— 临空面影响系数，一个临空面取2.7，两个临空面取2.0；

f —— 岩石的坚固系数；

S —— 开挖断面面积，m2。

炮孔深度应考虑开挖断面尺寸、围岩类别、钻孔机具、出渣能力与掘进循环作业时间等因素确定。一般情况下，加大炮孔深度后，装药、放炮、通风等工序所占用的时间将相对减少，单位进尺的速度可以加快。但是钻孔深度加大后，钻机凿岩速度会有所降低，炮孔利用率将相对减少，炸药消耗量会随之增加，一次爆落的岩石数量增加，出渣时间也相应增加。故加大炮孔深度的多少，应进行综合分析后确定。为简单起见，一个工作循环进尺深度可参照下列原则确定：当围岩为 I ~ ID 类时，风钻钻孔可取 1.2m，钻孔台车钻孔可取 2.5 ~ 4m；当围岩为 IV ~ V 类时，不宜超过 1.5m。

掏槽孔和周边孔的深度可根据崩落孔的深度确定。

（三）装药量

隧洞开挖，装药量的多少直接影响开挖断面的轮廓、掘进速度、爆落岩体的块度、围岩稳定和爆破安全。施工前可按下式估算炸药用量，可在施工中加以修正：

$$Q = KSL$$

式中：

Q —— 次爆破的炸药用量，kg；

K —— 单位耗药量，kg/m3；

S —— 开挖断面面积，m2；

L —— 崩落炮孔深度，m。

三、钻爆循环作业

（一）钻孔作业

钻孔作业工作强度很大，所花时间占循环时间的 1/4 ~ 1/2，因此应尽可能采用高效钻机完成钻孔作业，以提高工程进度。常用钻孔机具有风钻和钻孔台车。风钻钻孔适用于开挖面积不大、机械化程度不高的情况。钻孔台车一般由底盘、钻臂、推进器、凿岩机和气动或液压操纵系统等部分组成，其钻臂有时多达 15 台，是一种高效钻孔机械。按行走装置不同分为轮胎式、轨道式和履带式三种。钻孔台车适用于开挖断面较大的情况。

为了保证开挖质量，钻孔时应严格控制孔位、孔深和孔斜。掏槽孔和周边孔的孔位偏差要小于 50mm，其他炮孔则不得超过 100mm。而所有炮孔的孔底均应落在设计规定的平面上，以保证循环进尺的掘进深度。

（二）装药和起爆

炮孔应严格按设计要求的装药方式进行装药，炮孔的装药深度随炮孔类型而异。通常掏槽孔的装药深度为炮孔孔深的 60% ~ 67%，药卷直径为炮孔直径的 3/4；崩落孔和周边孔的装药深度为炮孔深度的 40% ~ 55%，崩落孔药卷直径为孔径的 3/4，周

边孔为 1/2。炮孔其余长度用黏土和砂的混合物（比例为 1：3）堵塞。爆破顺序依次为掏槽孔、崩落孔、周边孔。起爆一般采用秒延发或毫秒延发电雷管起爆。隧洞开挖轮廓控制应采用光面爆破技术，以保证开挖面的光滑平整，尽量减少超、欠挖。

（三）临时支护

隧洞爆破开挖后，为了预防围岩产生松动掉块、塌方或其他安全事故，应根据地质条件、开挖方法、隧洞断面等因素，对开挖出来的空间及时进行必要的临时支护。临时支护的时间，取决于地质条件和施工方法，一般会要求在开挖后，围岩变形松动到足以破坏之前支护完毕，尽可能做到随开挖随支护，只有当岩层坚硬完整，经地质鉴定后，才可以不设临时支护。

临时支撑应具有足够的强度和稳定性，能适应围岩松动变形、爆破震动、机具碰撞等情况，此外，临时支撑还要求结构简单，便于安装和拆除，不过分占用空间。临时支护可分为喷锚支护和构架支护两类。除特殊情况外，应优先选用喷锚支护。构架支护的形式，按使用材料不同分为木支撑、钢支撑、预制混凝土或钢筋混凝土支撑等凡种。

1. 木支撑

木支撑具有重量轻、加工架立方便、损坏前有明显变形等优点，但承受压力小、所占净空大、消耗材料多、费用高，因而逐渐被其他支撑材料所代替。适用于断面不大的导洞的支护。

2. 钢支撑

钢支撑适用于破碎而不稳定的岩层，能承受很大的山岩压力，耐久性好，所占空间小。材料多为 H 型钢、工字钢、钢轨、钢管和钢筋格拱等。钢支撑可重复使用，但耗材多，费用高，只有在不良地质段施工才采用。

3. 预制混凝土或钢筋混凝土支护

这种支撑能承受很大的山岩压力，耐久性好，且可以留在永久性衬砌内不必拆除。但结构重量大，洞内运输、安装都不方便，应采用机械化施工。

（四）装渣运输

装渣与运输是隧洞开挖中最繁重的工作，所花时间约占循环时间的 50% ~ 60%，是导洞开挖时，上导洞可用活动工作平台车出渣。

1. 人工装斗车出渣

这种方式适用于隧洞断面较小、机械化程度不高的情况。人工装渣，要求爆落岩石块度很小。为了减轻装渣的劳动强度，可在装渣地点铺上钢板，使岩石爆落于钢板上，以利用铁铲装车；当采用下导洞开挖时，上导洞可利用漏斗棚架出渣；当采用上导洞开挖时，上导洞可用活动工作平台车出渣。

2. 装岩机装渣、机车牵引斗车或矿车出渣

这种出渣方式适用于开挖断面较大的情况。装岩时可采用 0.4 ~ 1.0m3 的装岩机，装岩斗车或矿车可由电气机车或电瓶车牵引。当运距近、出渣量少时，也采用人力推运或卷扬机牵引运输。而根据出渣量的大小可设置单线或双线运输。单线运输时，每

隔 100 ~ 200m 应设置一错车岔道，岔道长度应够停放一列列车；双线运输时，每隔 300 ~ 400m 应设置一岔道，以满足调车要求。

堆渣地点应设置在洞口附近，其高程较洞口低，以便重车下坡，并可利用废渣铺设路基，逐渐向外延伸。

这种装运方式适用于大断面隧洞开挖。装岩采用斗容量为 1 ~ $3m^3$ 的装载机或液压正铲，自卸汽车洞内运输宜设置双车道，如设置单车道时，每隔 200 ~ 300m 应设错车道，运输道路要符合矿山道路的有关规定。

（五）隧洞开挖的辅助作业

隧洞开挖的辅助作业有通风、散烟、防尘、防有害气体、供水、排水、供电照明等。辅助作业是改善洞内劳动条件、加快工程进度的必要保证。

1．通风与防尘

通风与防尘的主要目的是为了排除因钻孔、爆破等原因而产生的有害气体和岩尘，向洞内供应新鲜空气，改善洞内温度、湿度和气流速度。

（1）通风方式

通风方式有自然通风和机械通风两种。自然通风只有在掘进长度不超过 40m 时，才允许采用。其他情况下都必须有专门的机械通风设备。

机械通风布置方式有压入式、吸入式和混合式三种。压入式多指用风管将新鲜空气送到工作面，新鲜空气送入速度快，可保证及时供应，但洞内污浊空气是经洞身流出洞外；吸入式是将污浊空气由风管排出，新鲜空气从洞口经洞身吸入洞内，但流动速度缓慢；混合式是在经常性供风时用压入式，而在爆破后排烟时改用吸入式，充分利用了上述两种方式的优点。

（2）通风量

通风量可按以下要求分别计算，并取其中最大值，再考虑 20% ~ 50% 的风管漏风损失。

①按洞内同时工作的最多人数计算，每人所需通风量为 3m3/min。②按冲淡爆破后产生的有害气体的需要计算，使其达到允许的浓度（CO 的允许浓度应控制在 0.02% 以下）。③按洞内最小风速不低于 0.15m/s 的要求，计算和校核通风量。

（3）防尘、防有害气体

除按地下工程施工规定采用湿钻钻孔外，还应在爆破后通风排烟、喷雾降尘，对堆渣洒水，并用压力水冲刷岩壁，以降低空气中的粉尘含量。

2、排水与供水

隧洞施工，应及时排除地下涌水和施工废水。当隧洞开挖是上坡进行且水量不大时，可沿洞底两侧布置排水沟排水；当隧洞开挖是下坡进行或洞底是水平时，应将隧洞沿纵向分成数段，每段设置排水沟和集水井，用水泵排出洞外。

对洞内钻孔、洒水和混凝土养护等施工用水，一般在洞外较高处设置水池利用重力水头供水，或用水泵加压后沿洞内铺设的供水管道送至工作面。

3. 供电与照明

洞内供电线路一般采用三相四线制。动力线电压为380V，成洞段照明用220V，工作段照明用24 ~ 36V。在工作较大的场合，也可采用220V的投光灯照明。由于洞内空间小、潮湿，所有线路、灯具、电气设备都必须注意绝缘、防水、防爆，防止安全事故发生。开挖区的电力起爆线，应与一般供电线路分开，单独设置，以示区别。

四、循环作业施工组织

开挖循环作业是指在一定时间内，使开挖面掘进一定深度（即循环进尺）所完成的各项工作。循环时间是指完成一个工作循环所需要的时间的总和。循环时间常采用4h、6h、8h、12h等，以便于按时交接班。隧洞开挖循环作业所包括的主要工作有钻孔、装药、爆破、通风散烟、爆后检查处理、装渣运输、铺接轨道等。为了确保掘进速度，常采用流水作业法组织工程施工，编制工序循环作业图，对各工序的起止时间进行控制。

编制循环作业图的关键是合理确定循环进尺。循环进尺是指一个循环内完成的掘进深度。循环进尺越大，炮孔深度越大，钻孔时间越长，爆落岩石越多，所需装渣时间也就越长。

第二节　掘进机开挖

一、概述

我国水利、电力、铁路、煤炭、矿山、交通、地铁及地下工程等需要建设大量的隧道。近几年来一些城市的地铁工程正在加快步伐建设中，还有一些新的城市地铁将陆续开工。一些省的长距离引水工程在不断规划和开工，例如新疆和青海各有一个长隧洞引水工程先后进行了设备招标，都采用双护盾掘进机方案；南水北调西线工程的掘进机应用研究正在进行中。我国长隧道采用掘进机施工将是发展的必然趋势。

二、掘进机的分类和适用范围

（一）敞开式

切削刀盘的后面均为敞开的，没有护盾保护。敞开式又有单支撑结构和双支撑结构两种设计风格。敞开式适用于岩石整体性较好或中等的情况。

（1）单支撑结构：是历史最悠久的机型。

（2）双支撑结构：分双水平支撑式和双X形支撑式两种。双水平支撑方式，共有5个支撑腿：2组水平的，加1条垂直的。双X形支撑方式，其共有8个支撑腿。

（二）护盾式

切削刀盘的后面均被护盾所保护，并且在掘进机后部的全部洞壁都被预制的衬砌管片所保护。护盾式分为单护盾式、双护盾式和三护盾式。护盾式多适用于松散和复杂的岩石条件，当然也能够在岩石条件较好的情况下工作。

（三）扩孔式

扩孔式的用途是，将先打好的导洞进行一次性的扩孔成形。扩孔式在小导洞贯通后，进行导洞的扩挖。

（四）摇臂式

安装在回转机头上的摇臂，一边随机头作回转运动，一边作摆动，这样，臂架前端的刀盘刀具能在掌子面上开挖出圆形或矩形的断面。摇臂式扩挖较软的岩石，开挖非圆形断面隧洞。

三、全断面岩石掘进机的构造和工作原理

（一）敞开式掘进机的构造和工作原理

敞开式掘进机由刀盘、导向壳体、传动系统、主梁、推进油缸、水平支撑装置、后支撑以及出渣皮带机组成。

全断面岩石掘进机的掘进循环由掘进作业和换步作业组成。在掘进作业时，伸出水平支撑板→撑紧洞壁收起后支撑→刀盘旋转，启动皮带机→推进油缸向前推压刀盘，使盘型滚刀切入岩石，由水平支撑承受刀盘掘进时传来的反作用力和反扭矩→岩石面上被破碎的岩渣在自重下掉落到洞底，由刀盘上的铲斗铲起，然后落入掘进机皮带机向机后输出→当推进油缸将掘进机机头、主梁、后支撑向前推进了一个行程时，掘进作业停止，掘进机开始换步。

在换步作业时，刀盘停止回转→伸出后支撑，撑紧洞壁→收缩水平支撑，使支撑靴板离开洞壁→收缩推进油缸，将水平支撑向前移一个行程。

换步结束后，准备在掘进。再伸出水平支撑撑紧洞壁－收起后支撑－回转刀盘－伸出推进油缸，新的一个掘进机行程开始了。

（二）双护盾式掘进机的构造和工作原理

双护盾式掘进机由装切削刀盘的前盾，装支撑装置的后盾（或称主盾），连接前后盾的伸缩部分和为安装预制混凝土管片的尾盾组成。

双护盾掘进机在良好地层和不良地层中的工作方式是不同的。

1. 在自稳并能支撑的岩石中掘进

此时掘进机的辅助推进油缸全部回缩，可不参与掘进过程的推进，掘进机的作业与敞开式掘进机一样。稳定可支撑岩石掘进辅助推进，缸处于全收缩状态，不参与掘进。

它的动作如下：

（1）推进作业

伸出水平支撑油缸撑紧洞壁→启动皮带机→回转刀盘→伸出推进油缸，将刀盘和前护盾先前推进一个行程实现掘进作业。

（2）换步作业

当推进油缸推满一个行程后，就进行换步作业。刀盘停止回转→收缩水平支撑离开洞壁→收缩推进油缸，将掘进机后护盾前移一个行程。

此时也可以利用辅助推进油缸加压顶住管片，一方面将管片挤紧到位，另一方面也帮助后护盾前移。不断重复上述动作，则实现不断掘进。在此工况下，混凝土管片安装与掘进可同步进行，成洞速度很快。然在这种工况下，辅助推进油缸的主要用途应是将各管片挤紧到位，而不是帮助推进作业。

2. 在能自稳但不能支撑的岩石中掘进

此时，推进油缸处于全收缩状态，并将支撑靴板收缩到与后护盾外圈一致，前后护盾联成一体，就如单护盾掘进机一样掘进。称定不可支撑岩石掘进 V 形推进缸处于全收缩状态，不参与掘进（本工况即单护盾掘进机掘进作业工况）。

它的动作如下：

（1）掘进作业

回转刀盘→伸出辅助推进油缸，撑在管片上掘进，将整个掘进机向前推进一个行程。

（2）换步作业

刀盘停止回转→收缩辅助推进油缸→安装混凝土管片。

重复上述动作实现掘进。此时管片安装和掘进不能同时进行，成洞速度减半。

第三节　盾构机开挖

一、概述

盾构法隧道施工的基本原理是用一件圆形的钢质组件，成为盾构，沿隧道设计轴线一边开挖土体一边向前行进。在隧道前进的过程中，需要对掌子面进行支撑。支撑土体的方法有机械的面板、压缩空气支撑、泥浆支撑、土压平衡支撑。

盾构可分为敞开式盾构或普通盾构、普通闭胸式盾构、机械化闭胸盾构、盾构掘进机（指在岩石条件下使用的全断面岩石掘进机）等四大类。

盾构技术对环境干扰小，不影响城市建筑物的安全，不影响地下水位，施工对周围环境的破坏干扰最小；施工速度快；但盾构机的造价较昂贵，隧道衬砌、运输、拼装、机械安装等工艺较复杂。

二、土压盾构的工作原理和构造

（一）土压盾构的工作原理

土压平衡盾构的原理在于利用土压来支撑和平衡掌子面（图 9-5）。土压平衡式盾构刀盘的切削面和后面的承压隔板之间的空间称为泥土室。刀盘旋转切削下来的土壤通过刀盘上的开口充满了泥土室，与泥土室内的可塑土浆混合。盾构千斤顶的推力通过承压隔板传递到泥土室内的泥土浆上，形成的泥土浆压力作用于开挖面。其起着平衡开挖面处的地下水压、土压、保持开挖面稳定的作用。

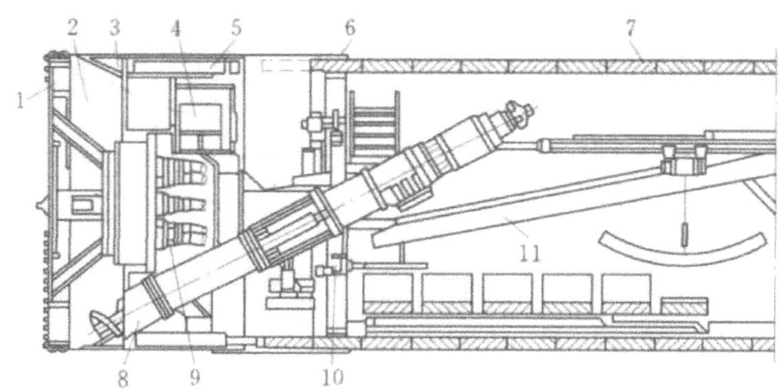

图 9-5　土压盾构原理

1—切削轮；2—开挖舱；3—压力舱壁：4—压缩空气削；5—推进油缸，6—盾尾密封；7—管片；8—螺旋输送机：9—切削轮驱动装置；10—拼装器，11- 皮带输送机

螺旋输送机从承压隔板的开孔处伸入泥土室进行排土。盾构机的挖掘推进速度和螺旋输送机单位时间的排土量（或其旋转速度）依靠压力控制系统两者保持着良好的协调，使泥土室内始终充满泥土，且土压与掌子面的压力保持平衡。

对开挖室内土压的测量则会提供更多的开挖面稳定控制所需的信息。现在都采用安装在承压隔板上下不同位置的土压传感器来进行测量。土压通过改变盾构千斤顶的推进速度或螺旋输送机的旋转速度来进行调节。

（二）土压盾构的构造

通常土压平衡盾构由前、中、后护盾三部分壳体组成。中、后护盾间用铰接，基本的装置有切削刀盘及其轴承和驱动装置、泥土室以及螺旋输送机。后护盾下有管片安装机和盾构千斤顶，尾盾处有密封。

三、泥水盾构的工作原理和构造

（一）泥水盾构的工作原理

与土压平衡盾构不同，泥水盾构机施工时，稳定开挖面靠泥水压力，用它来抵抗开挖面的土压力和水压力以保持开挖面的稳定，同时还控制开挖面的变形和地基沉降。

在泥水式盾构机中，支护开挖面的液体同时又作为运输渣土的介质。开挖的土料在开挖室中与支护液混合。然后，开挖土料与悬浮液（膨润土）的混合物被泵送到地面。在地面的泥水处理场中支护液与土料分离。随后，若需要，添加新的膨润土，再将此液体泵回隧洞开挖面。

（二）泥水盾构的构造

在构造组成方面，与土压平衡盾构的主要不同是没有螺旋输送机，而用泥浆系统取而代之。泥浆系统担负着运送渣土、调节泥浆成分和压力的重要作用。

泥水盾构有直接控制型泥水盾构、间接控制型、混合式等三种。

1. 而直接控制型泥水盾构

直接控制型泥水盾构如图 9-6 所示。

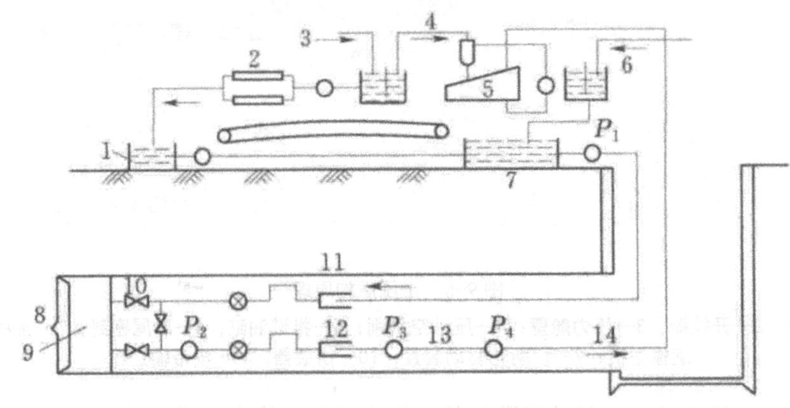

图 10-6　直接控制式盾构的泥水系统

1—清水槽；2—压滤机；3—加药；4—旋流器；5—振动器；6—黏土溶解；7—泥水调整槽；8—大刀盘；9 —泥水室；10—流量计；11—密度计；12—伸缩管；13—供泥管；14—排水管

为保证盾构掘进质量，应在进排泥水管路上分别装设流量计和密度计。通过检测的数据，即可算出盾构排土量。将检测到的排土量与理论掘进排土量进行比较，并使实际排土量控制在一定范围内，就可避免和减小地表沉陷。

2. 间接控制型

间接控制型泥水盾构如图 9-7 所示。间接控制型的工作特征为，通过气垫压力来保持泥水压力和开挖面压力的稳定。

在盾构泥水室内，装有一道半隔板（或称沉浸墙），将泥水室分隔成两部分，在半隔板的前面充满压力泥浆，半隔板后面在盾构轴线以上部分加入压缩空气，形成一个“气垫”。气压作用在隔板后面的泥浆接触面上。由于在接触面上的气、液具有相同的压力，因此只要调节空气压力，就可确定开挖面上相应的支护压力。

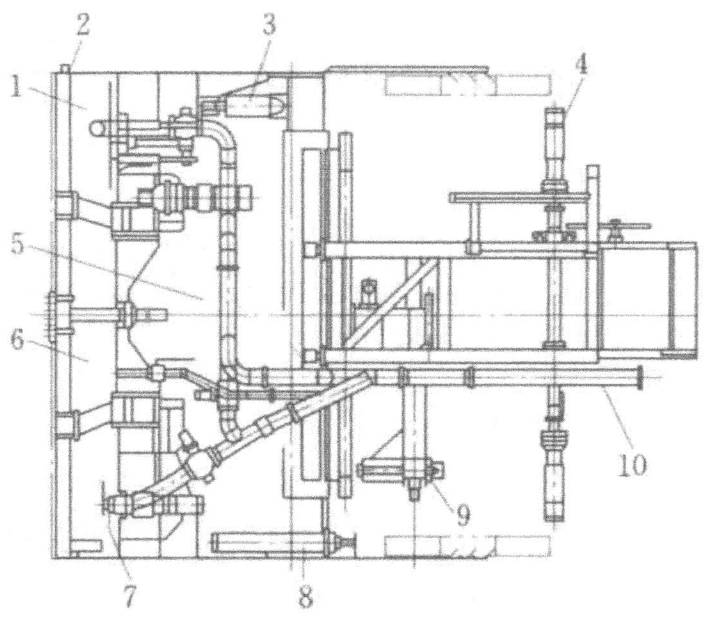

图 9-7　泥水式盾构剖面图

1—泥浆注入口；2—刀盘；3—铰接油缸；4—管片定位装置；5—供浆管；6—开挖室；7—搅拌器；8—推进油缸；9—管片安装器；10—排渣管

当盾构掘进时，由于泥浆的流失或盾构推进速度变化，进出泥浆量将会失去平衡，空气和泥浆接触面位置就会出现上下波动现象。通过液位传感器，可以根据液位的变化控制供泥泵的转速，使液位恢复到设定位置，以保持开挖面支护压力的稳定。

"气垫"的压力是根据开挖室需要的支护泥浆压力而确定的。空气压力可通过空气控制阀使压力保持恒定。同时由于"气垫"的弹性作用，使液位波动时对支护液也无明显影响。因此，间接控制型泥水平衡盾构与直接控制型相比，控制相对更为简化，对开挖面土层支护更为稳定，对地表沉陷的控制更为方便。

3. 混合式

这种盾构可以根据地质变化情况对开挖面的支撑方式进行转换。混合型盾构的基本结构是间接控制型泥水盾构。在盾构运行过程中，可根据需要通过旋转喂料器转换为土压平衡模式或压缩空气模式等。因此其适应的地质范围较广。

这种盾构要适应从泥水支撑到气压支撑或土压支撑方式之间的快速转换，盾构上需常备这几套系统，既适用于泥水盾构工况的泥浆系统，也适用于土压盾构工况的螺旋输送机和皮带机系统等。盾构的结构和后配套设备也要适应这几种转换。

实际上，为减少配置，大多数混合型盾构都是运行在间接控制型泥水盾构的模式，而不转换到别的模式。

第四节　隧洞的衬砌与灌浆

一、隧洞衬砌

隧洞开挖后，为了使围岩不致因暴露时间太久而引起风化、松动或塌落，需尽快进行衬砌或支护。对于水工隧洞来说，衬砌还可以减小糙率，增大隧洞的输水能力。隧洞衬砌是一种永久性的支护，根据使用材料的不同可分为现浇混凝土或钢筋混凝土衬砌、混凝土预制块或块石衬砌等。

（一）混凝土衬砌的分段与分块

由于隧洞一般较长，衬砌混凝土需要分段浇筑。当衬砌在结构上设有永久伸缩缝时，永久缝即可作为施工缝；当永久缝间距过大或无永久缝时，则应设施工缝分段浇筑，分段长度视断面大小和混凝土浇筑能力而定，一般可取 6 ~ 18m。为了提高衬砌的整体性，施工缝应进行处理。分段方式有以下两种。

1. 浇筑段之间设伸缩缝或施工缝

各衬砌段长度基本相同。可采用顺序浇筑法或跳仓浇筑法施工。顺序浇筑时，一段浇筑完成后，需等混凝土硬化再浇筑相邻一段，施工缓慢；而跳仓浇筑时，是先浇奇数号段，再浇偶数号段，施工组织灵活，进度快，但封拱次数多。

2. 浇筑段之间设空档

如图 9-8 所示，空档长度 1m 左右，可使各段独立浇筑，大部分衬砌能尽快完成，但遗留空档的混凝土浇筑比较困难，封拱次数很多。在地质条件不利、需尽快完成衬砌时才采用这种方式。

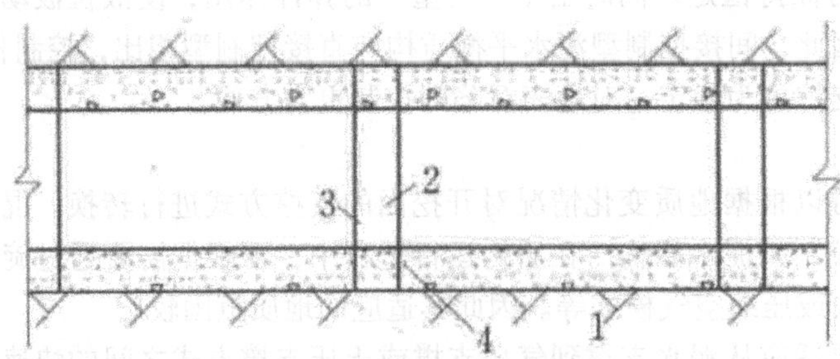

图 9-8　浇筑段之间设空档

1—浇筑段；2 —空档；3—缝；4—止水

混凝土衬砌，除了在纵向分段外，在横向还应分块。一般分成顶拱、边墙（边拱）、底拱等 4 块，图 9-9 为圆断面衬砌分块示意图。分块接缝位置应设在结构弯矩和剪力较小的部位，同时应考虑施工方便。分缝处应有受力钢筋通过，缝面亦需进行凿毛处理，必要时还应设置键槽和插筋。

隧洞横断面上各块的浇筑顺序是：先浇筑底拱（底板），之后是边墙和顶拱。在地质条件较差时，也可以先浇筑顶拱，再浇筑边墙和底拱，此时由于顶拱混凝土下方无支托，应注意防止衬砌的位移和变形，并做好分块接头处的反缝的处理。对反缝，除按一般接缝处理外，还需进行接缝灌浆。

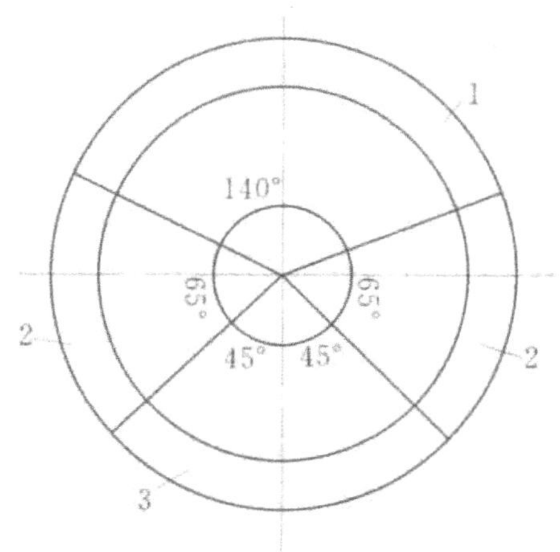

图 9-9　圆形隧洞衬砌断面的分块

1—顶拱；2—边墙：3—底拱

（二）隧洞衬砌的模板

隧洞衬砌用的模板，随浇筑部位的不同，其构造和使用特点也不同。

1. 底拱模板

当底拱中心角较小时，可以不用表面模板，只安装浇筑段两端的端部模板。在混凝土浇筑后，用弧形样板将混凝土表面刮成弧形即可。当中心角较大时，一般采用悬吊式弧形模板。浇筑前先立好端部模板和弧形模板桁架，混凝土入仓后，自中间向两边安装表面模板。必须注意，混凝土运输系统的支撑不要与模板支撑连在一起，以防混凝土运输产生振动，引起模板位移。

此外，当洞线较长时，常采用底拱拖模，它通过事先固定好的轨道用卷扬机索引拖动，边拖动边浇筑混凝土，浇筑的混凝土在模板的保护下成型后（控制拖动速度）才脱模。

2. 边墙和顶拱模板

边墙和顶拱模板有拆移式和移动式两种。拆移式模板又称为装配式模板，主要由面板、桁架、支撑及拉条组成。这种模板通常在现场架立，安装时通过拉条或支撑将模板固定在预埋铁件上，装拆费时，费用也高。

移动式模板有钢模台车和针梁台车。钢模台车主要由车架和模板两部分组成。车架下面装有可沿轨道移动的车轮。模板装拆时，利用车架上的水平、垂直千斤顶将模板顶起、撑开或放下；当台车轴线与隧洞轴线不相符合时，则可用车架上的水平螺杆来调整模板的水平位置，保证立模的准确性。模板面板由定型钢模板和扣件拼装而成。

钢模台车使用方便，可大大减少立模时间，从而加快施工进度。钢模台车可兼作洞内其他作业的工作平台，车架下空间大，可以布置运输线路。

3. 针梁模板

针梁模板是较先进的全断面一次成型模板，其利用两个多段长的型钢制作的方梁（针梁），通过千斤顶，一端固定在已浇混凝土面上，另一端固定在开挖岩面上，其中一段浇筑混凝土，另一段进行下一浇筑面的准备工作（如进行钢筋施工）。

（三）钢筋施工

衬砌混凝土内的钢筋，形状比较简单，沿洞轴线方向变化不大，但在洞中运输和安装比较困难。钢筋安装前，应先在岩壁上打孔安插架立钢筋。钢筋的绑扎宜采用台车作业，以提高工效。

（四）混凝土浇筑

模板、钢筋、预埋件、浇筑面清洗等准备工作完成后，即可开仓浇筑衬砌混凝土。由于洞内工作面狭小，大型机械设备难以采用，所以混凝土的入仓运输一般以混凝土泵为主。

浇筑边墙时，混凝土由边墙模板上预留的“窗口”送入。两侧边墙的混凝土面应均衡上升，以免一侧受力过大使模板发生位移。浇筑顶拱时，混凝土由模板顶部预留的几个窗口送入，顺隧洞轴线方向边浇边退，直至浇完一段。如相邻段的混凝土已浇而无处可退时，则应从最后一个窗口退出，最后一个窗口拱顶处的混凝土浇筑，称为封拱。在最后一个窗口浇筑时，由于受到已浇段的限制，而要想将混凝土送到拱顶处则异常困难。封拱的目的是使衬砌混凝土形成完整的拱圈。

用混凝土泵浇筑边墙和顶拱是隧洞混凝土衬砌最有效的方法。封拱时，在输送混凝土的导管末端接上冲天尾管，垂直穿过模板伸入仓内。尾管的位置应根据浇筑段长度和混凝土扩散半径来定，其间距一般为 4 ~ 6m。尾管出口与岩面的距离原则上是越近越好，但应保证压出的混凝土能自由扩散，一般为 20cm 左右。封拱时为了排除和调节仓内空气、检查拱顶填充情况，可以在浇筑而最高处设置通气管。在仓中央部位还需设置进人孔，以便进入仓内进行必要的辅助工作。

用混凝土泵封拱的步骤如下：①当混凝土浇筑到拱顶仓面处时，撤出工人和浇筑设备，封闭进人孔。②增大混凝土坍落度至 14 ~ 16cm，同时加大混凝土泵的输送速度，保证仓内混凝土的连续供应。③当通气管开始漏浆或压入的混凝土量已超过预计方量时，说明拱顶处已经填满，可停止输送混凝土，将尾管上包住预留孔眼的铁箍去掉，在孔眼中插入钢筋，防止混凝土下落，然后拆除混凝土导管。④拱顶拆模之后，将露在外面的导管用氧气割去，并用砂浆抹平。

二、隧洞灌浆

隧洞灌浆有回填灌浆和固结灌浆两种。回填灌浆目的是填塞围岩与衬砌之间的空隙，确保衬砌对围岩的支承，防止围岩变形；固结灌浆的目的是加固围岩，提高围岩的整体性和强度。

为了节省钻孔工作量，防止钻孔时切断钢筋，灌浆前应在衬砌中预埋灌浆管，直径为 38 ~ 50mm。

回填灌浆孔一般只布置在拱顶中心角 120。范围内。固结灌浆孔则应根据需要布置左整个断面四周。灌浆孔沿隧洞轴线每 2 ~ 4m 布置一排，各排孔位呈梅花形布置。此外，还应根据规范要求布置一定数目的检查孔。

隧洞灌浆必须在衬砌混凝土达到一定强度后才能进行。回填灌浆可在衬砌混凝土浇筑两周后安排进行，固结灌浆可在回填灌浆一周后进行。灌浆时应先用压缩空气清孔，然后用压力水清洗。灌浆在断面上应自下而上进行，以充分利用上部管孔排气；在轴线方向应采用隔排灌注、逐渐加密的方法。

为了保证灌浆质量，必须严格控制灌浆压力。对回填灌浆，无压隧洞第一序孔压力可采用 0.1 ~ 0.3MPa，有压隧洞第一序孔用 0.2 ~ 0.4MPa；第二序孔可增大 1.5 ~ 2 倍。固结灌浆压力应比回填灌浆压力高一些，以灌实围岩裂缝，然压力不能太高，防止衬砌结构破坏。

第五节　喷锚支护技术

喷锚支护是喷混凝土支护、锚杆支护及喷混凝土与锚杆、钢筋网联合支护的统称。它是地下工程支护的一种新型式，也是新奥地利隧洞工程法（简称新奥法）的主要支护措施。喷锚支护适用于不同地层条件、不同断面大小的地下洞室工程，既可用作临时支护也可用作永久性支护。

喷锚支护是在隧洞开挖后，及时在围岩表面喷射一层厚 3 ~ 5cm 的混凝土，必要时加上锚杆、钢筋网以稳定围岩。这一层混凝土一般作为临时支护，以后再在其上加喷混凝土至设计厚度作为永久支护。这种施工方法称为“新奥法”。

“新奥法”所依据的理论与现浇混凝土支撑拱的理论显著不同。现浇混凝土衬砌的理论是把围岩当作衬砌设计的主要荷载，而“新奥法”是在隧洞开挖后围岩产生大量变形以前在围岩表面喷射一层混凝土，以期达到以下目的：密封围岩、防止围岩风化；黏结和填充围岩裂隙，防止围岩松动；加固围岩，提高其强度和整体性。新奥法的理论依据是通过对围岩的适时支护，来控制和调整围岩中的应力，防止围岩开挖后产生过渡松动或坍塌，使围岩在与喷锚支护的共同变形中取得稳定。新奥法把“围岩是结构的荷载”的理论转化为“围岩是承载结构的重要组成部分”，围岩荷载由围岩与支护共同承担，从而减少衬砌的厚度。从我国已建隧洞工程的实际来看，采用喷锚支护，可以减少衬砌工程量 50% 以上，节约水泥 1/3 ~ 1/2，减少劳动力和工程投资 50% 左右，缩短工期 50% 以上。喷锚支护，不需要安装模板，也不需进行回填灌浆，操作方便，施工安全。

一、锚杆支护

锚杆是为了加固围岩而锚固在岩体中的金属杆件。锚杆插入岩体之后，将岩块串联起来，改善了围岩的原有结构性质，使不稳定的围岩趋于稳定，锚杆与围岩共同承担山岩压力。锚杆支护是一种有效的内部加固方式。

（一）锚杆的作用

1. 悬吊作用

即利用锚杆把不稳定的岩块固定在完整的岩体上。

2. 组合岩梁

将层理面近似水平的岩层用锚杆串联起来，形成一个巨型岩梁，以承受岩体荷载。

3. 承载岩拱

通过锚杆的加固作用，使隧洞顶部一定厚度内的缓倾角岩层形成承载岩拱。

但在层理、裂隙近似垂直，或在松散、破碎的岩层中，锚杆的作用将明显降低。

（二）锚杆的分类

按锚固方式的不同可将锚杆分为张力锚杆和砂浆锚杆两类。前者也为集中锚固，后者为全长锚固。

1. 张力锚杆

张力锚杆有楔缝式锚杆和胀圈式锚杆两种。楔缝式锚杆由楔块、锚栓、垫板和螺帽等四部分组成。锚栓的端部有一条楔缝，安装时将钢楔块少许楔入其内，将楔块连同锚栓一起插入钻孔，再用铁锤冲击锚栓尾部，使楔块深入楔缝内，楔缝张开并挤压孔壁岩石，锚头便锚固在钻孔底部。然后在锚栓尾部安上垫板并用螺帽拧紧，在锚栓内便形成了预应力，从而将附近的岩层压紧。

胀圈式锚杆的端部有四瓣胀圈和套在螺杆上的锥形螺帽。安装时将其同时插入钻孔，因胀圈撑在孔壁上，锥形螺帽卡在胀圈内不能转动，当用扳手在孔外旋转锚杆时，螺杆就会向孔底移动，锥形螺帽作向上的相对移动，促使胀圈张开，压紧孔壁，锚固螺杆。锚杆上的凸头的作用是当锚杆插入钻孔时，阻止锚杆下落。胀圈式锚杆除锚头外，其他部分均可回收。

2. 砂浆锚杆

在钻孔内先注入砂浆后插入锚杆，或先插入锚杆后注砂浆，待砂浆凝结硬化后即形成砂浆锚杆。因砂浆锚杆是通过水泥砂浆（或其他胶凝材料）在杆体和孔壁之间的摩擦力来进行锚固的，是全长锚固，所以锚固力比张力锚杆大。砂浆还能防止锚杆锈蚀，延长锚杆寿命。这种锚杆多用作永久支护，而张力锚杆多用作临时支护。

先注砂浆后插锚杆的施工程序一般为：钻孔—清洗钻孔－压注砂浆和安插锚杆。钻孔时要控制孔位、孔径、孔向、孔深符合设计要求。一般要求孔位误差不大于20cm，孔径比锚杆直径大10mm左右，孔深误差不大于5cm。钻孔清洗要彻底，可用压气将孔内岩粉、积水冲洗干净，以保证砂浆与孔壁的黏结强度。

由于向钻孔内压注砂浆比较困难（当孔口向下时更困难），由此钢筋砂浆锚杆的砂浆常采用风动压浆罐灌注。灌浆时，先将砂浆装入罐内，再将罐底出料口的铁管和输料软管接上，打开进气阀，使压缩空气进入罐内，在压气作用下，罐内砂浆即沿输料软管和注浆管压入钻孔内。为了保证压注质量，注浆管必须插至孔底，确保孔内注浆饱满密实。注满砂浆的钻孔，应采取措施将孔口封堵，以免在插入锚杆前砂浆流失。

风动压浆罐的工作风压为0.5 ~ 0.6MPa；砂浆的配合比一般为0.4（水）：1.0（水泥）：0.5（细砂）。

安装锚杆时，应将锚杆徐徐插入，以免砂浆被过量挤出，造成孔内砂浆不密实而影响锚固力。锚杆插到孔底后，应立即楔紧孔口，24h后才能拆除楔块。

先设锚杆后注砂浆的施工工艺要求基本同上。注浆用真空压力法，注浆时，先启动真空泵，通过端部包以棉布的抽气管抽气，然后由灰浆泵将砂浆压入孔内，一边抽气一边压注砂浆，砂浆注满之后，停止灰浆泵，而真空泵仍工作几分钟，以保证注浆的质量。

（三）锚杆的布置

锚杆的布置主要是确定锚杆的插入深度、间距及布置形式。

锚杆的布置有局部锚杆和系统锚杆。局部锚杆主要是用来加固危石，防止掉块。系统锚杆主要用来提高围岩的强度和整体性。锚杆的方向应尽量与岩体结构面垂直，当结构面不明显时，可与周边轮廓垂直。圆断面隧洞可采用径向布置。锚杆在平面上的布置要求呈梅花形或方格形。

锚杆的布置参数主要是通过工程类比和现场试验选择。系统锚杆，锚杆深入岩体深度一般为1.5 ~ 3.5m，但不一定要深入稳定岩层，当岩层破碎时，用短而密的系统锚杆，同样可取得较好的锚固效果。系统锚杆间距为插入深度的1/2，但不得大于1.5m。局部锚杆，必须插入稳定岩体内，插入深度和间距要根据实际情况而定。大于5m的深孔锚杆应作专门设计。

二、喷混凝土支护

喷混凝土就是将水泥、砂、石等干料按一定比例拌和后装入喷射机中，再用压缩空气将混合料送到喷嘴处与高压水混合，喷射到岩石表面，经凝结硬化而成的一种薄层支护结构。喷射到岩面上的混凝土，能填充围岩的缝隙，将分离的岩面黏结成整体，提高围岩的强度，增强围岩抵抗位移和松动的能力，还能封闭岩石，防止风化，缓和应力集中。

喷混凝土支护是一种不用模板就能成型的新型支护结构，具有生产效率高，施工速度快，支护质量好的优点。

（一）原材料及配合比

喷混凝土原材料与普通混凝土基本相同，然在技术上有一些差别。

1. 水泥

普通硅酸盐水泥，强度等级不低于42.5MPa，以利混凝土早期强度的快速增长，

干硬收缩小，保水性好。

2. 砂子

一般采用坚硬洁净的中、粗砂，平均粒径为 0.35 ~ 0.5cm。砂子也过粗，容易产生回弹；过细，不仅使水泥用量增加，而且还会引起混凝土的收缩，强度降低，还会在喷射中产生大量粉尘。砂子的含水量应控制在 4% ~ 6%。含水量过低，混合料在管路中容易分离而造成堵管；含水量过高，混合料有可能在喷射罐中就已凝结，无法喷射。

3. 石子

用卵石、碎石均可作为喷混凝土骨料。石料粒径为 5 ~ 20mm，其中大于 15mm 的颗粒应控制在 20% 以内，以减少回弹。石子的最大粒径不能超过管路直径的 1/2。石料使用前应经过筛洗。

4. 水

喷混凝土用水与一般混凝土对水的要求相同。地下洞室中的混浊水与一切含酸、碱的侵蚀水不能使用。

5. 速凝剂

为了加快喷混凝土的凝结硬化速度，防止在喷射过程中坍落，减少回弹，增加喷射厚度，提高喷混凝土在潮湿地段的适应能力，一般要在喷混凝土中掺入速凝剂。速凝剂应符合国家标准，初凝时间不大于 5min，终凝时间不大于 l0min。

喷混凝土配合比应满足强度和工艺要求。水泥用量一般为 375 ~ 400kg/m3，水泥与砂石的重量比一般为 1 ∶ 4.5 ~ 1 ∶ 4，砂率为 45% ~ 55%，水灰比为 0.4 ~ 0.5，速凝剂掺量一般为水泥重量的 2% ~ 4%。

水灰比的控制，主要依靠操作人员喷射时对进水量的调节，在很大程度上取决于操作人员的经验。若水灰比太小，喷射时不仅粉尘大，料流分散，回弹量大，而且喷射层上会产生干斑、砂窝等现象，影响混凝土的密实性；若水灰比过大，不但影响混凝土强度，而且可能造成喷射层流淌、滑移，甚至大片坍塌。水灰比控制恰当时，喷混凝土的表面呈暗灰色，有光泽，混凝土黏性好，能一团一团地黏附在喷射面上。水灰比的控制，除了提高操作人员的技术水平外，还应维持供水压力的稳定。

（二）混凝土喷射机

工程中常用的喷射机有冶建 69 型双罐式喷射机和 HP- Ⅲ型转体式喷射机 . 双罐式喷射机的工作原理是上罐储料，下罐工作，下罐中的干拌和料通过涡轮机构带动的输料盘，均匀地把料送到出料口，再通过压气送至喷嘴，在喷嘴处穿过水环所形成的水幕与水混合后高速喷射到岩面上。转体式喷射机的工作原理是混凝土干料从料斗落到一个多孔形的旋转体中，随孔道旋转至出料口，再在压缩空气的作用下将干料送至喷嘴，与高压水混合后喷射到岩面。转体式喷射机出料量可以调整，体积小，重量轻，操作简单，且可远距离控制，但结构复杂，制造要求高。

喷混凝土施工，劳动条件差，喷枪操作劳动强度大，施工也不够安全。有条件时应尽量利用机械手操作。

（三）喷混凝土施工

1. 施工准备

在喷射混凝土前，应做好各项准备工作，内容包括：搭建工作平台、检查工作面有无欠挖、撬除危石、清洗岩面和凿毛、钢筋网安装、埋设控制喷射厚度的标记、混凝土干料准备等。

2. 喷枪操作

直接影响喷射混凝土的质量，应注意对以下几个方面的控制：

（1）喷射角度

这是指喷射方向与喷射面的夹角。一般宜垂直并稍微向刚喷射的部位倾斜（约10°），以使回弹量最小。

（2）喷射距离

这是指喷嘴与受喷面之间的距离。其最佳距离是按混凝土回弹最小和最高强度来确定的，根据喷射试验一般为1m左右。

（3）一次喷射厚度

在设计喷射厚度大于10cm时，一般要分层进行喷射。一次喷射太厚，特别是在喷射拱顶时，往往会因自重而分层脱落；一次喷射也不可太薄，当一次喷射厚度小于最大骨料粒径时，回弹率会迅速增高。当掺有速凝剂时，墙的一次喷射厚度为7 ~ 10cm，拱为5 ~ 7cm；不掺速凝剂时，墙的一次喷射厚度为5 ~ 7cm，拱为3 ~ 5cm。分层喷射的层间间隔时间与水泥品种、施工温度和是否掺有速凝剂等因素有关。较合理的间歇时间为内层终凝并且有一定的强度。

（4）喷射区的划分及喷射顺序

当喷射面积较大时需要进行分段、分区喷射。一般是先墙后拱，自下而上地进行。这样可以防止溅落的灰浆粘附于未喷的岩面上，以免影响混凝土与岩面的黏结，同时可以使喷混凝土均匀、密实、平整。

施工时操作人员应使喷嘴呈螺旋形划圈，圈的直径以20 ~ 30cm为宜，以一圈压半圈的方式移动。分段喷射长度以沿轴线方向2 ~ 4m较好，高度方向以每次喷射不超过1.5m为宜。

喷射混凝土的质量要求是表面平整，不可出现干斑、疏松、脱空、裂隙、露筋等现象，喷射时粉尘少、回弹量小。

（四）养护

喷混凝土单位体积水泥用量较大，凝结硬化快。为使混凝土的强度均匀增加，减少或防止不均匀收缩，必须加强养护。一般在喷射2 ~ 4h后开始洒水养护，日洒水次数以保持混凝土有足够的湿润为宜，养护时间一般不应少于14d。

第六节 隧洞施工安全技术

一、常见安全事故及预防措施

隧洞施工保证安全是十分重要的。要搞好施工安全工作，除了做好必要的安全教育、促使施工人员重视外，还必须采取相应的技术措施，确保施工顺利进行。

隧洞施工过程中可能产生的安全事故及处理、防止措施的简述如下：

（一）塌方

当隧洞通过断层破碎带、节理裂隙密集带、溶洞以及地下水活动的不良岩层时，容易产生塌方事故。特别是当洞室入口处地质条件较差时，更容易产生塌方现象。防止塌方的主要措施是：详细了解地质情况，加强开挖过程中的检查，及时进行支撑、支护或衬砌。

（二）滑坡

滑坡主要发生在洞外明挖部分，一般是因地质条件不良所造成。防止滑坡的主要措施是：放缓边坡，并在一定高度设置马道；针对裸露岩石进行喷锚处理，防止风化和松动。

（三）涌砂涌水

当隧洞通过地下水发育的软弱地层和一些有高压含水层的不良岩层时，容易产生涌水现象。防止涌水的措施是：详细了解涌水的地质原因，采取封堵和导、排相结合的措施处理，必要时利用灌浆进行处理。

（四）瓦斯中毒与爆炸

瓦斯类有害气体多产生于深层，特别是含煤的矿层中。防止瓦斯中毒与爆炸的措施是：加强洞内通风和安全检查，严格控制烟火。

（五）小块坠石

爆破后及拆除支撑时都有可能产生小块坠石。防止小块坠石的措施是：爆破后应做好安全检查工作，将松动的石块清除干净；进洞人员必须戴安全帽。

（六）爆破安全事故

因操作不当或未严格执行操作规程和安全规程而发生事故。防止爆破安全事故措施是：必须严格执行操作规程和安全规程，加强安全检查，完善爆破报警系统，妥善处理瞎炮。

（七）用电安全事故

洞内施工，动力、照明线路多，洞内潮湿，导致漏电或其他用电事故。防止用电安全事故的措施是：选用绝缘良好的动力、照明供电电线，线路的接头处要采取预防漏电的有效措施，加强用电安全检查。

（八）临时支撑失效

因临时支撑的布置、维护不当而发生坍塌事故。防止临时支撑失效的措施是：重视临时支撑的结构设计和施工，加强临时支撑的维护和管理。

二、洞口段施工与塌方处理

（一）洞口段施工

隧洞的洞口地段，往往是比较破碎的覆盖层，且在降雨时有地面水流下，很容易发生塌方。洞口又是工作人员出入必经之地，必须做到安全可靠。

隧洞施工前，应结合地质和水文地质条件，选好洞口位置。洞口以外明挖段完成后，应先将洞口边坡、仰坡及地表排水系统做好，然后才能进洞。常用的进洞方式是导洞进洞，即在刷出洞脸后，先架好 5 ~ 6 排明箱（即明挖部分的支撑），其上铺以装砂土的草袋，厚 1 ~ 2m，并用斜撑顶牢，然后放炮开挖导洞，边挖边架立临时支撑，支撑排架间距 0.5 ~ 0.8m，以后再进行扩大部分开挖和衬砌。

（二）塌方处理

在不稳定的岩层中开挖隧洞，常会遇到塌方。塌方一旦发生，首先应突击加固未塌方地段，防止塌方扩大，并为抢险工作提供比较安全的基地。并尽快查明塌方的性质和范围，根据具体情况，采取有效措施进行处理。

1. 小塌方，先支后清

对塌方体未将隧洞全部堵塞，塌方的间歇时间较长或塌方基本停止，施工人员尚可进入塌穴进行观察处理的小塌方，在清除之前，必须先将塌方的顶部支撑牢固，在清除塌方。支撑塌穴的方法应因地制宜。对于规模不大的塌方，塌穴高度较低时，可在渣堆上架设木支撑，将塌穴全面支护，边清边倒换成洞底支撑。

2. 大塌方，先棚后穿

当塌方量很大且已将洞口堵塞，或塌方继续不停地扩展，施工人员不易进入塌穴时，可将塌方体视为松软破碎的地层，按先棚后穿的原则进行处理。即先用硬质圆木（直径 8 ~ 15cm，长约 1m）向上倾斜打入塌方体中，并架立木支撑，再进行出渣，然后向前打入新的圆木并架立支撑，以此逐步向前推进。

第十章　水利工程质量管理

第一节　施工质量保证体系的建立和运行

一、工程项目施工质量保证体系的内容和运行

在工程项目施工中，完善的质量保证体系则是满足用户质量要求的保证。施工质量保证体系通过对那些影响施工质量的要素进行连续评价，对建筑、安装等工作进行检查，并提供证据。质量保证体系是企业内部的一种系统的技术和管理手段；在合同环境中，施工质量保证体系可以向建设单位（项目法人）证明，施工单位具有足够的管理和技术上的能力，保证全部施工是在严格的质量管理中完成的，从而取得建设单位（项目法人）的信任。

质量保证体系是为了保证某项产品或某项服务能满足给定的质量要求的体系，包括质量方针和目标，以及为实现目标所建立的组织结构系统、管理制度办法、实施计划方案和必要的物质条件组成的整体。质量保证体系的运行包括该体系全部有目标、有计划的系统活动。其内容包括以下几个方面：

（一）施工项目质量目标

施工项目质量保证体系必须有明确的质量目标，并符合项目质量总目标的要求；要以工程承包合同为基本依据，逐级分解目标以形成在合同环境下的项目施工质量保证体系的各级质量目标。施工项目质量目标的分解主要从两个角度展开，即：从时间角度展开，实施全过程的管理；从空间角度展开，实现全方位和全员的质量目标管理。

（二）施工项目质量计划

施工项目质量保证体系应有可行的质量计划。质量计划要根据企业的质量手册和项目质量目标来编制。施工项目质量计划可以按内容分为施工质量工作计划和施工质

量成本计划。施工质量工作计划主要包括：质量目标的具体描述和定量描述，整个项目施工质量形成的各工作环节的责任和权限；采用的特定程序、方法和工作指导书；重要工序（工作）的试验、检验、验证和审核大纲；质量计划修订程序；为达到质量目标所采取的其他措施。施工质量成本计划是规定最佳质量成本水平的费用计划，是开展质量成本管理的基准。质量成本可分为运行质量成本和外部质量保证成本。运行质量成本是指为运行质量体系达到和保持规定的质量水平所支付的费用，包括预防成本、鉴定成本、内部损失成本和外部损失成本。外部质量保证成本则是指依据合同要求向顾客提供所需要的客观证据所支付的费用，包括特殊的和附加的质量保证措施、程序、数据、证实试验和评定的费用。

（三）思想保证体系

用全面质量管理的思想、观点和方法，使全体人员真正树立起强烈的质量意识。主要通过树立“质量第一”的观点，增强质量意识，贯彻“一切为用户服务”的思想，以达到提高施工质量的目的。

（四）组织保证体系

工程施工质量是各项管理工作成果的综合反映，也是管理水平的具体体现。必须建立健全各级质量管理组织，分工负责，形成一个有明确任务、职责、权限、互相协调和互相促进的有机整体。组织保证体系主要由成立质量管理小组（QC 小组），健全各种规章制度，明确规定各职能部门主管人员和参与施工人员在保证和提高工程质量中所承担的任务、职责和权限，建立质量信息系统等多项内容构成。

（五）工作保证体系

工作保证体系主要是明确工作任务和建立工作制度，要落实在以下三个阶段：

1. 施工准备阶段的质量管理。施工准备是为整个工程施工创造条件。准备工作的好坏，不仅直接关系到工程建设能否高速、优质地完成，而且也决定了能否对工程质量事故起到一定的预防、预控作用。因此，做好施工准备的质量管理是确保施工质量的首要工作。

2. 施工阶段的质量管理。施工过程是建筑产品形成的过程，这个阶段的质量管理是确保施工质量的关键。必须加强工序管理，建立质量检查制度，严格实行自检、互检和专检，开展群众性的活动，强化过程管理，以确保施工阶段的工作质量。

3. 竣工验收阶段的质量管理。工程竣工验收，是指单位工程或单项工程竣工，经检查验收，移交给下一道工序或移交给建设单位。这一阶段主要应做好成品保护，严格按规范标准进行检查验收和必要的处置，不让不合格工程进入下一道工序或进入市场，并做好相关资料的收集整理和移交，建立回访制度等。

二、施工质量保证体系的运行

施工质量保证体系的运行，应以质量计划为主线，以过程管理为重心，按照 PDCA 循环的原理，通过计划、实施、检查与处理的步骤开展管理。质量保证体系运

行状态和结果的信息应及时反馈，以便进行质量保证体系的能力评价。

（一）计划（Plan）

计划是质量管理的首要环节，通过计划，确定质量管理的方针、目标，及实现方针、目标的措施和行动方案。计划包括质量管理目标的确定和质量保证工作计划。质量管理目标的确定，就是根据项目自身可能存在的质量问题、质量通病以及与国家规范规定的质量标准对比的差距，或者用户提出的更新、更高的质量要求所确定的项目在计划期应达到的质量标准。质量保证工作计划，就是为实现上述质量管理目标所采用的具体措施的计划。质量保证工作计划应做到材料、技术、组织三落实。

（二）实施（Do）

实施包含两个环节，即计划行动方案的交底和按计划规定的方法及要求展开的施工作业技术活动。首先，要做好计划的交底和落实。落实包括组织落实、技术和物资材料的落实。有关人员要经过培训、实习并经过考核合格再执行。其次，计划的执行，要依靠质量保证工作体系，也就是要依靠思想工作体系，做好教育工作；依靠组织体系，即完善组织机构、责任制、规章制度等项工作；依靠产品形成过程的质量管理体系，做好质量管理工作，保证质量计划的执行。

（三）检查（Check）

检查就是对照计划，检查执行的情况和效果，及时发现计划执行过程中的偏差和问题。检查一般包括两个方面：一是检查是否严格执行了计划的行动方案，检查实际条件是否发生变化，总结成功执行的经验，查明没按计划执行的原因；二是检查计划执行的结果，即施工质量是否达到标准的要求，并对此进行评价和确认。

（四）处理（Action）

处理就是在检查的基础上，把成功的经验加以肯定，形成标准，以利于在今后的工作中以此成为处理的依据，巩固成果，同时采取措施，克服缺点，吸取教训，避免重犯错误，对于尚未解决的问题，则留到下一次循环再加以解决。

质量管理的全过程是反复按照 PDCA 的循环周而复始地运转，每运转一次，工程质量就提高一步。PDCA 循环具有大环套小环、互相衔接、互相促进、螺旋式上升，形成完整的循环和不断推进等多个特点。

第二节　施工阶段质量管理

一、施工质量管理的基本内容和方法

（一）施工质量管理的基本环节

施工质量管理应贯彻全面、全过程质量管理的思想，运用动态管理原理，进行质量的事前管理、事中管理和事后管理。

1. 事前质量管理

即在正式施工前进行的事前主动质保管理，可以通过编制施工项目质量计划，明确质量目标，制订施工方案，设置质量管理点，落实质量责任，分析可能导致质量目标偏离的各种影响因素，针对这些影响因素制定有效的预防措施，防患于未然。

2. 事中质量管理

即在施工质量形成过程中，并对影响施工质量的各种因素进行全面的动态管理。事中质量管理首先是对质量活动的行为约束，其次是对质量活动过程和结果的监督管理。事中质量管理的关键是坚持质量标准，管理的重点是工序质量、工作质量和质量管理点的管理。

3. 事后质量管理

事后质量管理也称为事后质量把关，导致不合格的工序或最终产品（包括单位工程或整个工程项目）不流入下一道工序、不进入市场。事后管理包括对质量活动结果的评价、认定和对质量偏差的纠正。管理的重点是发现施工质量方面的缺陷，并通过分析提出施工质量改进的措施，保持质量处于受控状态。

以上三大环节不是互相孤立和截然分开的，它们共同构成有机的系统过程，实质上也就是质量管理 PDCA 循环的具体化，在每一次滚动循环中不断提高，达到质量管理的持续改进。

（二）施工质量管理的依据

1. 共同性依据

共同性依据指适用于施工阶段且与质量管理有关的通用的、具有普遍指导意义和必须遵守的基本条件。主要包括：工程建设合同；设计文件、设计交底及图纸会审记录、设计修改和技术变更等；国家和政府有关部门颁布的与质量管理有关的法律和法规性文件，如《建筑法》、《招标投标法》和《建筑工程质量管理条例》等。

2. 专门技术法规性依据

专门技术法规性依据指针对不同的行业、不同质量管理对象制定的专门技术法规文件。包括规范、规程、标准、规定等，如：水利水电工程建设项目质量检验评定验收标准；水利工程强制标准；有关建筑材料、半成品和构配件的质量方面的专门技术法规性文件；有关材料验收、包装和标志等方面的技术标准和规定；施工工艺质量方

面的技术法规性文件；有关新工艺、新技术、新材料、新设备的质量规定和鉴定意见等。

（三）施工质量管理的一般方法

1. 质量文件审核

审核有关技术文件、报告或报表，是项目经理对工程质量进行全面管理的重要手段。这些文件包括：

（1）施工单位的技术资质证明文件和质量保证体系文件；

（2）施工组织设计和施工方案及技术措施；

（3）有关材料和半成品及构配件的质量检验报告；

（4）有关应用新技术、新工艺、新材料的现场试验报告与鉴定报告；

（5）反映工序质量动态的统计资料或管理图表；

（6）设计变更和图纸修改文件；

（7）有关工程质量事故的处理方案；

（8）相关方面在现场签署的有关技术签证和文件等

2. 现场质量检查

（1）现场质量检查的内容

现场质量检查的内容包括：

第一，开工前的检查。主要检查是否具备开工条件，开工后是否能够保持连续正常施工，能否保证工程质量。

第二，工序交接检查。对于重要的工序或对工程质量有重大影响的工序，应严格执行“三检”制度，即自检、互检、专检：未经监理工程师（或建设单位技术负责人）检查认可，不得进行下一道工序施工。

第三，隐蔽工程的检查，施工中凡是隐蔽工程必须检查认证后方可进行隐蔽掩盖。

第四，停工后复工的检查一因客观因素停工或处理质量事故等停工复工，经检查认可后方能复工。

第五，分项、分部工程完工后的检查。要经检查认可，并签署验收记录后，才能进行下一工程项目的施工。

第六，成品保护的检查检查成品有无保护措施以及保护措施是否有效可靠'

（2）现场质量检查的方法

现场质量检查的方法主要有目测法、实测法和试验法等：

①目测法。即凭借感官进行检查，也称观感质量检验其手段可概括为“看、摸、敲、照”四个字，所谓看，就是根据质量标准要求进行外观检查例如，对混凝土衬砌的表面，检查浆砌石的错缝搭接，粉饰面颜色是否良好、均匀，工人的操作是否正常，混凝土外观是否符合要求等。摸，就是通过触摸手感进行检查、鉴别。例如，油漆的光滑度，掉粉、掉渣情况、粗糙程度等◦敲，就是运用敲击工具进行音感检查，例如，对地面工程、装饰工程中的饰面等，均应进行敲击检查。照，就是通过人工光源或反射光照射，检查难以看到或光线较暗的部位。例如管道井、电梯井等内的管线、设备安装质量，装饰吊顶内连接及设备安装质量等。

②实测法。就是通过实测数据与施工规范、质量标准的要求以及允许偏差值进行对照，以此判断质量是否符合要求。其手段可概括为“量、靠、套、吊”四个字。量，就是指用测量工具和计量仪表等检查断面尺寸、轴线、标高、湿度、温度等的偏差。例如，混凝土拌和料的温度，混凝土坍落度的检测等。靠，就是用直尺、塞尺检查诸如墙面、地面、路面等的平整度。套，就是以方尺套方，辅以塞尺检查。例如，对阴阳角的方正、预制构件的方正、门窗口及构件的对角线检查等。吊，就是利用托线板以及线锤吊线检查垂直度。例如，砌体垂直度检查、闸门导轨安装的垂直度检查等。

③试验法。是指通过必要的试验手段对质量进行判断的检查方法。主要包括：

1）理化试验。工程中常用的理化试對包括力学性能、物理性能方面的检验和化学成分及其含量的测定等两个方面。力学性能的检验如各种力学指标的测定，包括抗拉强度、抗压强度、抗弯强度、抗折强度、冲击韧性、硬度、承载力等。各种物理性能方面的测定，如密度、含水量、凝结时间、安定性及抗渗、耐磨、耐热性能等。化学成分及其含量的测定如钢筋中的磷、硫含量，混凝土中粗骨料中的活性氧化硅成分，以及耐酸、耐碱、抗腐蚀性等。此外，根据规定有时还需进行现场试验，例如，对桩或地基的静载试验、下水管道的通水试验、压力管道的耐压试验、防水层的蓄水或淋水试验等。

2）无损检测。利用专门的仪器仪表从表面探测结构物、材料、设备的内部组织结构或损伤情况。常用的无损检测方法有超声波探伤、X 射线探伤、Y 射线探伤等。

二、施工准备的质量管理

（一）合同项目开工条件的准备

1. 承包人组织机构和人员

在合同项目开工前，承包人应向监理人呈报其实施工程承包合同的现场组织机构表及各主要岗位的人员的主要资历，监理机构在总监理工程师主持下进行认真审查。施工单位按照投标承诺，组织现场机构，配备有类似工程长期经历和丰富经验的项目负责人、技术负责人、质量管理人员等技术与管理人员，配备有能力对工程进行有效监督的工长和领班，投入顺利履行合同义务所需的技工和普工。

（1）项目经理资格

施工单位项目经理是施工单位驻工地的全权负责人，必须持有相应水利水电建造师执业资格证书和安全考核合格证书，并具有类似工程的长期经历和丰富经验，必须胜任现场履行合同的职责要求。

（2）技术管理人员和工人资格

必须向工地派遣或雇用技术合格和数量足够的下述人员：

①具有相应岗位资格的水利工程施工技术管理人员，如材料员、质检员、资料员、安全员、施工员等职业资格岗位人员。

②具有相应理论、技术知识和施工经验的各类专业技术人员以及有能力进行现场施工管理和指导施工作业的工长。

③具有合格证明的各类专业技工和普工，技术岗位和特殊工种的工人均必须持有通过国家或有关部门统一考试或考核的资格证明，经监理机构审查合格者才准上岗，如爆破工、电工、焊工、登高架子工、起重工等工种均要求持相应职业技能岗位证书上岗。

同时，监理机构对未经批准人员的职务不予确认，针对不具备上岗资格的人员完成的技术工作不予承认。监理机构根据施工单位人员在工作中的实际表现，要求施工单位及时撤换不能胜任工作或玩忽职守或监理机构认为由于其他原因不宜留在现场的人员。未经监理机构同意，不得允许这些人员重新从事该工程的工作。

2. 工地试验室和试验计量设备准备

试验检测是对工程项目的材料质量、工艺参数和工程质量进行有效管理的重要途径。施工单位检测试验室必须具备与所承包工程相适应并满足合同文件和技术规范、规程、标准要求的检测手段和资质。工地建立的试验室包括试验设备和用品、试验人员数量和专业水平，核定其试验方法和程序等。在见证取样情况下进行各项材料试验，并为现场监理人进行质量检查和检验提供必要的试验资料与成果。主要建设内容：

（1）检测试验室的资质文件（包括资格证书、承担业务范围及计量认证文件等的复印件）。

（2）检测试验室人员配备情况（姓名、性别、岗位工龄、学历、职务、职称、专业或工种）。

（3）检测试验室仪器设备清单（仪器设备名称、规格型号、数量、完好情况及其主要性能），仪器仪表的率定及检验合格证。

（4）各类检测、试验记录表和报表的式样，

（5）检测试验人员守则及试验室工作规程

（6）其他需要说明的情况或监理部根据合同文件规定要求报送有关材料。

3. 施工设备

（1）进场施工设备的数量和规格、性能以及进场时间是否符合施工合同约定要求。

（2）禁止不符合要求的设备投入使用并及时撤换。在施工过程中，对施工设备及时进行补充、维修、维护，满足施工需要。

（3）旧施工设备进入工地前，承包人应向监理提供该设备的使用和检修记录，以及具有设备鉴定资格的机构出具的检修合格证。经监理机构认可，方可进场 C

（4）承包人从其他人处租赁设备时，则应在租赁协议书中明确规定。若在协议书有效期内发生承包人违约解除合同时，发包人或发包人邀请的其他承包人可以相同条件取得其使用权。

4. 对基准点、基准线和水准点的复核和工程放线

根据项目法人提供的测量基准点、基准线和水准点及其平面资料，以及国家测绘标准和本工程精度要求，测设自己的施工管理网，并将资料报送监理人审批。待工程完工后完好地移交给发包人承包人应做好施工过程中的全部施工测量工作，包括地形测量、放样测量、断面测量、支付收方测量和验收测量等，配置合格的人员、仪器、设备和其他物品。在各项目施工测量前，还应将所采取措施的报告报送监理人审批施

工项目机构应负责管理好施工管理网点，若有丢失或损坏，要及时修复工程完工后应完好地移交给发包人。

5. 原材料、构配件及施工辅助设施的准备

进场的原材料、构配件的质量、规格、性能应符合有关技术标准和技术条款的要求，原材料的储存量应满足工程开工及随后施工的需要。

根据工程需要建设砂石料系统、混凝土拌和系统以及场内道路、供水、供电、供风等施工辅助设施。

6. 熟悉施工图纸，进行技术交底

施工承包人在收到监理人发布的施工图后，其在用于正式施工之前应注意以下几个问题：

（1）检查该图纸是否已经监理人签字。

（2）熟悉施工图建筑物、设备、管线等工程对象的尺寸、布置、选用材料、构造、相互关系、施工及安装质量要求的详细图纸和说明，图纸有无正式的签署，供图是否及时，是否与招标图纸一致（如不一致是否有设计变更），施工图中的各种技术要求是否切实可行，是否存在不便于施工或不能施工的技术要求，各专业图纸的平面、立面、剖面图之间是否有矛盾，几何尺寸、平面位置、标高等是否一致，标注是否有遗漏，地基处理的方法是否合理。

（3）对施工图作仔细的检查和研究：内容如前所述检查和研究的结果可能有以下几种情况：

①图纸正确无误，承包人应立即按施工图的要求组织实施，研究详细的施工组织和施工技术保证措施，安排机具、设备、材料、劳动力、技术力量进行施工。

②发现施工图纸中有不清楚的地方或有可疑的线条、结构、尺寸等，或施工图上有互相矛盾的地方，承包人应向监理人提出“澄清要求”，待这些疑点澄清之后再进行施工。

监理人在收到承包人的“澄清要求”后，应及时与设计单位联系，并对“澄清要求”及时予以答复。

③根据施工现场的特殊条件、承包人的技术力量、施工设备和经验，认为对图纸中的某些方面可以在不改变原来设计图纸和技术文件的原则的前提下，进行一些技术修改，使施工方法更为简便，结构性能更为完善，质量更有保证，且并不影响投资和工期，此时，承包人可提出“技术修改”建议。

这种“技术修改”可直接由监理人处理、将处理结果书面通知设计单位驻现场代表。

（4）如果发现施工图与现场的具体条件，如地质、地形条件等有较大差别，难以按原来的施工图纸进行施工，此时，承包人可提出“现场设计变更建议”。

7. 施工组织设计的编制

施工组织设计是水利水电工程设计文件的重要组成部分，是工程建设和施工管理的指导性文件，认真做好施工组织设计，对整体优化设计方案、合理组织工程施工、保证工程质量、缩短建设周期、降低工程造价都有十分重要的作用。

在施工投标阶段，施工单位根据招标文件中规定的施工任务、技术要求、施工工

期及施工现场的自然条件，结合本单位的人员、机械设备、技术水平和经验，在投标书中编制了施工组织设计。对拟承包工程作出了总体部署，例如工程准备采用的施工方法、施工工序、机械设计和技术力量的配置，内部的质量保证系统和技术保证措施。施工单位中标并签订合同后，这一施工组织设计也就成了施工合同文件的重要组成部分。在施工单位接到开工通知后，按合同规定时间，进一步提交更为完备、具体的施工组织设计，并征得监理机构的批准。

三、施工过程的质量管理

（一）技术交底

做好技术交底是保证施工质量的重要措施之一。项目开工前应由项目技术负责人向承担施工的负责人或分包人进行书面技术交底，技术交底资料应办理签字手续并归档保存。每一分部工程开工前均应进行作业技术交底。技术交底书应由施工项目技术人员编制，并经项目技术负责人批准实施。技术交底的内容主要包括：任务范围、施工方法、质量标准和验收标准，施工中应注意的问题，可能出现意外的措施及应急方案，文明施工和安全防护措施以及成品保护要求等。技术交底应围绕施工材料、机具、工艺、工法、施工环境和具体的管理措施等方面进行，应明确具体的步骤、方法、要求和完成的时间等技术交底的形式有书面、口头、会议、挂牌、样板、示范操作等。

（二）工序施工质量管理

施工过程由一系列相互联系与制约的工序构成。工序是人、材料、机械设备、施工方法和环境因素对工程质量综合起作用的过程，所以对施工过程的质量管理，必须以工序质量管理为基础和核心。因此，工序的质量管理是施工阶段质量管理的重点。只有严格管理工序质量，才能确保施工项目的实体质量。工序施工质量管理包括工序施工条件质量管理和工序施工效果质量管理。

1. 工序施工条件质量管理

工序施工条件是指从事工序活动的各生产要素质量及生产环境条件。工序施工条件质量管理就是管理工序活动的各种投入要素质量和环境条件质量。管理的手段主要有检查、测试、试验、跟踪监督等。管理的依据主要是设计质量标准、材料质量标准、机械设备技术性能标准、施工工艺标准以及操作规程等。

2. 工序施工效果质量管理

工序施工效果主要反映工序产品的质量特征和特性指标。对工序施工效果的质量管理就是管理工序产品的质量特征和特性指标能否达到设计质量标准以及施工质量验收标准的要求。工序施工效果质量管理属于事后质量管理，其管理的主要途径是实测获取数据、统计分析所获取的数据、判断认定质量等级与纠正质量偏差。

（三）4M1E 的质量管理

“人、材料、机械、方法、环境”也是影响工程质量的五个因素，事前有效管理这些因素的质量是确保工程施工阶段质量的关键，也是监理人进行质量管理过程中的

主要任务之一。

1. 人的质量管理

工程质量取决于工序质量和工作质量，工序质量又取决于工作质量，而工作质量直接取决于参与工程建设各方所有人员的技术水平、文化修养、心理行为、职业道德、质量意识、身体条件等因素。

这里所指的人员包括施工承包人的操作、指挥及组织者。

“人”作为管理的对象。要避免产生失误，要充分调动人的积极性，以发挥“人是第一因素”的主导作用。要本着适才适用、扬长避短的原则来管理人的使用。

2. 原材料与工程设备的质量管理

工程项目是由各种建筑材料、辅助材料、成品、半成品、构配件以及工程设备等构成的实体，这些材料、构配件本身的质量及其质量管理工作，这对工程质量具有十分重要的影响。由此可见，材料质量及工程设备是工程质量的基础，材料质量及工程设备不符合要求，工程质量也就不可能符合标准。

承包人还应按合同规定的技术标准进行材料的抽样检验和工程设备的检验测试，并应将检验成果提交给现场监理人。现场监理人应按合同规定参加交货验收，承包人应为其监督检查提供一切方便。

发包人负责采购的工程设备，应由发包人（或发包人委托监理人）和承包人在合同规定的交货地点共同进行交货验收，由发包人正式移交给承包人。在验收时，承包人应按现场监理人的批示进行工程设备的检验测试，并将检验结果提交现场监理人。工程设备安装后，若发现工程设备存在缺陷，应由现场监理人和承包人共同查找原因，如属设备制造不良引起的缺陷，应由发包人负责；若属承包人运输和保管不慎或安装不良引起的损坏，应由承包人负责。

如果承包人使用了不合格的材料、工程设备和工艺，并造成工程损害时，监理人可以随时发出指示，要求承包人立即改正，并采取措施补救，直至彻底清除工程的不合格部位以及不合格的材料和工程设备。若承包人无故拖延或拒绝执行监理人的上述指令，则发包人可按承包人违约处理，发包人有权委托其他承包人。其违约责任应由承包人承担。

《进场材料质量检验报告单》、《水利水电工程砂料、粗骨料质量评定表》及《建筑材料质量检验合格证》均按一式 4 份报送 3 监理部完成认证手续后，返回施工单位 2 份，以作为工程施工基础资料和质量检验的依据。分部工程或单位工程验收时，施工单位按竣工资料要求将该资料归档。

材料质量检验方法分为书面检验、外观检验、理化检验和无损检验等四种。

（1）书面检验。指通过对提供的材料质量保证资料、试验报告等进行审核，取得认可方能使用。

（2）外观检验。指对材料从品种、规格、标志、外形尺寸等展开直观检验，看其有无质量问题。

（3）理化检验。指在物理、化学等方法的辅助下的量度。它借助于试验设备和仪器对材料样品的化学成分、机械性能等进行科学的鉴定。

（4）无损检验。指在不破坏材料样品的前提下，利用超声波、X射线、表面探伤仪等进行检测。如超声波雷达（进行土的压实试验）、探地雷达（钢筋混凝土中对钢筋的探测）。

3. 永久工程设备和施工设备的质量管理

永久工程设备运输是借助于运输手段，进行有目标的空间位置的转移，最终达到施工现场。工程设备运输工作的质量直接影响工程设备使用价值实现，进而影响工程施工的正常进行和工程质量。

永久工程设备容易因运输不当而降低甚至丧失使用价值，造成部件损坏，影响其功能和精度等。因此，应加强工程设备运输的质量管理，与发包人的采购部门一起，根据具体情况和工程进度计划，编制工程设备的运送时间表，制定出参与设备运输的有关人员的责任，使有关人员明确在运输质量保证中应做的事和应负的责任，这也是保证运输质量的前提。

施工设备选择的质量管理，主要包括设备型式的选择和主要性能参数的选择两个方面：

（1）施工设备的选型。应考虑设备的施工适用性、技术先进、操作方便、使用安全，保证施工质量的可靠性和经济上的合理性。例如，疏浚工程应根据地质条件、疏浚深度、面积及工程量等因素，分别选择抓斗式、链斗式、吸扬式、耙吸式等不同型式的挖泥船；对于混凝土工程，在选择振捣器时，应考虑工程结构的特点、振捣器功能、适用条件和保证质量的可靠性等因素，分别选择大型插入式、小型软轴式、平板式或附着式振捣器。

（2）施工设备主要性能参数的选择。要根据工程特点、施工条件和已确定的机械设备型式，来选定具体的机械例如，堆石坝施工所采用的振动碾，其性能参数主要是压实功能和生产能力，根据现场碾压试验选择振动频率：

加强施工设备操作人员的技术培训和考核，正确掌握和操作机械设备，做到定机定人，实行机械设备使用保养的岗位责任制。建立健全机械设备使用管理的各种规章制度，如人机固定制度、操作证制度、岗位责任制度、交接班制度、技术保养制度、安全使用制度、机械设备检查维修制度及机械设备使用档案制度等。

对于施工设备的性能及状况，不仅在其进场时应进行考核，在使用过程中也应进行考核。在使用过程中，由于零件的磨损、变形、损坏或松动，会降低效率和性能，从而影响施工质量。对施工设备特别是关键性的施工设备的性能和状况定期进行考核。例如，对吊装机械等必须定期进行无负荷试验、加荷试验及其他测试，以检查其技术性能、工作性能、安全性能和工作效率。发现问题时，应及时分析原因，采取适当措施，以保证设备性能的完好。

4. 施工方法的质量管理

这里所指的施工方法的质量管理，其包含工程项目整个建设周期内所采取的技术方案、工艺流程、组织措施、检测手段、施工组织设计等的管理。

施工方案合理与否、施工方法和工艺先进与否，均会对施工质量产生极大的影响，是直接影响工程项目的进度管理、质量管理、投资管理三大目标能否顺利实现的关键。

在施工实践中，由于施工方案考虑得不周、施工工艺落后造成施工进度迟缓，质量下降，增加投资等情况时有发生。

5. 环境因素的质量管理

影响工程项目质量的施工环境因素较多，主要有技术环境、施工管理环境及自然环境。技术环境因素包括施工所用的规程、规范、设计图纸及质量评定标准。

施工管理环境因素包括质量保证体系、“三检制”、质量管理制度、质量签证制度、质量奖惩制度等。

自然环境因素包括工程地质、水文、气象等。

上述环境因素对施工质量的影响具有复杂而多变的特点，尤其是某些环境因素更是如此，如气象条件就是千变万化，温度、大风、暴雨、酷暑、严寒等均影响到施工质量。要根据工程特点和具体条件，采取有效的措施，严格管理影响质量的环境因素，确保工程项目质量。

四、质量管理点的设置

施工承包人在施工前全面、合理地选择质量管理点。必要时，应对质量管理实施过程进行跟踪检查或旁站监督，以确保质量管理点的实施质量。

设置质量管理点的对象，主要有以下几方面：

第一，关键的分项工程，例如大体积混凝土工程、土石坝工程的坝体填筑工程、隧洞开挖工程等。

第二，关键的工程部位，如混凝土面板堆石坝面板趾板及周边缝的接缝、土基上水闸的地基基础，预制框架结构的梁板节点、关键设备的设备基础等。

第三，薄弱环节。指经常发生或容易发生质量问题的环节，或施工承包人施工无把握的环节，或采用新工艺（新材料）施工环节等。

第四，关键工序。如钢筋混凝土工程的混凝土振捣，灌注桩的钻孔，隧洞开挖的钻孔布置、方向、深度、用药量和填塞等。

第五，关键工序的关键质量特性。如混凝土的强度、土石坝的干密度等。

第六，关键质量特性的关键因素。如冬季混凝土强度的关键因素是环境（养护温度），支模的稳定性的关键是支撑方法，泵送混凝土输送质量的关键是机械等。

将质量管理点区分为质量检验见证点和质量检验待检点。所谓见证点，是指承包人在施工过程中达到这一类质量检验点时，应事先书面通知监理人到现场见证，观察和检查承包人的实施过程。然而，在监理人接到通知后未能在约定时间到场的情况下，承包人有权继续施工。例如，在建筑材料生产时，承包人要事先书面通知监理人对采石场的采石、筛分进行见证。当生产过程的质量较为稳定时，监理人可以到场见证，也可以不到场见证。承包人在监理人不到场的情况下可继续生产，然而需做好详细的施工记录，供监理人随时检查。在混凝土生产过程中，监理人不一定对每一次拌和都到场检验混凝土的温度、坍落度、配合比等指标，而可以由承包人自行取样，并做好详细的检验记录，供监理人检查。然而，在混凝土强度等级改变或发现质量不稳定时，监理人可以要求承包人事先书面通知监理人到场检查，否则不可开拌，此时，这种质

量检验点就成了待检点。

对于某些更为重要的质量检验点，必须在监理人到场监督、检查的情况下承包人才能进行检验，这种质量检验点称为待检点。例如，在混凝土工程中，由基础面或混凝土施工缝处理，模板、钢筋、止水、伸缩缝和坝体排水管安装及混凝七浇筑等工序构成混凝土单元工程，其中每一道工序都应由监理人进行检查认证，每一道工序检验合格后才能进入下一道工序。根据承包人以往的施工情况，有的可能在模板架立上容易发生漏浆或模板走样事故，有的可能在混凝土浇筑方面经常出现问题。此时，就可以选择模板架立或混凝土浇筑作为待检点，承包人必须事先书面通知监理人，并在监理人到场进行检查监督的情况下，才能进行施工。隐蔽工程覆盖前验收和混凝土工程开仓前的检验，也可以认为是待检点。

第三节　水利工程施工质量事故处理

根据《水利工程质量事故处理暂行规定》（水利部令第 9 号），水利工程质量事故是指在水利工程建设过程中，由于建设管理、监理、勘测、设计、咨询、施工、材料、设备等原因造成工程质量不符合规程规范和合同规定的质量标准，影响工程使用寿命和对工程安全运行造成隐患和危害的事件。需要注意的是，水利工程质量事故可以造成经济损失，也可以同时造成人身伤亡。这里主要是指没有造成人身伤亡的质量事故。

一、质量事故的分类

根据《水利工程质量事故处理暂行规定》，工程质量事故按直接经济损失的大小，检查、处理事故对工期的影响时间长短和对工程正常使用的影响，分为一般质量事故、较大质量事故、重大质量事故、特大质量事故，其中：

第一，一般质量事故指对工程造成一定经济损失，经处理后不影响正常使用且不影响使用寿命的事故。

第二，较大质量事故指对工程造成较大经济损失或延误较短工期，经处理后不影响正常使用但对工程使用寿命有一定影响的事故。

第三，重大质量事故指对工程造成重大经济损失或是延误较长工期，经处理后不影响正常使用但如工程使用寿命有较大影响的事故。

第四，特大质量事故指对工程造成特大经济损失或长时间延误工期，经处理仍对正常使用和工程使用寿命有较大影响的事故。

第五，小于一般质量事故的质量问题称为质量缺陷。

二、事故报告内容

根据《水利工程质量事故处理暂行规定》（水利部令第 9 号），事故发生之后，事故单位要严格保护现场，采取有效措施抢救人员和财产，防止事故扩大。因抢救人员、疏导交通等原因需移动现场物件时，应做出标志、绘制现场简图并做出书面记录，妥善保管现场重要痕迹、物证，并进行拍照或录像。

发生质量事故后，项目法人必须将事故的简要情况向项目主管部门报告。项目主管部门接到事故报告后，按照管理权限向上级水行政主管部门报告一发生（发现）较大质量事故、重大质量事故、特大质量事故，事故单位要在 48 h 内向有关单位提出书面报告。有关事故报告应包括以下主要内容：

第一，工程名称、建设地点、工期、项目法人、主管部门及负责人电话；

第二，事故发生的时间、地点、工程部位以及相应的参建单位名称；

第三，事故发生的简要经过、伤亡人数和直接经济损失的初步估计；

第四，事故发生原因初步分析；

第五，事故发生后采取的措施及事故管理情况；

第六，事故报告单位、负责人及联络方式。

三、施工质量事故处理

根据《水利工程质量事故处理暂行规定》（水利部令第 9 号），因质量事故造成人员伤亡的，还应遵从国家和水利部伤亡事故处理的有关规定。其中，质量事故处理的基本要求如下：发生质量事故，必须坚持“事故原因不查清楚不放过、主要事故责任者和职工未受教育不放过、补救和防范措施不落实不放过”的原则（简称“三不放过原则”），认真调查事故原因，研究处理措施，查明事故责任，做好事故处理工作。

（一）质量事故处理职责划分

发生质量事故后，必须针对事故原因提出工程处理方案，经有关单位审定后实施。其中：

1. 一般质量事故，由项目法人负责组织有关单位制订处理方案并实施，报上级主管部门备案。

2. 较大质量事故，可由项目法人负责组织有关单位制订处理方案，经上级主管部门审定后实施，报省级水行政主管部门或流域备案，

3. 重大质量事故，由项目法人负责组织有关单位提出处理方案，征得事故调查组意见后，报省级水行政主管部门或流域机构审定后实施。

4. 特大质量事故，由项目法人负责组织有关单位提出处理方案，征得事故调查组意见后，报省级水行政主管部门或流域机构审定后实施，并报水利部备案。

二、事故处理中设计变更的管理

事故处理需要进行设计变更的，需原设计单位或有资质的单位提出设计多变更方案。需要进行重大设计变更的，必须经原设计审批部门审定之后实施。

事故部位处理完毕后，必须按照管理权限经过质量评定与验收后，方可投入使用或进入下一阶段施工。

三、质量缺陷的处理

《水利工程质量事故处理暂行规定》（水利部令第9号）规定，若小于一般质量事故的质量问题称为质量缺陷。所谓质量缺陷，是指小于一般质量事故的质量问题，即因特殊原因，使得工程个别部位或局部达不到规范和设计要求（不影响使用），且未能及时进行处理的工程质量问题（质量评定仍为合格）。根据水利部《关于贯彻落实〈国务院批转国家计委、财政部、水利部、建设部关于加强公益性水利工程建设管理若干意见的通知〉的实施意见》，水利工程实行水利工程施工质量缺陷备案及检查处理制度。

第一，对因特殊原因，使得工程个别部位或局部达不到规范和设计要求（不影响使用），且未能及时进行处理的工程质量缺陷问题（质量评定仍为合格），必须以工程质量缺陷备案形式进行记录备案。

第二，质量缺陷备案的内容包括质量缺陷产生的部位、原因，对质量缺陷是否处理和如何处理以及对建筑物使用的影响等。内容必须真实、全面、完整，参建单位（人员）必须在质量缺陷备案表上签字，有不同意见应明确记载。

第三，质量缺陷备案资料必须按竣工验收的标准制备，作为工程竣工验收备查资料存档。质量缺陷备案表由监理单位组织填写。

第四，工程项目竣工验收时，项目法人应向验收委员会汇报并提交历次质量缺陷的备案资料。

参考文献

[1] 张志坚 . 中小水利水电工程设计及实践 [M]. 天津：天津科学技术出版社，2018.

[2] 沈凤生 . 节水供水重大水利工程规划设计技术 [M]. 郑州：黄河水利出版社，2018.

[3] 李锟，王达，王锡杰 . 水利工程设计与施工 [M]. 北京：现代出版社，2018.

[4] 江凌，张建华，刘波 . 峡江水利枢纽工程设计与实践 [M]. 北京：中国水利水电出版社，2018.

[5] 吴怀河，蔡文勇，岳绍华 . 水利工程施工管理与规划设计 [M]. 昆明：云南科技出版社，2018.

[6] 杨杰，张金星，朱孝静 . 水利工程规划设计与项目管理 [M]. 北京：北京工业大学出版社，2018.

[7] 吕生玺 . 九甸峡水利枢纽工程设计与研究 [M]. 兰州：兰州大学出版社，2018.

[8] 王东升，徐培蓁，朱亚光 . 水利水电工程施工安全生产技术 [M]. 徐州：中国矿业大学出版社，2018.

[9] 王海雷，王力，李忠才 . 水利工程管理与施工技术 [M]. 北京：九州出版社，2018.

[10] 高占祥 . 水利水电工程施工项目管理 [M]. 南昌：江西科学技术出版社，2018.

[11] 侯超普 . 水利工程建设投资控制及合同管理实务 [M]. 郑州：黄河水利出版社，2018.

[12] 鲍宏喆 . 开发建设项目水利工程水土保持设施竣工验收方法与实务 [M]. 郑州：黄河水利出版社，2018.

[13] 刘勇，高景光，刘福臣 . 地基与基础工程施工技术 [M]. 郑州：黄河水利出版社，2018.

[14] 孙玉玥，姬志军，孙剑 . 水利工程规划与设计 [M]. 长春：吉林科学技术出版社，2019.

[15] 贺芳丁，刘荣钊，马成远 . 水利工程施工设计优化研究 [M]. 长春：吉林科学

技术出版社，2019.

[16] 牛立军，黄俊超 .BIM 技术在水利工程设计中的应用 [M]. 北京：中国水利水电出版社，2019.

[17] 贾艳霞，樊振华，赵洪志 . 水工建筑物设计与水利工程管理 [M]. 北京：中国石化出版社，2019.

[18] 郝建新 . 城市水利工程生态规划与设计 [M]. 延吉：延边大学出版社，2019.

[19] 李宝亭，余继明 . 水利水电工程建设与施工设计优化 [M]. 长春：吉林科学技术出版社，2019.

[20] 张金良 . 多沙河流水利枢纽工程泥沙设计理论与关键技术 [M]. 郑州：黄河水利出版社，2019.

[21] 袁俊周，郭磊，王春艳 . 水利水电工程与管理研究 [M]. 郑州：黄河水利出版社，2019.

[22] 朱木兰，刘光生 . 水务工程专业课程设计指导书 [M]. 长春：吉林大学出版社，2019.

[23] 马乐，沈建平，冯成志 . 水利经济与路桥项目投资研究 [M]. 郑州：黄河水利出版社，2019.

[24] 邵东国 . 农田水利工程投资效益分析与评价 [M]. 郑州：黄河水利出版社，2019.

[25] 孙祥鹏，廖华春 . 大型水利工程建设项目管理系统研究与实践 [M]. 郑州：黄河水利出版社，2019.

[26] 程伟 . 工程质量控制与技术 [M]. 郑州：黄河水利出版社，2019.

[27] 张志呈 . 工程控制爆破 [M]. 成都：西南交通大学出版社，2019.

[28] 夏祖伟，王俊，油俊巧 . 水利工程设计 [M]. 长春：吉林科学技术出版社，2020.

[29] 贺芳丁，从容，孙晓明 . 水利工程设计与建设 [M]. 长春：吉林科学技术出版社，2020.

[30] 严力姣，蒋子杰 . 水利工程景观设计 [M]. 北京：中国轻工业出版社，2020.

[31] 梁建林，王飞寒，张梦宇 . 建设工程造价案例分析（水利工程）解题指导 [M]. 郑州：黄河水利出版社，2020.

[32] 刘志强，季耀波，孟健婷 . 水利水电建设项目环境保护与水土保持管理 [M]. 昆明：云南大学出版社，2020.

[33] 程红强，李平先 . 水工钢结构设计原理 [M]. 郑州：黄河水利出版社，2020.

[34] 吴永 . 地下水工程地质问题及防治 [M]. 郑州：黄河水利出版社，2020.

[35] 孙志恒，徐耀 . 深水环境大坝缺陷修补材料与工程应用 [M]. 北京：中国三峡出版社，2020.